不知火海民衆史 上

色川大吉

上——論説篇

摇籃社

「まだみえぬ　鬼待てば　すすき原　月　あかり」
1976年（昭和51年）１月５日　石牟礼道子さんより頂戴した色紙
（山梨県北杜市大泉町の色川宅にて所蔵）

1988年（昭和63年）９月27日
チッソ水俣工場前
座り込みテント

テントの中の「水俣病チッソ交渉団」、
右はそのリーダーの川本輝夫さん

チッソ水俣工場前にて、
檄の飛ぶ看板

1988年9月25日「水俣病歴史考証館」オープンの日、右は川本輝夫さん

考証館創設の立役者の一人、「水俣病センター相思社」の吉永利夫さん

水俣病センター相思社の仏壇で読経する石牟礼道子さん

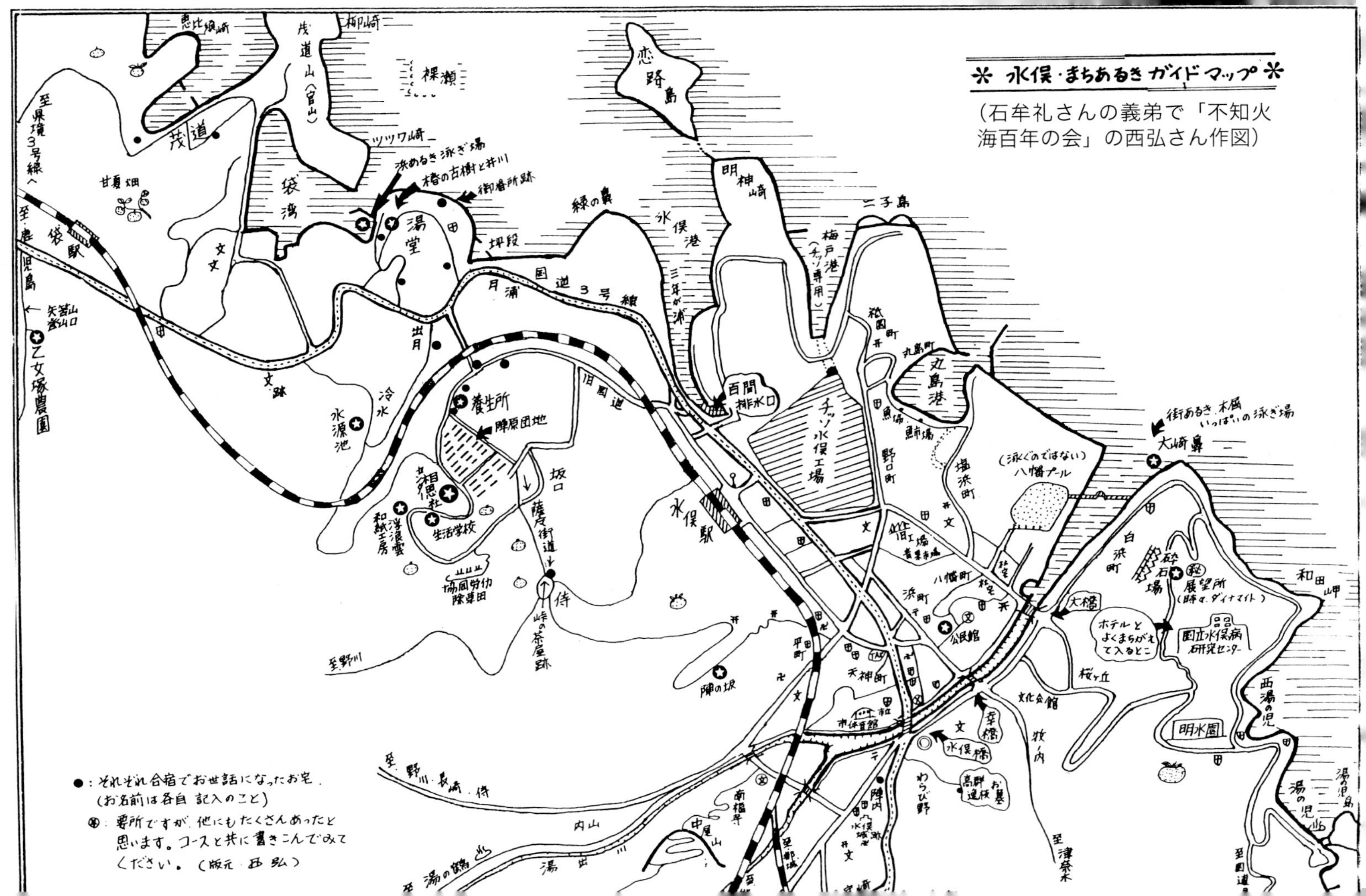

✻ 水俣・まちあるきガイドマップ ✻
（石牟礼さんの義弟で「不知火海百年の会」の西弘さん作図）
●：それぞれ合宿でお世話になったお宅。
（お名前は各自 記入のこと）
㊝：要所ですが、他にもたくさんあったと思います。コースと共に書きこんでみてください。（版元 西弘）
恋路島
明神崎
二子島
梅戸港
（チッソ専用）
百間排水口
チッソ水俣工場
水俣港
三年が浦
緑の鼻
国道3号線
旧国道
月浦
坪段
御番所跡
椿の古樹と井川
浜あるき泳ぎ場
ツツワ崎
湯堂
袋湾
茂道山（官山）
柳崎
裸瀬
恵比須崎
茂道
甘夏畑
至県境3号線へ
至鹿児島
袋駅
矢筈山登山口
乙女塚農園
出月
水源池
冷水
養生所
陣原団地
相思社
生活学校
和紙工房
浮浪雲
協同労働除草田
坂口
薩摩街道
侍
峠の茶屋跡
至野川
至野川・長崎・侍
陣の坂
水俣駅
丸島町
丸島港
祇園町
魚市場
野口町
塩浜町
（泳ぐのではない）
八幡プール
街あるき、木屑いっぱいの泳ぎ場
大崎鼻
白浜町
砕石場
展望所
（時々ダイナマイト）
国立水俣病研究センター
ホテルとよくまちがえて入るとこ
大橋
桜ヶ丘
文化会館
明水園
西湯の児
湯の児
湯の児島
和田山甲
至国道
至津奈木
牧内
幸橋
水俣橋
わらび野
高群逸枝お墓
陣内
水俣城跡
中尾山
南福寺
至湯の鶴
湯出川
内山
浜町
八幡町
公民館
天神町
市体育館
市役所
旧工場
青果市場
平町
至鄉城

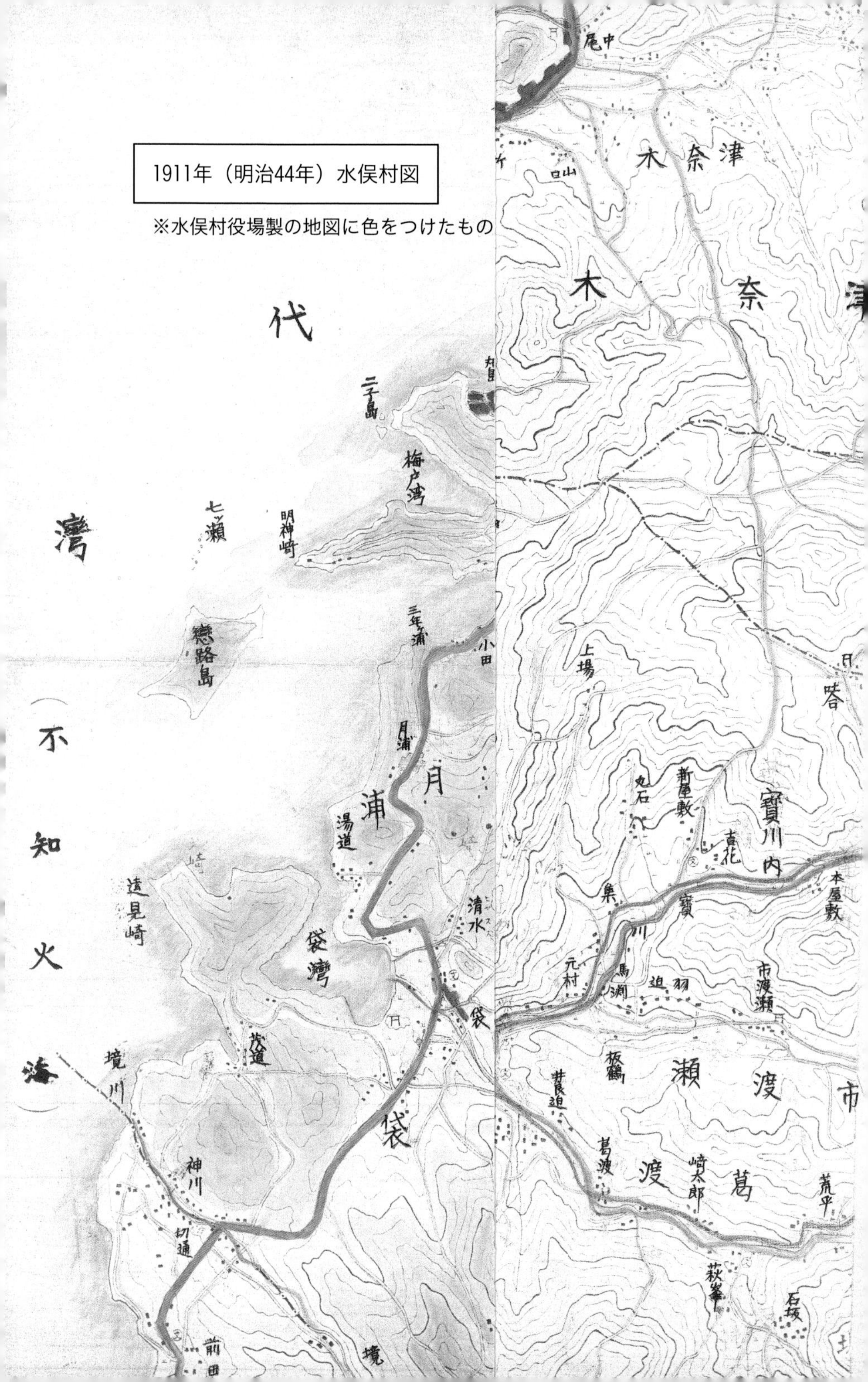

1911年（明治44年）水俣村図
※水俣村役場製の地図に色をつけたもの
代
灣
（不知火海）
二子島
梅戸湾
七ッ瀬
明神崎
戀路島
三年ヶ浦
月浦
月
浦
湯道
遠見崎
袋灣
清水
袋
茂道
境川
神川
切通
前田
境
尾中
木
奈
津
上場
丸石
新屋敷
寶川内
本屋敷
寶
川
元村
馬渕
迫
市渡瀬
瀬
渡
市
葛渡
渡
葛
崎太郎
荒平
萩峯
石坂

1972年（昭和47年）水俣図

※国土地理院発行

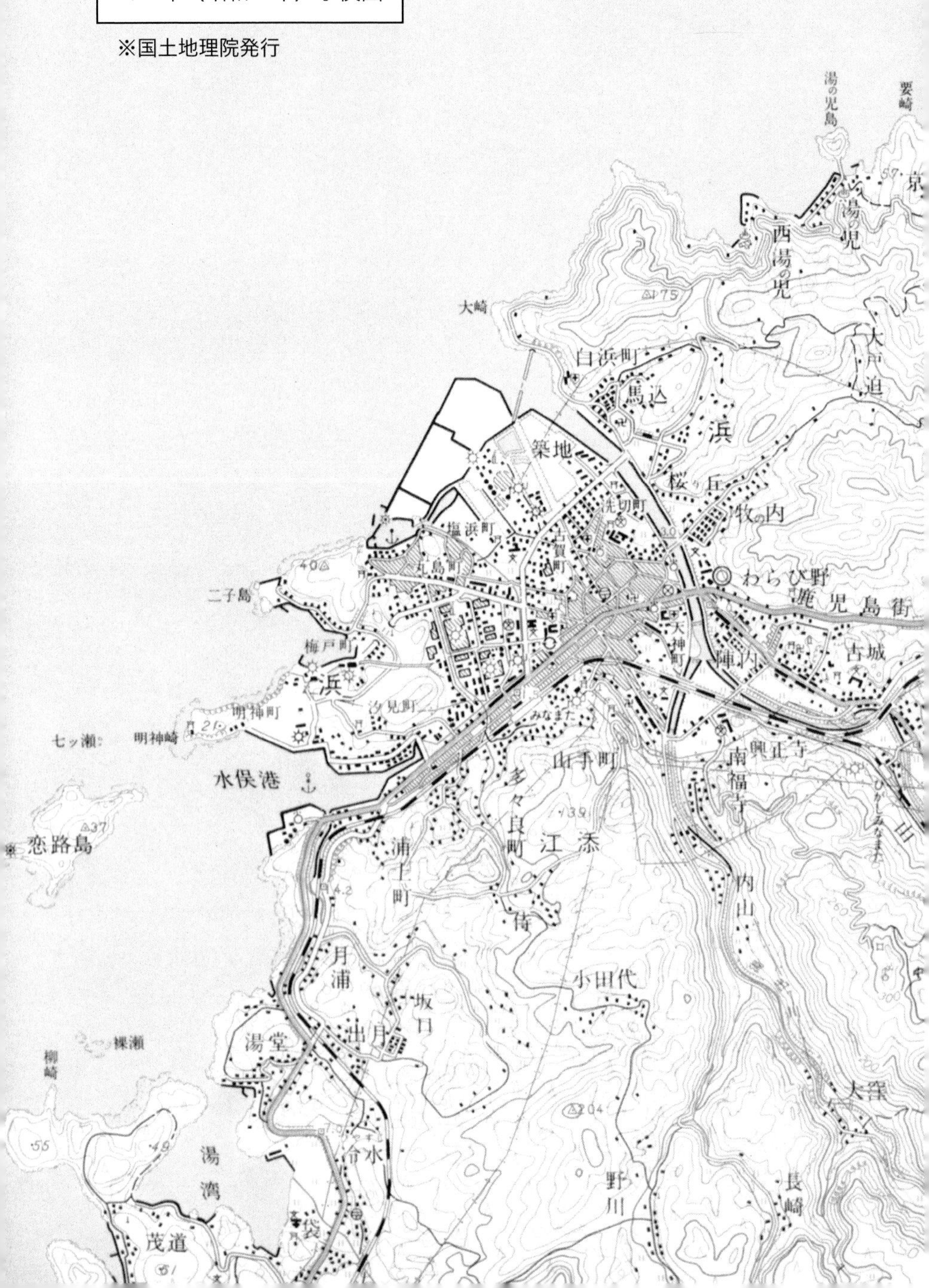

不知火海民衆史（上）——論説篇・もくじ

近現代の二重の城下町水俣――その都市空間と生活の変貌――……115

◎下巻内容

◎凡　例

一、本書、色川大吉著『不知火海民衆史』（上巻・論説篇、下巻・聞き書き篇）は、東京経済大学教授だった時代の著者が、「不知火海総合学術調査団」の団長として、約十年間（一九七六年～一九八五年）、不知火海沿岸の水俣病関連の調査に不定期で赴き、その成果として様々な媒体に発表した論考をまとめたものである。

一、著者の水俣病関連の論考は数多くあるが、本書掲載の採否は、発表当時に大学などの機関誌に載ったのみで、現在では閲読が困難なものとした。

一、下巻は、羽賀しげ子による『不知火記　海辺の聞き書書』（一九八五年、新曜社）にて発表された聞き書きが主体であるが、残念ながらすでに絶版で入手困難のため、この機会に、東京経済大学の紀要に発表された当時のまま掲載することとした。

一、掲載媒体と発表年月については、各論考の末尾に記した。

一、各論考は、発表当時のままの執筆形態を保持している。すなわち、本書編纂にあたり、数字表記や語調などの統一は図っていない。ただし、発表当時の明らかな誤字や脱字、事実誤認などは修正を施してある。

一、写真や地図などの図版はそのほとんどの原版を探し出せなかったため、印刷物からスキャンせざるを得なかった。一部、粗が目立つ面がある旨、予めご了解を願う。

一、現在の観点からすれば不適切と思われる用語も含まれるが、執筆当時の社会情勢を背景にした論考である点を鑑み、特に修正は加えなかった。ご賢察いただきたい。

不知火海民衆史（上）——論説篇

はじめに

色川大吉

この度、『不知火海民衆史　論説篇』『聞き書き篇』という著書を刊行するにあたり、ひとことご挨拶申し上げたい。

この本は、四十年ほど前、私が東京経済大学の日本史担当の教授をしていた折、名著の誉れ高い『苦海浄土』の作者・石牟礼道子さんに懇望され、急ぎ「不知火海総合学術調査団」を結成、私が団長に就任したことに端を発する。

「不知火海総合学術調査団」は、団長を私が引き受け、副団長は「近代化論再検討研究会」の総まとめ役の鶴見和子と、以下、哲学を代表する成蹊大学教授の市井三郎、宗教学を代表する上智大学教授の宗像巌(むなかたいわお)、民俗学では柳田国男の愛弟子で当時は日本民俗学会長の桜井徳太郎、経済学ではアジア経済研究所主任研究員の小島麗逸（こじまれいいつ）などなど、綺羅星の如き人材であった。

これらの各界の第一人者の密かな選者は、ここでもやはり、石牟礼道子さんであったと思う（私の憶測だが……）。

一九七五年（昭和五十）、水俣病患者の代表ともいうべき川本輝夫さんの患者グループのメンバーが熊本県警に逮捕された。被害者が加害者に逮捕されるという不当・不義に激怒していた私と、後の調査団員一同は、翌年三月末、水俣にやって来た。そのときから、水俣現地での世紀の調査活動が始まった。当時の興奮はすさまじく、私たちが定宿（じょうやど）にしていた「大和屋旅館」に、熊本日日新聞ほか、ほとんどすべてのメディアの記者たちが殺到したものである。到着第一日目の夜、早くも水俣市長の名で清酒一本（一升瓶）が届けられた。


水俣は空翔（か）けるカモメから見れば、一点の星にしかすぎない。

不知火海は広く、おおむね穏やかで、荒れるときも漁船がくつがえるということは、めったにない。その小さな星のような町に、私は足掛け十年（私の五十代の全部）も通った。

水俣の名家出の俊才・谷川健一さん（民俗学者）に言わせれば、「バカじゃないか」のひとことだった。「色川さん、学者にとって五十代というものは、一生で最も生産的な十年で、そんな貴重な歳月を、水俣ごときに使って何とする！」との叱声を谷川さんから受けた。次弟の秀才・谷川雁さんも、信州黒姫の山荘で笑っていたであろう。

にもかかわらず、それらの諫言（かんげん）に接してもなお、水俣や不知火海の島々の人びとに魅かれ、通いつめたのは、なぜか。それは、水俣や不知火海は探っても探っても底が見えず、島々の人びとに聞いても聞いても終わりが見えぬ、その仕事の深さに茫然とさせられたからである。
本書『不知火海民衆史』の仕事に、いま九十五歳の私がこだわるのは、四十余年経っても、あの通いつめた日々が朽ちない価値を持っていると、信じているからである。

二〇二〇年七月二十三日

不知火海漁民暴動（１）

〝不知火海漁民暴動〟の経過と意義

一、〝漁民暴動〟二〇年に

今からちょうど二〇年前（昭和三四年）の一一月二日、熊本県芦北郡を中心とした不知火海漁民二、〇〇〇余人が新日本窒素株式会社（チッソ）の不誠実に怒って水俣工場に乱入し、本事務所、工場長室、保安事務所、守衛室など、二三棟の内部を徹底的に破壊し、出動した警官隊と乱闘になって数百人の負傷者を出すという事件が発生した。

この〝漁民暴動〟は波乱に富んだ水俣病事件史の中でも一つの転機を画する歴史的事件であった。とくに不知火海の質朴な民がこのような大集団で決起したということは、芦北(あしきた)民衆史上、延享(えんきょう)四年（一七四七）の大一揆以来のことで、きわめて稀な出来事である。だが、延享一揆の時は、七、八千人の水俣、津奈木、湯浦、芦北などの農民が、熊本城下めざして佐敷まで押し出したが、そこで説得されて帰還し、衝突には到らなかった。

この暴動を計画・指導したということで、三人の最高幹部が懲役一年から八ヵ月の刑をうけ、さらに五二人の漁協幹部が罰金刑をうけたが、判決に至る間に数百人の漁民が拘留ないし尋問されて、運動はひどい打撃をうけた。外側からだけ見ると、単純な暴力事件というように思えようが、内側に立ち入って調べてみると、後の水俣病の悲惨な事態を予告していた深刻な内容のものであったことが分かる。もし、この時、検察や行政や企業が農民たちの叫びを正しく真剣に受けとめていたら、その後二〇年間の厖大な数の患者の発生や地域社会の打撃は大半まぬがれていたであろう。

五五人の刑事訴追者のその後の運命を見ても、大半が水俣病患者になり（三〇人の中一三人が認定患者）、一九人が死亡、内首吊り自殺二人、農薬自殺一人という悲惨に直面している。では、この事件はなぜ起り、どのようにして計画され、どのような影響を社会に与えたであろうか。まず概説する。

二、瀕死の海

「当時、一メートルもある太刀魚（たちうお）が海いっぱいに浮んでいた。沖までいっても、どこまでいっても視野からその白いものが消えなかった」（田浦町漁協今島晴義氏談）。昭和三三、四年（一九五八、九）ごろ、芦北町とか獅子島、御所浦島など水俣から数十キロ離れた海辺の村でも大量の猫がキリキリ舞いして狂い死んだ。やがて病気は豚や牛にもおよび、ついに人間の患者の大量発生となった。しかも死亡率は四〇パーセント、魚価は暴落し、漁民は全く活路を失うという情況に立ちいたった。

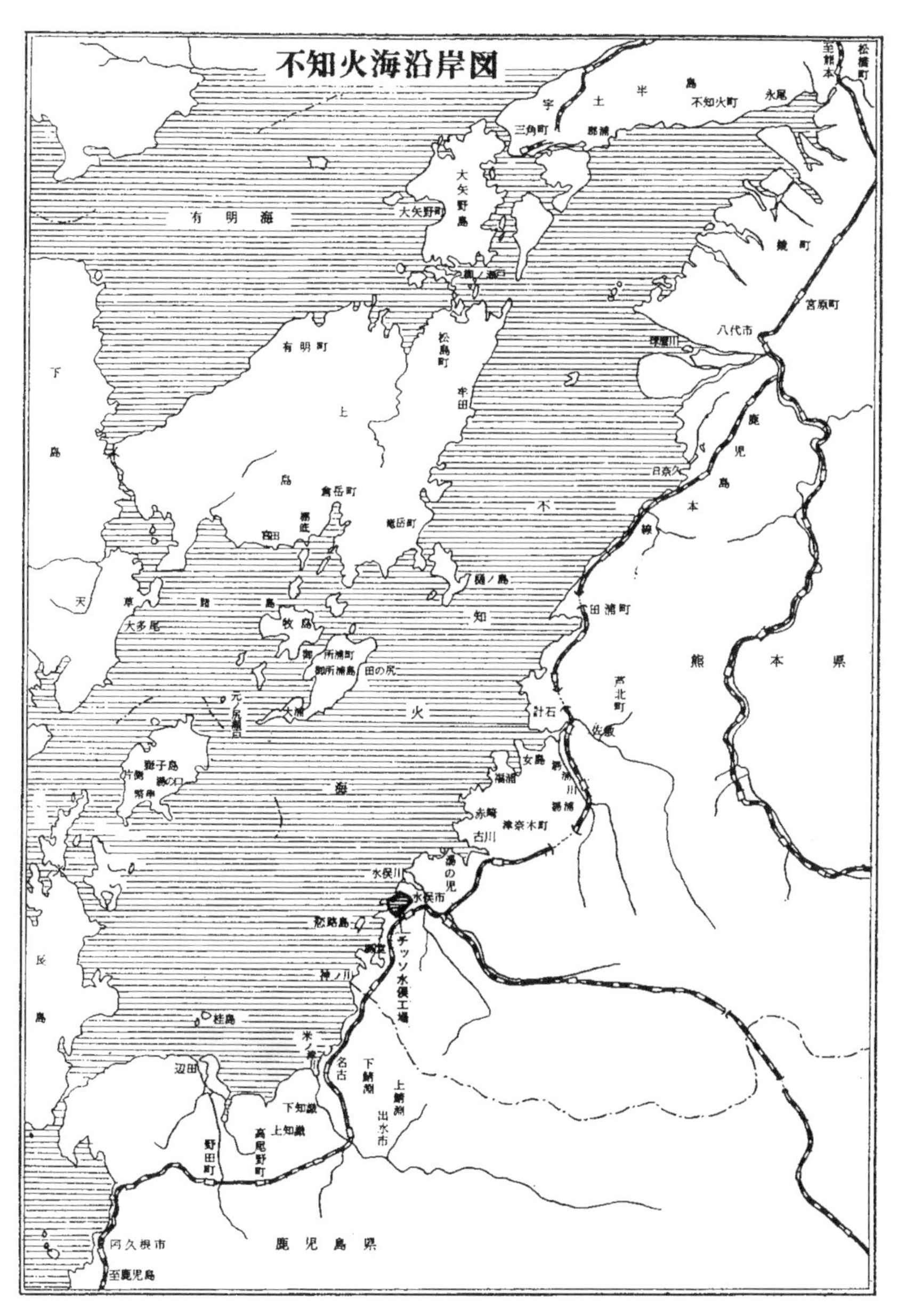

不知火海沿岸図

7　不知火海漁民暴動（1）

当時の新聞は報じている。「問題が重大化するつい最近までは、水俣川口の排水溝から、毎時五百トン近い褐色の廃液が音を立てて海に流れこみ、海面を染めていた。この海をみて漁民が工場を加害者だと信じても、それは不思議ではない。」（熊本日日新聞　昭和三四・一一・一二）

毎時五〇〇トンどころか毎時六〇〇トンだと会社は抗議に来た漁民たちに話している。だが、「この工場排水は全く奇病とは関係はない。なぜなら、その因果関係はまだ科学的に立証されていないのだから」と。

当時チッソ会社は経済界一般の不況を尻目に塩化ビニール部門の大好況に沸いていた。わが国のＤＯＰ（塩ビ可塑剤）の市場をほぼ独占していたので、造っても造っても間に合わないという状態で、昭和三二年一〇月、月産約五〇〇トンのオクタノールは、二年後の三四年一〇月には一、五〇〇トンと三倍増し、ＤＯＰの生産高は四〇〇トンから同じく二年間で一、〇〇〇トンへと二・五倍増に達していた。この塩化ビニールとアセトアルデヒドの生産に触媒水銀が使用され、それによってメチル水銀が副生されるわけだが、この両者の急激な生産拡大に伴って大量のメチル水銀が廃水と共に海にたれ流された。（水俣工場でのアセトアルデヒドの生産実績は、昭和二五年の四、四八四トンから、三〇年の一〇、六三二トン、三四年の三一、九二一トン、三五年の四五、二四四トンへと目をみはるような激増ぶりを示していた。）

その上昇曲線が正確に患者の発生数のカーブと合致していたのである。

漁業統計を見ても、昭和三〇年から三四年にかけての漁獲量の減少、漁家経営の破綻ぶりは悲惨であった。（水俣漁協調べの漁獲高は昭和二八年の三三、九七二貫が、三〇年には四五、九四八貫、三一年には二五、四九三貫、三二年には一〇、八一六貫へと急減している。）たまりかねて被害の最激甚地の水俣漁協がまず立上って、会社にデモをかけ、工場長を監禁したり、団交を重ねたりして、三四年八月にようやく三、五〇〇万円の漁業補償をかちとっていた。しかし、それで立直れるわけでなく、出漁できぬままに船を売って陸に上り、路頭に迷う漁民が続出していた。

とにかく工場排水を止めてもらわないかぎり、不知火海漁民は暮しが立たない。昭和三四年七月に水俣病の原因は「ある種の工場廃水によって魚介類に蓄積された有機水銀である」と熊大医学部の研究班が発表していらい、不知火海の魚は消費者からいちだんと恐れられ、市場での取引は停止されて、漁民は操業を中止せざるをえない窮地に追いつめられていったのである。

一九五九年、昭和三四年になって初めて奇病患者を発生させた津奈木村の漁民など、それこそ文字通り飢えに瀕し、村有志の救援金や共同体の農民の米一合寄附運動によってからくも生存を支えるという惨状におちいった。何度も村民大会や決起大会をくり返し、悲痛な叫びをあげている。次の津奈木村長斉藤藤吾の熊本県会議長にあてた「請願書」の文面を見られたい。

「水俣病が世間に報道されるや漁獲物の販路は急激に狭められ、今回の患者発生により、いよいよ操業停止の巳むなきに至ったような状態であります。ここに本村漁業は生業としての生命を失い、漁民の生活権は極度に脅かされ、このまま本事態を放置するときは津奈木村一千二百余の漁民の死活の問題であるのみならず、（中略）本村自治体の存亡に直接重大なる影響をもたらす結果となることであります。」（「熊本県芦北郡津奈木村の水俣病発生に伴う漁業被害対策に関する請願書」昭三四・九・二五。津奈木村長斉藤藤吾他三名。熊本県議会議長岩尾豊殿）

不知火海沿岸漁民が立上りを見せるのはこの九月からである。津奈木につづいて、佐敷でも湯浦でも田浦でも芦北でも続々と各漁協による総決起大会が開かれていった（九月二八日〜三〇日）。そしてその代表者たちは芦北沿岸の漁業振興対策協議会をつくり、さらに県漁連（熊本県漁業協同組合連合会、会長村上丑夫）に働きかけて不知火海水質汚濁防止対策委員会をつくらせ、組織的な解決に乗り出していったのである。

三、チッソ水俣工場をめぐって

一方、工場内ではどんなことが進行していたろうか。良心的な医学者で、新日窒病院の院長であった細川一博士が昭和三四年六月から工場廃水を直接投与しての動物実験をはじめていた。そして一〇月六日、ついに工場廃水によって猫が水俣病を発症するという事実を確認したのである。この間の経過を年表を追って、もう少し詳しく紹介しておこう。

昭和三四年九月八日、熊本大学で開かれた水俣食中毒部会中間報告会の席上、熊大後藤教授が不知火海沿岸各漁村（天草など対岸地域を含む）のネコから多量の水銀を検出（肝臓：最高三〇一PPM、毛髪：最高一三四・二PPMなど）と報告。

同九月九日、日本化学工業協会大島竹治理事、現地調査、チッソ水俣工場の技術者や会社幹部から説明を受ける。

同九月一八日、芦北沿岸漁業振興対策協（会長吉田芦北町長、芦北郡町村会長・議長・漁協長などで構成）、新日窒に対し水俣川口への排水停止等を申入れ。新日窒側は、水俣川河口の死魚は水俣病と無関係など回答。

同九月二三日、芦北郡津奈木村の船場藤吉（発病九・一、死亡一一・五）を、七五人目の水俣患者と決定。発生地域がいよいよ北へ拡大し、沿岸住民に衝撃をあたえる。

同九月二八日、新日窒病院内ネコ実験。百間排水直接投与ネコ三七四号発症。同日、新日窒、〝有機水銀

説の納得し得ない点〃を発表、熊大側に反論。

同九月二八日、日化協大島理事「水俣病原因に就いて」発表、有機水銀説を否定し、戦争中に軍が投下した爆薬説を主張。この月、御所浦島、天草上島倉岳、栖本などの岸に太刀魚多数が斃死漂着。

同一〇月六日、津奈木村で水俣病対策村民大会ひらかる。

同一〇月六日、新日窒病院内ネコ実験でアセトアルデヒド廃水を直接投与したネコ四〇〇号が発症した。この実験結果は会社命令によって秘匿されていた。

同一〇月六日、厚生省食品衛生調査会合同委員会、水俣部会鰐淵代表、臨床・病理所見が有機水銀中毒に酷似し、動物実験の結果も一致、臓器中の異常量の水銀値から、水銀が最も重要視される。有機化機序の解明が今後の課題と、中間報告を発表、有機水銀かプラスαと一応結論。新日窒や日化協大島理事の爆薬説などの反論は黙殺した。

同一〇月七日、新日窒吉岡社長ら、日化協大島報告に基づき、旧軍爆薬（四エチル鉛）が疑わしいとし、掃海などの調査で知事らに協力を要請。

同一〇月八日、芦北沿岸漁業振興対策協、新日窒に対し、八幡排水（水俣川河口への排水）即時停止などを要望。会社側はこれを拒否。（有馬澄雄編『水俣病・二〇年の研究と今日の課題』所収年表による。）

この「工場排水こそ水俣病の原因」という重大情報は直ちに西田工場長に知らされたろう。ところが、このネコ発症が確認された三四年一〇月八日に西田工場長は芦北沿岸対策協や津奈木漁協代表と工場で会合し、「奇病との関連が不明であるから工場排水を中止することはできない」と突っぱねたのである。

この時、津奈木漁業の高木信行らが訴えた言葉を彼はどう聞いたか。「魚一本で生活してきた漁民の中には現在三味線を抱えて物乞いをしている者もいるのです。あす食う米もなく、生活の道も絶たれているの

不知火海全臨海市町村と漁協名
（昭和34年10月現在）

	不知火海臨海市町村名	同漁協数	漁協名称	組合員数		合計	組合長名
				正	準		
芦北町	水俣市	2	水俣市	276	21	297	淵上　末記
			水俣市第一	135	0	135	荒木　幾松
	津奈木村	1	津奈木村	208	1	209	福山　惣平
	湯浦村	1	湯浦村	89	0	89	鳥居　正直
	芦北町	1	芦北町	267	0	267	竹崎　正巳
	田浦町	1	田浦町	111	6	117	田中熊太郎
八代郡	八代市	4	八代市昭和	196	0	196	溝汐伊三郎
			八代市	881	29	910	坂田　道男
			日奈久町	76	10	86	中山　虎吉
			二見	23	14	37	本田　清一
	鏡町	3	鏡町	298	2	300	谷口　清喜
			文政村	322	48	370	三枝　為記
			于丁村	137	0	137	辻本　勝美
	竜北村	2	竜北村	108	69	177	松浦　清人
			竜北和鹿島	158	0	158	福原　貞喜
下益城郡	松橋町	3	松橋町豊川	88	14	102	岡崎美代次
			富合村	46	10	56	松原　春雄
			河江	106	0	106	松本吾一郎
宇土郡	不知火町	2	不知火町松合	178	37	215	中野七次郎
			不知火村	40	178	218	片岡　政次
	三角町	2	三角町郡浦	105	0	105	脇坂　金蔵
			三角町大岳	67	0	67	岡山源三郎

	不知火海臨海市町村名	同漁協数	漁協名称	組合員数		合計	組合長名
				正	準		
天草郡	大矢野町	4	大矢野町登立	136	4	140	中原　幸人
			中	403	0	403	徳永　忠明
			中村柳浦	60	18	78	林田　増雄
			維和	340	20	360	丸山　之
	松島町	2	阿村	56	0	56	塚本惣五郎
			松楠	182	0	182	山下　義孝
	姫戸村	1	姫戸	195	0	195	鹿釜　喜八
	竜ヶ岳村	3	高戸	78	0	78	北垣　文夫
			樋島	45	165	210	桑原　勝記
			大道村	190	15	205	宮川　秀義
	御所浦村	2	御所浦	376	0	376	森　二一
			嵐口浦	490	0	490	藤崎丹五郎
	倉岳村	2	棚底	71	9	80	魚本　庄市
			倉岳村・宮田	195	20	215	坂口　定光
	栖本村	1	栖本	115	0	115	浜崎千賀松
	本渡市	1	佐伊津	226	0	226	青柳　吉勝
	新和村	3	中田	51	0	51	村田　梅七
			宮地	107	52	159	松田　勝治
			大田尾	138	16	154	浦田　兼男
	河浦町	1	宮野河内	139	0	139	杉元新三郎
	牛深市	3	牛深	1513	116	1629	佐竹　寛二
			久玉	187	0	187	八田七三郎
			深海	141	45	186	浜崎　重記

で、漁民は殺気だっており、納得のゆく返答をしてもらわなければ、いつ不慮の実力行使が行われるか分からない」と（高木信行ノート）。

以上の年表を見ても分かるようにチッソ工場への実力行使は決して突発的な、予告なしの暴挙ではなかった。また、この刑事事件の判決文にあるような「故なく侵入し」というものでもなかった。一〇月一七日に熊本県漁連の名で水俣市公会堂で開催された不知火海漁民総決起大会の代表に対して工場長はかたくなに交渉を拒否した。（そのため怒った漁民一、五〇〇人が工場に押しかけ、投石をくり返し、警察隊に規制される事件が起った。）

この大会で選出された四人の代表は、その直後に上京して政府や国会に陳情すると共に、チッソ本社を訪ねて「不慮の事態の発生」の責任を警告し、一七日の大会の決議文を手交していたのである。

四、組織過程

この代表四人（村上丑夫（うしお）、田中熊太郎、竹崎正巳（まさみ）、桑原勝記（しょうき））が、やがて一一月二日事件での立役者となる。その日が衆議院水俣調査団の来水の日と重なったために、この事件はいっそう有名になった。決起の準備は一〇月半ば頃から各漁協ごとの非常編成として進行していたようである。漁協の組織の通常態は県漁連役員会の下に四部会、五部会などブロックごとの会があり、各漁協の役員会（組合長と監事、理事）が基本単位になっているものだが、非常態として次のような編成が行われた。

各漁業協同組合を一大隊とし、部落ごと（業体別）に中隊長をおく。さらに組ごとに小隊長を選出し、それを数班の班長ないし分隊長によって統率した。芦北漁協では島崎藤四郎専務理事が大隊長になっている。

中隊長は監事や理事が、小隊長には各組の理事が、班長は各組の下触れが選任されている。動員は徹底的であり、サボルものは組合から除名された。

本部は村上丑夫県漁連会長を頭に、実行部隊長（現場での闘争指揮者）には竹崎正巳芦北漁協長、渉外担当指揮者には田中熊太郎五部会長（田浦漁協長）、天草部隊指揮者には桑原勝記樋島漁協長がなった。

この三人はいずれも軍隊経験のある「豪の者」であった。竹崎氏は談話筆記にもあるが、柔道七段、剣道二段、体重八五キロはあったという壮漢で、当時四二歳。芦北町乙千屋の名家に生れて（祖父正直は免許皆伝、細川藩の剣術師範、新蔭流の目録がある）、もちろん軍隊にもいった。

桑原氏はむかし海軍相撲五段、東京本場所でも実力関脇とうたわれ、搭乗していた軍艦霧島の一字をとって「霧ヶ里」のしこ名をもつ巨漢で、濃い眉毛に光る鋭い目、ごつい大きな手は、天草、樋の島の荒くれ漁民を心服させるに十分だった。

いっぽう田中熊太郎は田浦町小田浦の生れで、高等小学校を卒業後、海軍に入り、軍歴二二年、百戦錬磨の元海軍大尉で、当時は分別ざかりの五〇歳、ロイドのめがねにチョビひげを生やして、情熱的な物の言い方で人びとをひきつけた。この三人は土地のことばで「チング」といわれた。肝胆相照らす親友との意味であろう。当時の難局を切り抜ける漁民指導者としてはうってつけであった。ただ、欲をいえば、秩父事件の折の菊地貫平のような権力を手玉にとる智慧者（参謀）がもう一つ必要だったといえよう。

この組織を秩父事件などの軍隊編成にくらべてみると、よく似ているが、参謀、伝令使、荷駄方、会計長、鉄砲方などの役職が欠けている。もちろんこの編成によってはじめから暴動や蜂起を考えていたわけではない。最大の目的は乱れやすい漁民大集団の統制をはかることにあったようだ。そして、第二波の水俣決起集会の折、「もしも会社が交渉を拒否したら、その場合には実力行使を辞さず」という方針が漁連の五部会と水質汚濁防止対策委員会の合同会議で最終的に決定された。それは一〇月三一日のことで、その会場（佐敷駅前の食堂坂本屋の二階）には村上会長はじめ一三漁協の組合長など二二名が出席していた。

ここでさまざまな打撃方法（工場の水の取入口の破壊、高圧線の切断、排水口の閉鎖など）が検討されたが正式決定にはいたらなかったという。とにかく「操業不能の状態にする」ということが申し合わせた実力行使の内容だったらしい。竹崎組合長らの提案による特攻隊（後に特別隊と改称）の編成が幾つかの漁協で行われたが、これもまた突撃隊というよりデモの先鋒隊という程度のものだったようだ。検察官による各漁民の供述調書と、私の聞いた多数の関係者の二〇年後の証言とがひどく食い違っているため断定はできないが、戦意はむしろ末端の方に漲っていたようである。

「当時、一般漁民からも、役員に対して、何ばもさしておるか、という批判も出ていた位で、漁民全部の意見が強硬意見であったので、私達役員としても強硬意見を取るようになったのであります」（昭和三五・一・三〇、寺崎正義供述調書）。

鶴木山の六四歳の小隊長浜田秀義は「工場は云う事を聞かんじゃろうから、徹底的に仕事を出来んごつ、やって了うことになった。……自分も先頭に立って抜刀して行く」と竹崎組合長が挨拶したことを供述している。（昭和三五・二・四、浜田秀義供述調書。この事は下田善吾供述調書にも出てくる。）

当時の写真資料から判読すると、漁民側の要求は次のようなプラカードの文句に示されている。「我等の不知火海を汚すな」「垂れ流しを即時中止せよ」「工場排水を止めよ」「餓死を待つより起（た）て五万の漁民」「漁民の大敵新日窒」「漁民を見殺す日窒工場」「漁民の餓死を何と見る」「水俣病の犯人を葬れ」「漁民を早く救済せよ」「奇病の死因を爆弾でごまかすな」「何人殺すか、日窒さん」「漁民を飢えさせ儲ける会社」「返せ元の不知火の海を」。

鶴木山（つるぎやま）の下田善吾氏の話によると、こうしたプラカードを組合事務所に集まってガヤガヤしながら造ったという。下田善吾氏は明治三四年（一九〇一）二月生れの網一筋の漁民だが、しっかりした毛筆の日記を残しており、一一月二日のこともはっきりと記録している（それを次回に紹介する）。その下田氏が言うには、田浦の漁民で当日、自発的に投石用の石を車に積んできたものがあったが、あれは一〇月一七日の工場デモのとき、石がなくて困ったためであろう。また若い漁民の中には火焔ビン用の空きびんを持参したものがあり、ガソリンを買うのだから組合の金を出してくれと要求されて自分は断ったことがあったとも証言している。漁民にやる気があったことは疑いない。

五、漁民決起の日

田浦漁協の特攻隊長といわれた大丸清一（だいまるせいいち）氏は、工場の正門を乗りこえた五番目の先鋒であったというが、その日の二波にわたる警官隊との乱闘の模様をつぶさに語ってくれた。午後一時五〇分から突入がはじまって、漁民がさいごに万歳を三唱して解散したのは夜の九時過ぎであったというから、衝突は八時間にわたっている。とくに第二波で双方に数百名の負傷者を出した暗闇の中の乱闘にもかかわらず、漁民側が烏合（うごう）の衆でなかったことは、門外に退去したあとすぐ、各隊ごとに点呼をとって誰々が検束されたかを確認していることでも分る。

この事件の前日（一九五九・一一・一）、津奈木漁協組合長に就任したばかりの高木信行（のぶゆき）は、昭和三四年一〇月二六日の日誌に次のように憤りをこめて記している。

「マムシに食はれた者を飛行機で運んで助けるという世の中に、数千人の人命を奪ふ工場に操業中止をさせなくて平気で生産を続けさせて居る事は人命をなんとも考へて居ないではないか」「昭和三十四年十一月二日、実力行使して会社内を荒し、夜に入るまで引揚げなかった」と。

一一月三日付の熊本日日新聞の朝刊は一面トップに大見出しで、「漁民またも暴力沙汰」「工場内に再度乱入、警官と衝突、百余人が負傷」「団交拒否に怒り爆発」として、次のようにその経過を伝えている。供述調書や判決文や関係者の回想談とも照らしあわせて、外から見た観察としては、大体事実に近いものがあると考えたので引用しておく。

「国会調査団への陳情と漁民総決起大会のため二日早朝から水俣市に集まった不知火海区漁民約二千人は、正午すぎ団交申し入れが新日窒水俣工場側の拒否にあったことから、総決起大会を取りやめて工場におしかけ、午後一時五十分と六時十五分からの二回にわたって工場内に乱入、施設や器材をたたきこわし、ついに出動した警官隊と衝突して双方に百人以上の重軽傷者を出した。水俣病問題は流血を招いて最悪の事態に突入したが、この漁民の暴力沙汰には県民や市民から強い批判がおきている。

この朝船団を組んで百間(ひゃくけん)港に上陸した葦北、八代、天草など不知火海区漁民約二千人は午前十時すぎからプラカード、のぼりなどを押したてて市中をデモ、市立病院前におしかけて同所で来水中の国会調査団に村上県漁連会長ら代表が陳情文を読みあげて窮状を訴えた。

このあと漁民たちはジグザグデモで気勢をあげながら総決起大会の水俣駅前広場に向かったが、前日新日窒水俣工場が一〇月一七日の第一回漁民大会のさい工場に押しかけて乱暴を働いた漁民八人を告訴したことなどが漁民を強く刺激、デモ隊は急に大会をとり止めて午後一時五十分工場正門へ殺到した。

先頭が門を乗りこえて内側から開扉(かいひ)したため約千人がなだれこみ、工場内本事務所、特殊研究所、守衛室、配電室に乱入、手当たりしだいハンマーや木ぎれでガラス窓を破り、室内にあった電子計算機、テレタイプ、タイプライター、電話器、書類などをめちゃめちゃにした。

急を聞いて午後二時、待機していた県警察機動隊の一個中隊（百人）が工場東門に出動、制止したが、たけり狂った漁民たちは警察のジープの窓をこわすなどなおも暴れまわった。検束者二人を出して四十分後騒ぎは一応おさまったが、午後六時十五分、検束者の身柄を受け取りに行った竹崎葦北漁協長の帰りがおそいことから漁民たちは再び投石をはじめ正門内に乱入、ついに警察隊も実力を行使したため、昼の乱闘騒ぎで電灯をたたきこわされた暗闇の中で、五十分間にわたり双方がはげしくもみあい、水俣病問題はついに血を見る「不祥事態」に立ち至った。

この二回にわたる乱闘で、柿山水俣署長が頭に全治二十日間の裂傷、岩下同署次長が左アゴに全治二十日の打撲傷を負うなど警官六十五人、西田工場長をふくむ工場側三人の重軽傷者を出したほか、漁民側の負傷者も三、四十人（竹崎葦北漁協長談）という。工場側の損害は三日調査するが被害額は八百万円に達するものとみられている。」

なお漁民たちはようやく午後九時すぎ解散したが、三日も大会をひらく模様なので、警官隊も待機して厳重にその動きを監視している。

六、漁民暴動の反響と調停交渉

この漁民暴動の反響は大きかった。まず、不知火海沿岸に「社会不安」が醸成されているという事実を日本中に知らしめた。世論は喚起され、これまで対策をさぼっていた中央官庁、県庁などにも責任追及の声が集中した。水俣病発生以来、六年間、たった一度も工場排水のことでチッソ工場に申し入れをしたことがなかったという県や政府の役人たちも否応なく行動に駆り立てられた。厚生省食品衛生調査会が熊大研究班の線で、ある種の有機水銀中毒説を急遽発表するにいたったのも、この力に押されたからであろう。

また、この漁民暴動は病苦と貧困に打ちのめされていた患者たちを立ち上らせた。水俣病患者家庭互助会の渡辺栄蔵会長は「今だ、今ここでこの海区調停の中に加えてもらわなくては、いつ解決するか分からない」と直感し、患者たちによるチッソ正門前すわりこみをはじめた。互助会は会社に補償金要求を突きつけ、知事にその調停を依頼する。

さしものチッソ会社もついに公的な調停の場にひき出され、被害民——漁民と患者に補償金を支払わざるをえなくなった。同時にまた「工場排水停止、一時操業中止」の要求に急遽対応せざるをえなくなった。

他方、チッソ労働組合は会社の危機を「お家の大事」と考え、水俣市長、市議会、市商工会議所などと一緒になって、「工場操業中止絶対反対」「漁民の暴力行為を許さず」の決議をして、陳情に走り回る。水俣地区労協もこれに同調して、漁民を除く〝オール・ミナマタ〟が被害民に敵対し、これを差別疎外してゆく構造がつくりだされていった。

まさに漁民暴動は六年間の沈黙の「奇病時代」をいっきょに破り、すべての矛盾を表面にさらけ出す力となった。この政治的・社会的効果の大きさは竹崎、田中、桑原氏ら最高幹部の計算以上のものであったろう。しかし、経済的効果は微少だった。通産省や日経連に後押しされたチッソ会社の姿勢は堅く、寺本知事らの調停は難航し、漁民代表は涙をのんで要求の二〇分の一にも満たぬ低額の補償額を受け入れざるをえなかった。

不知火海漁協の当初の補償要求は二二億円であった。それが交渉のたびごとに半減してゆき、一二月一六日、ついに損害補償額三、五〇〇万円（内一、〇〇〇万円は工場に対する損害補てん費として差引かれる）、特別融資六、五〇〇万円の計一億円にまで値切られた。なぜ、このようなことになったか。漁協側が最後まで〝闘う姿勢〟を崩さず、交渉団の背後に漁民大衆の怒りをつねに組織し備えておく用意を欠いていたためではなかったか。あまりにも調停委員会に自分たちの要求額を預けすぎたからではなかったか。

内務官僚あがりの現職の県知事寺本広作、岩尾豊県議会議長、「影の県知事」と噂されていた保守政界の実力者河津（こうづ）寅雄全国町村会長、それにチッソ城下町の中村止（とどむ）水俣市長、保守色の濃い新聞「熊日」の伊豆常任顧問の五委員による水俣病紛争調停委員会が、チッソを加害者と認めていなかったことで明らかだったし、被害者である漁民側に立つ人びとでなかったことも明らかだった。しかも、この調停委の背後には通産省（九州通産局長）の影が動いていたし、チッソ会社のバックにはそれを激励する日本化学工業協会（日化協）や日本経営者連盟（日経連）の存在が透けて見えていた。

この水俣病事件をとりまく全体の構造的連関と調停委の性格と彼我の力関係とを冷静に考えるならば、漁協側の唯一抵抗の力は四千組合員の実力闘争をも辞さぬ強固な組織的動員による臨戦体制しかなかったはずである。（この時、革新政党や労働組合はなんの役割も果たさなかった。この問題については稿を改めて詳述する。）その点をはたして漁協指導者側がどこまで読んでいたか、一方的に押し切られてしまった結果から判断すると、その思慮をも、その備えをも欠いていたのではないかとの疑問を持たざるをえない。

一二月一六日、最終案を提示した寺本知事は言っている。「資本金二十七億円の新日窒の支払能力からすれば、会社に相当きびしい調停案になったと思う」と。当時一五〇億円近い売上げを持っていた高度成長会社にとって一億円の当然の賠償に何程のことがあったろう。他方、不知火海四、〇〇〇の漁協員は、九、〇〇〇万円の補償でいったいどうなると考えていたのか。単純平均割にして一組合員二二、五〇〇円にしかならない。こんな低額でこれまでの漁業補償を片づけ、将来への立上り資金にもあてよ、というのでは、まったく公平な調停とはいえない。

しかも、この調停案には「県漁連は新日窒水俣工場廃水の質と量が悪化しない限り、過去の廃水が病気の原因であると決定しても、一切の追加補償を要求しない」という重大な一項が加わっていたのである。これはチッソの犯罪への〝免責〟の一項であると同時に、今後の漁民闘争への首かせとなる〝鎖〟だった。

この惨憺たる調停案を県漁連がのんだという報せを受けたとき、若い漁民のある者は声を放って泣いたという。事件当時二九歳の青年で、みずから先頭に立って闘い、機動隊から頭を割られたりした田浦漁協の荒木省巳（まさみ）は、二〇年前の一一月二日のことを「今でも自分は忘れることができない、思い出し、思い返しする」といい、「昼の戦争は勝っていたのに、夜の戦争はさんざんだった。警察一〇人位に囲まれて、ふんだり蹴ったり昼の仕返しをされた。田浦では何人もケガ人を出した」と語りながら、一二月一八日の調停案受諾には「心から泣いた」と告白している。一漁民の心に刻みつけられたこの事件の深さを思わないではいられまい。

その協定調印の日の翌日（一二月一九日）、漁民の不満が再度爆発するのを恐れた県警本部は、機先を制して二〇〇余人の警官隊をくり出し、漁民の一斉家宅捜索を決行した。目ぼしい漁民のほとんどが一斉逮捕されるのは翌三五年一月である。不知火海漁村の家々に深い敗北感が流れる。

また、死者一人三〇万円、子供のいのち年間三万円、しかも、後で病気の原因がチッソと分かっても文句はいわないという驚くべき屈辱的な見舞金契約を呑まされた患者家族の頭上に重い沈黙の雲がかぶさる。増産につぐ増産のチッソ工場のみが、水銀を全く除去できもしない欺瞞的なサイクレーター（浄化装置）の設置によって工場廃水の無害化を市民に信じこませ、その後一〇年にわたって、さらにおびただしい毒水を流しつづける。被害民の運動は弾圧され、また契約書で金縛りにあい、その上、地元の労組や市民からも疎外されて孤立し、病苦と貧窮と社会的差別の三重苦の底で息をひそめる。

被害民の唯一の戦闘力を備えた荒くれの漁協組織が、それ以後、みごとに患者運動との間にクサビを打込まれ、水俣病問題解決の行動力を継続するどころか、かえって目の前の利害のために〝患者かくし〟、患者圧殺に奔走する。長い長い不知火の海の沈黙がつづく。さらに、水俣病事件史をきりひらく旗手はついに患者の中からあらわれる。一〇年後には少数の市民有志が支援組織をつくってこれに加わる。なぜ水俣病問題が患者運動だけによって荷われなければならなかったのか。なぜ、厖大な被害民を抱えていた漁民組織が、かえって患者封殺に長年手を貸しつづけたのか。この問題は別の角度から冷静に検討されなくてはならない。

七、画期としての一九五九年（昭和三十四年）

それにしてもこの漁民闘争事件に対してとった警察・検察の態度は全く一方的、政治的なものであった。公平を欠き、社会正義に反していた。〝大きな被害者である漁民〟の小さな違法事件を仮借なく追及し、その運動を破壊しながら、他方、〝大きな加害者であるチッソ会社〟の小さな被害の保護に汲々とした。（この態度はその後も持続されている。）

なぜ、「殺人容疑者の工場」が大目に見られたのか。故高木信行が告発したではなかったか（〝マムシにかまれても飛行機で助けるという世の中なのに、数十人の人命を奪ふ工場に操業中止させなくてよいのか！〟と）。昭和三四年一〇月、工場首脳部の犯意は明らかであった。検察庁はこの工場に強制捜査で踏みこみ、ネコ発症実験の秘密資料という動かぬ証拠を押収して、西田工場長らをあの時点で殺人容疑、あるいは業務上過失致死の容疑で逮捕すべきであった。それこそが、憲法に忠実な検察官の責務であるはずだった。それをしないで、漁民の違法行為だけを一方的に峻烈に取締まったことは全く「法」の公正を欠いている。その後、何百人という水俣病死者を発生させ、問題解決を十数年間も遅らせた責任の一半は国にある。国は責任を負わなければならない。

一九五九年一〇月一七日現在の水俣病患者七六人（内死亡二九人）死亡率四〇パーセント。

一九七九年七月六日現在の水俣病認定患者一、五八三人（内死亡三二四人）、他に未認定の水俣病申請患者五九一三人。

一九五九年（昭和三四）一二月一七日、熊本日日新聞は「水俣紛争の調停案」がこの日、調印されることを予想して次のように解説していた。「これが解決すれば、水俣病問題は二十八年の第一号患者発生いらい六年ぶりに一応の終止符が打たれることになる」と。事実この年を以て、基本的には「水俣病は終わった」として〝終止符が打たれる〟のである。

いったい一九五九年、昭和三四年という年は、水俣病事件史の上でどのような意味をもつ年であったろうか。昭和二八年水俣に発生した患者が次々とひろがり、ついには鹿児島県出水市の漁村集落・名護から、熊本県芦北郡湯の浦の漁村集落女島にいたる不知火海東岸全域に拡大していながら公認されなかった年であった。

私たちはその名護の激症患者柴田弘志さんが、三四年一〇月に水俣市立病院に入院しながら即日漁協幹部につれ戻され、帰宅してまもなく急死した事件を、それから一〇年後にはじめて知らされた。また女島の網元緒方福松さんが三四年九月に発症し、のたうち回って苦しみ、ついに一一月下旬激症水俣病で死亡しながら長い間、隠されつづけたことも後になって知らされた。昭和三四年という年はそうした暗澹たる悲劇の開始の年でもあったのである。

昭和三四年、熊本県は水産試験所を中心に不知火海全域にわたる漁業被害調査を行なっていたばかりか、ネコの発症例や沿岸住民の毛髪水銀値など広域的疫学調査の道を切り開きつつあったのだが、それが一一月を境に消えてゆく。わずかに熊本衛生研究所の松島義一氏らの毛髪水銀値調査を例外として、それまでは不知火海全域に注がれていた研究者、調査者の眼はほとんど符節を合わしたように閉じられてゆく。その不可解さも追究されなくてはならない。

チッソが東大の御用学者や日化協の大島理事らの協力を得て懸命に有機水銀説を否定しようと世論操作を行なったり、通産省が熊大研究班に「結論の発表は慎重に」と圧力をかけたり（一一月一一日）、ついには厚生大臣が水俣食中毒部会に解散を命じたり（一一月一三日）、というような企業と国とによる水俣病かくしが集中的に行われた。

これらの事実は土木典昭（つちもとのりあき）氏がいみじくも指摘したように、「昭和三十四年とはまさに〝水俣病始末〟の年であり、不知火海対岸・離島が半永久的に放棄された記念すべき年でもあったのである。」（土本『わが映画発見の旅――不知火海水俣病元年の記録』）

そしてそれは不知火海対岸、離島にとどまらず、「昭和三五年以降、水俣病は終熄した」と熊大の医学者たちが声明したとき、不知火海水俣、芦北側の患者や漁民にとっても暗い沈黙の〝煉獄のような時代〟に入ったことを告げたのである。歴史はこのとき、第一期から第二期に転換した。そしてそれを画期づけた決定的な要因が、じつは不知火海漁民闘争の敗北であったと私は考える。

直接行動による大衆闘争はその頂点において情況を打開し、その低点において時代を転換させる。水俣病事件史にとってもそれは例外ではなかったようである。

(附記) 以上の概説によっても分かるように、この事件は言葉の正確な意味で「漁民暴動」というべきではない。正しく「不知火海漁民闘争」というべきである。(一八八四年の秩父暴動と秩父事件の関係のように。) しかし、本稿でそれをあえて「漁民暴動」としたのは、現在の当地の常用語にならったまでであって、まず、そこから入り、次に事件の内側を掘り起こし、最後にはこの体制用語のもつ作為的な意味を転倒したいと考えたからである。

以下に私たちが現地調査によって得た史料類を次々と紹介してゆくそれは、この内面の掘り起こし作業のためなのであって、単なる「史料紹介」に終わらせるつもりはない。続編で各論を深めてゆきたい。

史料・「判決」全文

判　決

右の者等に対する建造物侵入及び暴力行為等処罰に関する法律違反被告事件につき当裁判所は検察官苑田美穀出席の上審理を遂げ次のとおり判決する。

主　文

被告人田中熊太郎及び同竹崎正巳を各懲役一年に、被告人桑原勝記を懲役八月に処する。ただし本裁判確定の日からいずれも二年間右各刑の執行を猶予する。訴訟費用は全部被告人等の連帯負担とする。

理　由

(罪となるべき事実)

被告人田中熊太郎は熊本県芦北郡田浦町所在田浦町漁業協同組合の組合長、同竹崎正巳は同郡芦北町所在芦北町漁業協同組合の組合長、同桑原勝記は同県天草郡竜ヶ岳町所在樋島漁業協同組合の組合長であるが、昭和二十八、九年頃より水俣港周辺においていわゆる水俣病が発生し、その後昭和三十四年八、九月頃には芦北郡津奈木村においても同奇病患者の発生を見、漸次不知火海沿岸一円に波及する形勢にあって、他方同奇病はもっぱら右海域における漁獲物を喫食することにより罹患するものとせられたために、同海域における漁獲物の価格は著しく低下したのみならず各地でその不買決議がなされ次第に販路を閉ざされる状況にあったところ、昭和三十四年七月頃熊本大学において右奇病につきいわゆる水銀中毒説が発表され、且つ水俣市大字浜九百十七番地所在の新日本窒素肥料株式会社水俣工場（以下単に工場と略称する）では塩化ビニール等の製造過程で触媒として相当量の水銀を使用していたことその他の理由から、現地漁民等は工場から排出する工業廃液が不知火海域を汚濁することに右奇病の根本的な原因があると信ずるようになって、この説を否定する工場側と深刻に対立し、前記各組合その他関係組合でそれぞれこれが対策を練ったあげく、問題は各組合で個々に対処するにはあまりに大きく右海域沿岸の漁民を中核とし全県的にこれに対処する機構を作った上、国及び県方面に働きかけると共に、工場側に強力な交渉を行ってはじめて解決を期し得るものだとする機運が盛り上がり、同年十月十三日右組合等の上部団体である熊本県漁業協同組合連合会の会長村上丑夫を委員長とし被告人等その他を役員として不知火海水質汚濁防止対策委員会を結成し、同月十七日水俣市公会堂において右委員会主催のもとに多数の漁民が参加して熊本県漁民総決起大会が開かれ、右工場に対し完全浄化設備完了まで操業を中止すべきことや漁業並びに漁場被害に対し経済上の補償を行うべきことなどを決議したが、工場側に対する右決議文の手交が円滑に行かなかったため、漁民多数が激昂して工場に投石するなどの騒ぎが生じ、その後も工場側から満足すべき回答がなかったため、前記海域の漁民間には工場の態度にうつぼつたる不満の念がび漫し、ひいては工場側の誠意ある回答を得るためには、前回以上の破壊的な行為に出るほか方法がないとする気持がみなぎっていた折柄、同年十一年二日国会調査団が奇病調査のため現地に赴くことになり、前記対策委員会等ではその際多数の漁民を水俣市に動員して、調査団を出迎え陳情すると共に工場に対しあらためて前記決議事項についての交渉の申入れを行うこととなったものであるところ、被告人等はこれに先だち、従前の工場側の態度を以てしては容易に右交渉申入れに応じないであろうとして協議した末、交渉拒否の場合は若い者を先頭に立てて工場に乱入しその施設を破壊するなど徹底的な実力行使もやむを得ないとして、前記連合会の組織ないし関係各組合の役員会及び部落集会を通じまたは当日口頭を以て、田浦町漁業協同組合理事永松政男、同組合員浪崎重男、芦北町漁業協同組合理事豊田実、同組合員大島若義、津奈木村漁業協同組合理事諫山繁敏、同組合員柳迫末光、樋島漁業協同組合員安井光保等に伝達し、その諒承を得て右の旨を各共謀し同年十一月二日漁民千数百名と共に水俣市病院前において国会調査団を出迎え陳情後、あらかじめ熊本県の関係職員等を介し右工場長西田栄一に漁民代表との面会に応じてもらいたい旨申入れてあったのに対し、工場側より多衆を背景とする交渉には応じがたいとの回答があったのを知るや右共謀するところに基づき、同日午後一時三十分頃若い者を以て編成せられた特別隊を含む漁民千数百名を指揮し右病院前を出発、工場正門に向けデモ行進を行った末、同日午後一時五十分頃工場正門前より右特別隊員を先頭に多数漁民において前記西田栄一の管理する工場内に故なく侵入し、その頃から同日午後二時三十分頃までの間に工場内において多衆の威力を示し且つ前記浪崎重男、大島若義、柳迫末光、安井光保等において多数の漁民と共同して投石あるいは棒を用い保安事務所、本事務所、タイプ室、テレタイプ室、綜合破究室等三十数棟の窓硝子及び窓枠約四千六百枚、電話器七十四台、テレタイプ二台、タイプ七台、リコピー二台、電気計算機一台その他多数の器物（時価計約一千万円相当）を破壊したものである。

（証拠の標目）

一、被告人田中熊太郎（四通）、同竹崎正巳（四通）及び桑原勝記（二通）の検察官に対する各供述調書、

一、村上丑夫、鳥居正直、白倉幸男、本田精一（二通）、中村新吾、北垣文夫（三通）、田中善治、坂口定光及び浜崎千賀松の検察官に対する各供述調書、

一、浜村栄太郎、永松政男（二通）、岡本忠利、宮坂正敏、洲崎忠一（二通）、岩浪寅市（二通）、松永義夫、篠原正晴、隅本栄一（二通）、野口正志（二通）、浜田熊太郎、大丸精一（ママ）（三通）、浜崎己喜太郎、俣川友七（二通）、小川登吾（三通）、百田己酉（三通）、谷口正毅、浪崎重男（二通）、四十住磯松、田中久幸及び矢野珍男の検察官に対する各供述調書、

一、古川八郎、浜本孝助、浜本孝（二通）、西川渡、川崎種一、柳迫貞敏、新立初喜、新立次義、高木信行、

諫山繁敏（二通）、林田実、森山清（二通）、伊藤正任、長浜一郎（二通）、長浜安太郎、福山義男、福田進、柳迫光義、浦口正徳、伊藤幹男及び福田二任の検察官に対する各供述調書、
一、藪下春樹、山石藤九郎（三通）、豊田常喜、吉元岩吉（三通）、浜田秀義（四通）、下田善吾、石村正成、向政吉、寺崎政義（二通）、島崎藤四郎（三通）、豊田実（二通）、石村衛吉、平山進（三通）、三島栄喜、島本五郎（二通）、古市兼彦、山下末松、豊田国男（三通）及び大島若義（昭和三十五年一月二十三日付）の検察官に対する各供述調書、
一、桑原重人（昭和三十五年二月二十一日付）、奥田種雄、安井光保（二通）、段本蔵雄、平岡鉄則及び古谷謙造の検察官に対する各供述調書、
一、当裁判所の証人藪下春樹、同山石藤九郎、同豊田常喜、同吉本岩吉、同浜田秀義、同下田善吾、同石村衛吉、同島本五郎、同向明、同山元一、同下田貞、同辻田己太郎及び同邑上貞光に対する各証人尋問調書、
一、当裁判所の証人川村和男に対する証人尋問調書、
一、証人西田栄一及び同千原末夫の当公延での各供述、
一、当裁判所の証人福田信雄及び同藤本静雄に対する各証人尋問調書、
一、西田栄一作成の被害届、　一、藤本静雄作成の上申書、
一、証人福井啓次、同稲田薫及び同下田憲一の当公延での各供述、
一、昭和三十四年十一月二日水俣事件現場写真記録水俣署なる写真集（巡査蓑田義信等撮影の写真三十一枚貼付）

大丸清一聞き書

──漁民闘争当時の〝特攻隊長〟、田浦漁協理事

〝漁民暴動〟二〇周年に

問　今年はちょうど不知火海漁民騒動が起きて二十年になりまして、チッソの西田工場長の刑事裁判の判決なんかも出ましたし、あれは近来にない大事件ですので、私たちで真相を記録しておきたいと思うのです。そこで検察庁や裁判所にも調べに行ったのですが、熊本、水俣の検察庁も、資料は捨ててしまったと。そのため、調書も何も、もう見られなくなったものですから……。

大丸　それはおかしかなぁ。

問　焼き捨てた証拠という帳簿も見せられましてね。この通りハンも捺してあると……。

大丸　私もときたま警察にも行くとですたいな。そんで、あんたたちはおかしかぞち、言うとたいな。もう何十年も経っとるとやけん。そぎゃん隠さんちゃ、いいじゃないかと言うとですたい。警察としてみると、たいがいな漁民ば懲らしとるもんじゃけん。私は懲らされとるもんじゃけんですな。

そんでまあ、この前テレビにも出ちくれんかと言うたばってん、まあちょっと出たばってんですな、とにかくあの当時の漁民の実態というのはやっぱり、水俣があげん症状がひどかちことは知らんもんじゃけんですなあ。テレビにも私が話したように、とにかく乱暴をしたような恰好になったばってんか、あれもやっぱり漁民の憤りやったっですからね。

当時は私も三十二、三ぐらいの齢だったでしょうな。もうそん時は田浦の組合でも、私が役員では一番若かったもんだけん、そるけん、いろいろと、不知火海の若か連中のもんには慎んでもらうごつ、暴力なんかせんごつ、だいたい話もしとったっですたいね。で、まあ水俣市立病院に行って、そうして患者さん、まのあたりに見てから、みんなが憤慨したっですもんね。

問　市立病院にみんな行って？

大丸　いえ、まあ偉い人もおったしですね、自分達は見とったからという人もおるし、見ない人はとにかく見てこよう、どぎゃんとだろうかと。それでまあ行ったところが、とにかくそのもう、こりゃおどんも魚たんと喰っとっとじゃけん、こげん（水俣病）なっとかねち、思うたもんですな。

だいたいその時には百間港（ひゃくけんこう）にみんなが終結した時に、当時の指揮者やった、もう死んでおらんですがな、田中組合長と竹崎さんですね、それと天草の桑原、この連中が、とにかく今日は海上デモをやるとだけん、いっちょう若いもんがどういうことをするか、わからんけん、いっちょう暴力は慎むように私から言うといてくれんかいと言うもんじゃけん、私が百間港に寄った時は、今日は市立病院前に行って、大会開いて、そうして海上デモをやっとだけん、そして暴力なんかはやらんごつ、たのむぞて、みんな私達が指示したあれがあっとですたい。

そうしたところ、警察は私が若いもんば、ちゃんと集めとって、そうして工場に乱入させたちゅうと、こうですたい。そして私が特別行動隊の隊長にしくまれてしもうたっとですたい。それで刑事の連中があとで話を聞いたところが、あんたが高い所に立ってやたら若いもんに言うたのは、わかっとるもんねて、写真でとってしもうとるもんねて。私はみんなを静めるために言うたことが、みんなをあういう方向にしむけたように、逆に警察はとっとるわけですたいなぁ。

問　その時の漁協での役職は理事ですか。

大丸　はぁ。そって、その、水俣病の症状があぎゃんなって、漁民が魚もぜんぜん売れんごつなったもんじゃけん、それでいっちょうああいう大会を開いたわけなんですが、もう帰りがけ、あんた、デモで工場へ来たところが、また突撃やったでしょうが、これが。ああ、これはいかんばいと思って、おい、そっちは道の違うぞって言うばってんが聞こえるもんですか。いきなり工場に乱入しちゃって。

もう先頭がいきなりやったですもんね。私も先頭におったもんですけん。そって、「おい、もう百間港さん行くぞ」ち、ゆうばってんか、なあんと、そぎゃんと耳に入るもんですか、突撃！　ってやったもんだけん、もう先頭がたも行ったもんだけん、しまいにはワッと入ってしもうたっですたい。

工場の正門を乗りこえて

問　そうすると大丸さんが橋げたをはずさして、爆弾三勇士みたいに正門を突き破らさしたというのは。

大丸　あれはですね。あれは後からの脚色ですたいね。最初はですね、田浦の連中が門に入ってたのを、私も止むるつもりで行ったばってんか、もう止められんもんだけん、あとから押しかけてくるもんだけんですな、そるけん行ったところが、田浦の連中四名が入ったですもんね。塀ばいきなり飛び越えて行ったですもんね。そうして、アイタッ、これはいかんばいと思って、しようがないから私もよじ登って行ったんですたい。

そうしたら工場の中には、まあやっぱり五、六十人位おったでしょうね、守衛が。そるに「おいあんた達、今日はもうひかえておった方がええぞ」て、私が、「もう、とにかくどのこのあんた達が手向いすっと大怪我するけん、ひかえとけ」って言うち。そうしてから、門を開けにゃあ、これはもう押し破られるけんち思うたもんじゃけん、門を開くる準備したっですたい。内側から。したところが、ふとーい、こんくらいの角材やったでしょうな、そるば二本通してあっとですたい。膝の所と、ちょうど胸のところですな。そるもんだけん、胸の所ば、ちょうど肩ば入れて抜かれたっですが。外の方から押しとっでしょうが。押しとるもんだけん、あとはこれ抜けなかっとです。

　そるから私がまた塀の上に登って、そして「そのかんぬきを抜くけん、そるけん、後さん退けっ」と言って、そうして退かしたです。なんもその時は、報道やら社員やらが、後、前、横から私が写真ば撮っとるとですたい。そるもんじゃけん、その退かせたもんだけん、すぐかんぬきは抜けたっですたいな。そうして入ったら、もう、無茶苦茶だったです。それから、何もかも、もうとにかく許せなかったですたいね。

問　その「突撃！」と声かけたのは組合員ですか。

大丸　それはもうやっぱ若いもんばっかだったですけん、もう誰が何と言うていたか、わからんとですたいね。私も大分止めたばってんか、まあ止まっちゃあかんですもん。そうしてその、一時間か二時間くらい経ってからだったでしょうね、機動隊の来たですもんね。警察が来たちゅうもんだけん、そんなら門ば封鎖せんばって行ったばってん、もうその時は入ってってったですたい。正門の方から来ずに裏門から来たもんだけん、とにかくこれはいっちょう漁民は警察隊とやると思うたもんだけん、早う門ば閉め、警察隊は入れんごっと言ったところが、トラック、バスで二台やったですかね、入っとったですもんね。それから引っ返す言うばってんか、とにかくその門の外に退いてくれち言うばってん、退かんでしょうが。もうやむをえん、ならばあそこをひっくりかえせち言っち、そうしてやったばってん、かや（返）らんとよ、こやつが。よし、なら、やむをえんち、そして、一人一人ひょっぴき出せっち言うち、そうしてから一人一人ひょっぴき出さって、そして門を閉めてしもうたっですたい。

問　はア、警察を追い出してしまったのですか。

大丸　追い出してしもったですたい。そうこうしよったところが、また「正門の方からまだ警察の来たばい」ち、「そらいかん、そんなら正門さ行け」ち言うち、そうしてまたやらせたですもん。それから「とにかく警察隊が動かんごつ包囲してしまえ」ち言うち、そうして警察隊ば全部包囲しちもうてやった。そして取り囲んでしまって、とにかく漁民がこぎゃんして来たのも工場長、代表者ですたいね、その連中が、漁民の代表と会ってですたいね。協議をしさえすんならば、こういうやり方せん、と言うとりますたいな。そるばってん、なぜ代表者と会わせんのかちゅうごっですたい。そるば、そのもう会わせんけん、ああいう風になっただけんですな。

そうしてから交渉しょったところが、「そんならば代表者同志と会わすけん」と警察が言うもんじゃけん、「あんたたちがそこまで言うならば、漁民も退かう」っと、んな、「そうします」て言うもんだけん、全部漁民ば退かせたっですたい。「なら工場から退場さすっぞ」って。みんなが、「あやつどんが、ワナにかかるな」て。「決して、会わせやせん」と、みんなが言うたばってんか、もうどぎゃんするこっちゃわからんもんじゃけんですな。あの当時、多くの被害ば与えとったでしょうが。そるけん、とにかく話は話し、良かじゃなかかって。せんばせんで、今後のまた考えもあるけんち言うて、そして退かせよったですたい。

そうしたところが、門の外で漁民の方、各組合ごとに人間ばあたって見ろち言うち、あたらせたところが、おらんとですたいな。そっでとにかく工場の中さ入っとって、おらん者ば全部出してもらおうて、交渉したっですたい、会社と。どぎゃんしても返さんとですたい。十何名だったですかな。返っておらんじゃもん。なんの、大怪我してしもうとっとですたい、叩きのめされてしもうて。そうして一人二人ちいうて返してもらいよったですたい。そしてから、まだ大分足らんというもんだけんですな、「なぜ返さんのか、貴様たち！」ち言うばってんか、「もう工場の中にはおらん」と。「おらんわけなかッ」て、漁民もまた何千人の人間でしょう。そうしてから、そぎゃんして、あともう返さんもんじゃけん。もうやむをえんで、門ばたたき破れち言うち、そして欄干ば、打ちこわさしち、しもうたってですたい。そうして欄干ばこわしてから……。

問　ああ、第二波の突撃。

第二波の攻撃開始

大丸　そうです。もうやむをえんて、漁民ば一人でも犠牲にでくるか、ちいうち。門ば突き破ってしもうたってでしょうが。そしたところが警官って、やっぱ上手だもんな、やり方が。かけひきの上手でしょうが。とにかく車と、狭い入口ば押えとって、そうして攻撃してくるもんだけん、どぎゃんもこぎゃんも私ら前に居るもんだけん、怪我すっばっかですもん。そうして後の方から押すでしょうが。前は後へさがれんでしょうが。これはこぎゃんことしょったら怪我するぞって、とにかく警察隊はかけひきの上手だけん、こっちも作戦とってやらにゃあいかんて、「いったん退け」ち言っち、そうして退かせとって、そうしてから石やらビンやらあらゆる路端にあるもんば打ち投げてやった、そん時、私もやられたってですたいな。

最近になってから、また傷がうずいてきたですもんな。そいでガラスかなんか入っとっとっじゃなかですかな。ガーンと来たもんじゃけん、「あイタッ、こりゃアしもうた」と思って、そうして手で触ってそうしてから魚屋の所に行ってアカチンなんかぬってもらおうと思っていったところが、「あんさん、こ

りゃあんた怪我の太かッばい」っていうて、娘はまっ青になっとろが。「そぎゃん太か怪我かい」って

いったところが、「ああ、そこはいっとるばい」っていったもんじゃけん、そんなら医者に行かないかん

と言って、そうしてから私は病院さん行ったとです。そうしたら個人の病院は一人もおらんとです。

問　何が入っていたんですか。

大丸　そるはですね、恐らくあそこの工場の前の所に花壇の花なんか植わしとったでしょうが、あのぐるりはサイダびん、ビールびんがずっと突っ込んであったですもんね。もう投ぐるもんがなかもんじゃけん、そやつばとって投げよったですたい。それば警官が投げかえしとったですたいね。そして切り口が切れとったというたですもんな。「これはガラスびんで切っとるな」って医者が言うたもんですもんね。で、その個人の病院に行ったところが全部個人の病院は一人もおらんとです。そるから猛っとるヤツは猛っとる。とにかくこりゃ大事ばいと。そうしてから、もうやむを得ん、市立病院さん行くぞて言うち、それで市立病院に行くちうたって車もおらんでしょうが。やっとタクシーばひっつかまえて、そうしてけがしとるもんを病院さん送ったです。市立病院さ送ったところが、市立病院は責任者がおらんば、治療はせんち、全部立っとるでしょうが。「おい、あんた達は医者じゃろうが」っていったったな。これだけ怪我人も何百人でしょうが。なら、「オレが責任者になるけん」て言うち、そうして私が責任者になって、そしてその治療をさせたっですたい。そるけん災難になったですたい、一番最後じゃもん、私が。

そうしてから私は最後に、もう工場も今のままでは恐らく応対するあれもなかけん、いったん引きあげるちゅうことになって、そうして人間がほとんどおったもんだけんですな、船から全部引きあげてきたっですたい。その後もずっと交渉もしたっちゃばってん、応対してくれんとじゃもんな。そるばせずにおって、とにかくじゃんじゃんじゃんじゃん、工場は汚水ばたれ流すでしょうが。そうなったら魚は売れんで

しょう。もう取ってきても全然買い手がおらんでしょう。もうそぎゃんなればですね。不知火海の漁民が立ちあがらざるを得んようになって、こりゃしようがにゃあもん。そって私たちがああやって百間港に集結して言った場合には、恐らく工場としても市立病院前で大会開いて、海上デモやってスムーズに帰るちゅうふうに思っちゃならんとですよ。実際、自分たちがどのような事をしておるかですね。

そうして今度はそういう暴力沙汰があってからは徹底的にやったですね、警察の追及は。漁協の役員連中には特にですたいね。でもあの時に私は不知火海ではもう生活が立たんけんていって、対馬にイカ釣りに行こうじゃないかと。で、そん時私が田浦で船団長で行くようになっとったですたい。したところが私はもう他に仕事があったもんだけんですね、そるけん、海ノ浦の永松ってもんが自分も行くと言うもんだけん、あんたが行くならばあんたがいちおう指導してくれんかって、指揮者になって行ってくれっちゃって、船団長としてやらせたわけです。そうしたところが、警察の方は私が対馬に行ってるもんと思って私だけ呼ばやったたってですたい。それで対馬に行って奥さんの方さん、里の方さん来たとき、長崎来たとき、いきなり逮捕したけん。手錠かけたり、長崎で。なぁんもこちゃ知らんとですたいな。まさか警察のそういう手錠があって、調べのあっつごとも知らん。海から上ったところがいきなり名前聞いて、いきなり手錠はめられて逮捕だったから。けんかやったたってですよ。そんでその日逮捕されて、そして警察の調べることはもう無茶苦茶ですもんね。

工場長を撲った漁民

問　大丸さんが逮捕されたのはいつになりますか。旧正月があけたころですか。

大丸　もう……全然わからんですね。いつだったのか。

問　警察はしばらくは、じっと協定が出きるまで、だまって見てたんですね。それで調印の翌日いっせい捜索で、それが終って一月になってから逮捕が始まったんですね。年あけてから。

大丸　年あけとからやったってですたいね。丁度。私は頭も悪かもんじゃけん、何でもメモするくせのついとるもんじゃけんですな。逮捕されたとき、こりゃいかんばいと思って、後からこっそりと、おるが日記帳全部焼き捨ててしまい申した。

問　惜しいことをしましたね。簡易裁判の略式命令の判決文を見ると、山田巳酉（みとり）さんが、あの日、工場長室へ入っていって、西田工場長の顔を撲って、右の耳と頬に怪我をさせた。全治十日間だと、西田さんの方から被害届が出ている。その犯人がこの田浦の山田さんだというので一番重い罰金をかけられてますけれども。

大丸　山田君がやったってのは私どももまだ聞いておらんですね。

問　ああそうですか、恐らく御本人は知らないでやったかも……。

大丸　ま、漁民の誰かがやったのはまちがいなかったですたいね。そりゃ怪我したていうならばですね。そっで私らはその工場長の顔なんかやはり知っちゃおらんけんですね。そら知っとったとなら、恐らく生きちゃおらんかったでしょうな。そら叩っ殺しとったですよ、そん時には。

こりゃですね、工場のために、もう何百人の人間が死んどっと、だけんですね。ちょっといえば殺人行為みたいなもんだからですね。今から先まだ、どれだけの人たちが水俣病にかかって亡くなるのかわからんわけなんですからですね。そるも何十じゃなかったけん何百何千の人間がですね、次から次に、私らは特に水俣周辺で一番危険性の多かった時期に仕事しとっとだけんですね。もう私の網子（あみこ）やったって六人ですかね、もう水俣病にかかっとるですから。私が使っとる連中はもう何十人て使っとるばってんが、中に入っとる連中の六人な、もうひっかかっとるけんですね、水俣病の認定に。

問　山田さんという方は亡くなられたそうですね。

大丸　この人は何年か前ですね。

問　特に腕っぷしが強かったとか。酒が好きでよくけんかする方だってことはなかったですか。

大丸　私の所から距離的に離れとるけんですね。人間は良かったけれども、まあ荒っぽい所はあったことはあったですね。一回ですね。私があそこの部落の、もうすぐ海岸線やもんだけん仕事しよったところが、とつぜん、そのザバーンという音がしたってですよ。「何かねェ」と思って。そうしたところが私の船さんその一生懸命泳いで来よらすとですたい。そして「貴様、こういう所で仕事ばするって」いうてですな、そうして乗り上ってこらしたもん。その顔見たところが山田さんじゃもん。なんか言おうばしたとが、顔見たら、「あーラ、あんたやったですかって」言って、そしてまた飛びこんで戻っていかしたもん。そるけん、そやけん私は底曳きやるもんだけんですな、トントンやって家の下ば引っぱっていくとですたい。そやそのうるさか、寝られんち、いってですな、やかましいいうて、漁民のもんば追いやりよらしたっですもんな。その声は聞いとったっですたい。で、いやいや山田のオヤジだろうねって思っとったですたい。そんの私の船まで距離があるんですがな、飛びこんでザブーンていったもんじゃけん、何かね、何のおこったじゃろかったら、そうしたら私の船さ泳ぎあがって……あん時ばっかしはおかしゅうは、きのどくが、もう……。

問　五十二人の方のうちで警察への暴行と、もう一つ西田工場長傷害の二つの罪っていうのは山田巳酉さんだけですもんね。

警察官と取っ組み合い

大丸　ま、警察隊といろいろ取っ組み合いしたとは大分おっとですたいね。
問　先程おっしゃられた怪我の種類わけですね、やはり警官の警棒による被害はだいぶ？
大丸　あー、こりゃたいしたもんじゃった。一人なんかは警官の革靴のかかとで耳ばひっちぎられたもんですね。一人なんかはですね。ここを、こう、やっぱり切られっとですたいね。ありゃあ、ビールびんかなんか、やっぱり通ったでしょうね、ここかすって。そうして縫うのに、ガコガコすっとですな。医者が縫うつする（縫おうとする）ばってんか、縫われんとですたいね。そうして、そんとき、だい分時間かかって、やっと縫い合わせたですね。とにかく怪我がひどか人になればですね、もう見られんかったで。
　その、まあ警察隊も後で、笑い話に、わしもどぎゃんだった、こうだったていう話しょったですばってんか、漁民の被害ッていうのは、どうも何百人の怪我人だったけんですな！　弟なんかは、あの男――今は牛深の刑事課長かなんかしとっとじゃなかですかな、大塚ちゅうて、柔道三段か四段かですもんな。で、弟もその柔道はたいがいやりおったもんじゃけん、欄干の上でやたら取っ組み合いしょったっですな。どっちがどっちでわざを使いおったばってん、とうとう二人づれで下へ川さん、かえっていったり。服はびしょ濡れで。そいで今、大塚てやつが、あんたの弟は強かよ、だんだんとりおって、オレより強かったもんね、って言って笑い話しょったが。そんたちが、そん時の笑い話で、よう話をすっとですたいな。
問　大丸さんは特に目をつけられた、ということは？
大丸　まあ、私があの当時、ヤンマージーゼルのエンカン服着とっとは、私一人だったんですもんね。そつで、その後から撮っても、そのヤンマーていうエンカン服はあるもんだけん。誰かがしゃべっとっとですたいな。そるけん私が写真ばっかりです。あらゆる所で撮られっとっとです。

問　誰が撮っていたんですかね、写真は。

大丸　それはですね、工場に入った高い所から撮りよったですもんね。それに警官もほとんど私服でやりおったでしょう、そるけん私服でおるのは漁民の服装しとるけん、ちょっとわからんもんですね。そるけん、写真撮ったところへは石投げて撮らせずに大分おったばってんですな、やっぱ高い所なんかとどかんもんで。それから工場入ってすぐの煙突みたいな高かとこに何人か登っとったですもん。

問　検事と口論されたというのは、なんで漁民ばかりこうやって取締まるかということで口論された？

大丸　そうです。実際ならばですね、こりゃ警官そのものがですね、あれだけの問題を起こした工場の方、先に調べにゃいかんですたい。いうならば工場自体が殺人行為をはたらいとるけんですね、漁民があのような事をする前にですたいね、なぜ加害者である工場をですたいね、警官が調べんのかていうのが私が憤慨しとったところです。そっで、あれだけすることによって、これはやっと問題がある程度解決の道を辿るような方向にきとるわけでしょうが。

　そりゃあ警官もそうとう怪我人も出、被害も受けたろうばってん、漁民もそれ以上の苦しみを受け、そうして怪我人も出とるじゃけんですね。そっで私ら漁民にあれだけの事をすんならば、警察も加害者である工場自体をその時点で徹底的に調べにゃいかんかったですよ。ま、検事も同じですたいね。ただ暴力による問題だけ取りあげて漁民を追及しとってでしょうが。暴力をせにゃならんのは、何故そこまでせにゃならんかったかですたいね。その加害者の工場に対してはいっちょん知らん、そうして何十年もたってから起訴したっちゅうふうでしょう。そっではあまりにも一方的だもん。

もし個人やら、また中小企業で、チッソのような問題を起こしておったとしなっせ、それこそ目の色変えて徹底的に調ぶっとじゃもん。そるばってん、この場合は被害者の漁民だけを徹底的にやっといて、加害者はいっちょもやっちょらん。これこそほんと警察・検察の一番大きな不正なんですたい。これは実際言うならば、そして警察やったちゃ、あれだけ漁民を怪我させとって。会社の者が怪我させたじゃなかったけん、警察がやったとだけんな。もともと警察は止めにゃならん立場でっしょが、そるが警察がビンば投げつけたり、石ば投げつけたり。あっちが紳士的に来ればですたい、漁民やったっちゃ紳士的にいくとですたいね。あの時工場の中で会社の代表に会わせるち言うけん、漁民も引きあげたったい。それまで怪我人のなかったんですな。そして会わすっち言うとって、そうしてから、出たところが門をしめて会わせもせず、そうしてあとの工場の中に残っとる漁民に大怪我させとるごたる。そいで実際言うならば、あん時の行為ていうやつは、警察が一番悪かですよ、私に言わすんならば。なぜ責任を持って警察があん時、工場長と漁民の代表に話をさせなかったかです。

問　会わすと言った直接の警察側の交渉相手は誰だったんですか。やはり署長クラスで?

大丸　ん、そりゃもうそうでしょたい。何百人の警官が来とっただけんですね。

問　それがいちおう会わすと言ったわけですね。

大丸　そうなんですたい。だから工場から全部引きあげしもったっですもん。

問　引きあげたところ門を閉められた。

大丸　で、そこにやっぱ漁民はいちばん憤慨したわけですたいな。残っている人は返してくれない。交渉はさせない、そうして警官がもう全然門にも入れない、と。

問　その残っていた人で奥へ入っちゃって、包囲されて叩かれちゃった人ってのはどんな状態だったんですか。もう意識不明なんて方もいたんですか。

大丸　確かそげん人も何人かおったらしかですね。ま、あとから私は自分自身怪我をしたもんじゃけん、こらもう早う治療せなと思ってですね、私も引きあげたけん、あとはもう私も病院の責任をとってやりおったけんですね。最終的にはちょっと私もわからんとですたいね。

それに飲んでやぶれかぶれにやった人もおったろうけん、そういう人たちがやっぱこう、無茶苦茶やられてたとじゃなかっですかね。なんもかんも漁民というのは一ぱい飲んだならばですな、むこうみずだけんですね。それでよけい怪我人が出とるこっですたいな。

まあ、しかしあの当時ですね、魚が売れん時には、もう漁師はこっで終えだと。そるけん私は全部、二艘からの船と十四名だったですかね、若い者を雇うて仕事しょったですがね。その連中を全部もうここの会社やら、あらゆる方面の職に就かせてしもうて、私はこじんまりと一人で仕事をしとったです。そのために私も手ぐりという大きな事業を辞めてしもうただけんですな。その当時、水俣周辺は魚が多かったもんだけん、そこで漁をした私の網子が特に病気に罹っとったですたいね。その網子が罹って網元の私は棄却じゃもん。

不当な調べ

問　大丸さんが棄却？　一回目は保留で？

大丸　一回目保留で二回目にですね。ばってん水俣病に罹っとるとは、脳ばっかり侵さるっとじゃなかですけんね。症状は非常にあっとですたいね。もう努力した時にゃ、もう震えの止まらんですたいね。そすッと、もう足がどのこのいかんですよね。もう小指なんかは生爪はいでもひとつも痛くはないけんですな。小指なんかは爪をはぐ時、どうもなかですもんね。

もう今はですね、熊本に行く途中、一人で運転していく時には最低二回は止まっていくもんですね。そぎゃんせずにいっときもたったならば、とにかく目が承知せんとですたいね。そるもんだけん、もうすぐ路端に寄って休むとですたいね。前はですね、単車でどぎゃん、どこでん飛び回ってさるけたでしたばってん、もう今じゃですね、とにかく一番困るのは話をしよって、何を話したかわからんとですたい。そして私はもうだいたい日記を三十年間書いてるけんですね。それでそのもう日記なんかも忙しうして、そうして二、三日、四、五日書けならん時のあっとですたい。そうすと、前の日んごつが誰かヒントば与えてくれんば、前の日んごつも忘れてわからん。もうおかしがっですよ、子供が。日記を書くとに、もうおらあ昨日は何したかいねって言って、そうして聞かにゃあ、どぎゃんしても湧いてこんとです。もうやっぱりある程度侵されとっとでしょうな。

問　大丸さんはだいぶ長く拘留されて、警察に。八代ですか。

大丸　それがですたい、湯浦の警察におったところが、嘘八百、警察がみんなはこう言うとっとぞ、ああ言うとる、と。あんたが役員で一番若こうしとってか、あんたが一番知っとらなっで。しかも、あんたが親父は組合長もしとったじゃろうが。そうして今ん組合長は、あんたがおじさんじゃろうが、あんたが一番その頭が良かはずで、記憶も一番持っとらにゃいかんて言って、それ、他ん者が知っとってあんたが知らんちゃ何ですかて。とにかく人がこぎゃんいうとるとじゃけん、お前もそんくらいの事知っとるはずだと。そるけん、それはやっぱり誘導尋問にひっかけてしもうとっとですね。おどしかけとってか、そうして警察の思うがままに調書をとっといてですね。ばってん、人は人、おれはおれ、そぎゃんしたふうなことであんた達がおれから聞き出そうと思うなら大きな間違いですと、もう言わんもんじゃけん。横着かて、やるしかしかたなかって。そして黙っとったです。そるもんだけん警察では、とにかくその検察庁さ送れち、言うて、そしてその八代さん、すぐ送られたっです。検察庁にもそぎゃんした風じゃった。あの北川検事ち、言うて、とにかくこいつが名前は忘れんとですたい。北川って。こいつが私を横着だちゅうてですな、もう一度警察で頭を冷やしなおしてこいち言うち、そうしてまた湯浦さ行け。で、湯浦さ来たところが、なんしに来たっかって、ここに来る必要はなかって、八代さん行けって。そうしてまた八代さん。そうしたら、今度また検事が、警察で頭を冷やせちいうたろばってん、もういっぺん冷やしなおしに行けっち言うち、また湯浦さん。すと湯浦さん来たところがまたいっちょも変わらんと。そしてとうとうまた検察庁さん行った。

そるから、とうとうあとから組合長あたりの調書ば持って来て、組合長はこう言いよっとぞ、で調書は全部とってしもうたと。お前一人、どぎゃんしとっかち。そうしてからたたきつけてですな。そぎゃんか言ったっち、そんならこぎゃんしとってあんたが言うなら、あんたが意志にまかすったい、そうしてその組合長の調書通りになってしもうたっですたい。そのかわり私が組合長の裁判の証人に立ったっですたい。そるけんそん時に言うたっですたいね。そん調書は嘘ばっかりでオレが言うた調書じゃなかっち。それは組合長が調書を書いとったけんち言うて、この通りじゃろうかて言うて、たたきつけとって、そうして書かした調書やけん、それはたぶん嘘ばっかですっち、裁判で言うとったですたい。そしたもんだけん、組合長が一番良かったっですたい。執行猶予ばかりで済んだけんですな。一番最後まで残っとったですたいな。そっで後で考えてみれば、自分も裁判すりゃあ良かったねぇて。しかし、やっぱあの当時の警察のあたりが、工場をもう少し早く調べて、そうして浄化設備でん完全に、きれいにやっとればですね、漁民の不安てやつはとれてしまうとだったっですね。今もってどぎゃんもでけんことあるし、もう安心でけんとですけんな。

問　そしてサイクレーターなんて、あれがまた役にも立たんごまかしもんだったですね。

共同謀議と実力行使

大丸　今さら工場長あたりが、今度の判決のいかんによっては、無罪になろうとですたいね、もうそれで死んだ者が生きかえるわけじゃないしですな、漁民の良くなるわけじゃないし、どうちゅうことはなかばってん。やはりその当時の責任者である以上、その昔は日本敗戦と同じですたい、やはり責任者は責任者としてのそれだけの罪の償いはせにゃあですな。

問　そこで大丸さん、結局、共同謀議に仕組まれてしまったわけですけれども、共同謀議というのはもともとあったものなんですか。

大丸　いや共同謀議でなくてですね、これは工場との交渉問題ですたいね。それについてだいたい話合いをしょったですたいね。どうやれば工場が受入れて漁民と会話をするかですたいね、相談のってくれるか、そういう方向のあれがもう主題だったですたい。そるばってん、やはりいかん場合には、こりゃもう実力行使でやらにゃやむをえんだろうと。で実力ていうことになってくれば、結局はああいう問題になってくっとはわかっとるこっだけん、それについてはやはり相談に行って話が出けん時は実力行使でやらざるを得んだろうと。で、一回田浦の組合で話はあったっですたいね。私よりか若くして死んだですもんね、その大将が口に出したことがあっとですたい。まあ、会社が言うこときかんときゃあ、実力行使でいかんばしょうがなかで。そっで特別行動隊長を誰それやってん、作ってン、そつで若きゃもんを先頭に立てて、いっちょうやったらどうかて、いうような事があったですたい。そういう事も議事録にのっとるもんだけんですな。そるばってんか、そいつは実が成らんかったってですたいね。そういうような話が出とったもんだけん、そして水俣さん行くときにゃあ、やはり年寄りはあぶなかから、若いもんがやはり先頭に立って行くようにていうような、あれがあったもんだけんですね。ま、そういうような噂ていうやつが、こんなふうになってしもうとっとですたいね。で、実際そのデモを市中やってされく（歩く）場合には、やはり若いもんが先頭に立ってですね、そうして年寄り、女の人達はあとから怪我をしないように、ついて来るようにちいうところでですね、実際そのやっちゃおるとですね。

問　芦北の人から言わせると、田浦が一番激しかったと。田浦の人はあらかじめ石など持って来とった者もあったし、ビンなどにガソリン詰めさせろって言った者もあったという話を聞きましたけれども、田浦はやはりそうとう覚悟して、少々の犠牲はやむをえんていう気で来たんじゃないか。その辺はいかがですか。

大丸　まあ、そういうようなそぶりは見られんでも無かったですたいな。いや、あん時には我々が一番被害者だけん、やるぞという声はあったですたいね。ただしそれを誰が先頭に立ってやるかちう事になってきたならば、これはやっぱりなかなかできるもんじゃなかでしょうがな。そっで当時工場あたりがどぎゃんしとるか、見に行ったところも大分あっとですね。何処が手うすであるか。何処からやればいいかっていうような、そういうような見方をだいぶしちゃおったですたいね。もう工場が漁協組合と話合いをしないという場合ですたいね、そん時にはこりゃもう実力で行かざるをえんというところでですな。どっかでやるこっで、どうやるかちいうことは、確かにあったですね。そうしてやっぱ工場内に入り込むかたちが、もう先頭は田浦もんばっかりやったですもんね。もう私が飛び込んだところやなんか田浦もんばっかですよ。私が五番か、五番目。止めようかち思うとっとばってんか、止めきらん状態ですが、そぎゃん事すっと、こっちが殺されるとやけん。

問　大丸さんは止めるにしても、また解散するにしても、引きあげさせるにしても、ま、実質上の行動隊長的な役目を果さざるを得なかった。

大丸　ま、そぎゃんなってしもうとったですたいね。そるけん、なんもかんも私がそげんして隊長いうて仕組まれてしもうたってですたいな。そげんじゃなかったばってんか、実際は。

正義は我にあり

問　それで結局、暴力行為等処罰に関する法律なんかでひっかけられたわけですけれども、その当時出かける前にですね、もし万が一、そういう実力行使に移んなきゃいけなかった場合に、どういう罪にひっかかるだろうかというような、例えば騒乱罪、騒擾罪ていうのがありますが、そういう事は話題に出たことありますか。

大丸　そぎゃんことは全然考えてもおらんかった。またそういうような事をするあれじゃなかったもんじゃけんですな、実際は。当時あとで警察がやかましくなってから、調べがあってから、まあいろいろと考えたってですたいね。まあ当時はですね。そういう罪に問われるような、そういう考えというやつは一人も持っておらんかったですね。そってもうせからしか（うるさか）ったもんだけん、裁判でんなんでん、書類裁判でも良かたいて、そげんさせち言うたってですたい。

漁民の中、被害者側がそうそう罪に落ちるていう事があるかて。被害者が罪に落ちたら加害者もどぎゃんかなっとばい。そるけん、こっちばかりじゃなかっけんて、いうのが私の考えだったんです。ところが工場は何ともないわけでしょう。まあ、暴力を働かなかったけんて言うばってんか、あっちは暴力でなくしてですね。こりゃあもう殺人工場だけんですね、実際はっきりしとる事だけん。それを罪に落さずにおって、そうして被害者たる漁民だけを、ああいうような制裁加えてですね。それはそうとうな調べ方を山田あたりの話を聞くとやっぱり無茶な調べ方受けたらしい聞いとるもんですね。なんか手でンなんでンこがい（このように）しとっから、こがなんかどぎゃんかしとって言わせよったとかて。そぎゃん話は聞いとったですたい。

問　田浦は理事全員、幹事全員が罪になったんですか。

大丸　いいえ、それがですね、要領良く逃れたもんもおっとですたい。口実にもいろいろあったですたい。理事のうちでもね。親戚の家に行っとったもんだけんて言って、工場の中で何をやったのかどうしたのか、私は知らんて言って逃げとるやつもおっとですたいね。それでその当時の責任者である理事がですね、それは当然漁民の代表者だけんですね、漁民の罪は、やっぱ責任者がとらにゃいかんはずなんです。

問　騒動の当日、湯浦の組合の組合長さんが水俣でパチンコをやってたという話も聞きましたけれども、そんな噂が流れとったんですか。湯浦はあまり逮捕者を出していませんね。

大丸　湯浦はあん時の組合長、誰だったか、佐藤町長じゃなかったか。

問　鳥居さんだったか、佐藤さんだったのか。

大丸　佐藤さんじゃなく、鳥居さんだったのかな。

問　なんか、元校長で、当時は町長さんも兼ねてたらしいですね。

大丸　二人ともいっちょう町長しとるもんですしな、佐藤も町長、鳥居も町長しとるしですな。どっちだったですかな。とにかくその要領良く逃げたやつはだいぶんおっとです。よその部落には。津奈木、芦北、あっちの方にはですね。田浦は一人だけだったですね。一人だけ親戚の家に行っとるとかって言って、そして全然、知らんやったと言って。ばってんヘタくそたい。要領良くつかまれんとかなんとか言うたかて、卑怯なやつがおることはおっとです。そりゃもう、この組合長もした人間ですばってんですな。そのやはり責任者である人は、それなりの事はですね、堂々とあとは引受けるべきことは受けて。やっぱ田浦てのは一番ひどかったでしょうな。

あの当時の事を考えるならば、あの程度で終ったけん良かったですよ。やっぱりああいうような事ばやったならばですね。大変な事なんでしょうしな。(一九七九年春)

附記

大丸清一氏は大正一四年(一九二五)九月二〇日生れ、現、田浦漁業協同組合の組合長である。一九五九年の〝漁民暴動〟当時は田浦漁協の最も若い理事で、工場突入のさい先頭に立って活躍し、負傷した。世間からは漁民暴動の特攻隊長といわれ、またその罪で罰金刑を受けた。一一月二日〝暴動〟当日の工場内の情況をもっともよく知っている証人の一人として私たちは面会を求めた。この談話筆記は一九七九年春のものであるが、その後も私たちは何度か訪ねている。訂正したい所もあるが、とりあえず二、三の修正にとどめた。

もともとこの調査は、不知火海総合学術調査団の一環として行われたものであり、大丸清一氏宅には団員の最首悟氏と羽賀しげ子氏が同行して下さった。あらためて御協力を感謝したい。なお、録音テープから聞き書を起す仕事に協力して下さった土本亜理子氏、志垣襄介氏にも謝意を表する。

〈なお、この研究が本学の個人研究助成及びトヨタ財団の共同研究助成に負うものであることを附記する。〉

（「東京経大学会誌」第一一六・一一七合併号〈研究ノート〉（一九八〇年九月）所載）

不知火海漁民暴動（２）

関係者の証言による〝不知火海漁民暴動〟の経過

はじめに

不知火海の「漁民暴動」とは何であったのか。その意義を総体として評価するためにはさまざまな手続きがいる。まず、この事件の経過をくわしく直接の関係者の証言をもとに再構成してみる必要がある。前回では外側からみた二つの証言（裁決文と新聞報道）と、大丸清一氏の聞き書を紹介しただけで、あとは事件の概説を述べたにとどまった。今回はそれを内側から捉え直してみることにしよう。

ただ、三年間にわたる調査団の探究にもかかわらず、依然として事件の被告五十五人の供述調書や、官憲が尋問した関係者の陳述などの公的証言類が発見されず、私たちは大きな史料的制約をうけている。検察庁も弁護人側も私たちの要請にたいして、すでにこの事件関係の書類を廃棄してしまったというのである。しかし、私はまだ希望を捨てていない。それらはどこかの倉庫の片隅に眠っていて、いつか必ず陽の目を見るものと信じている。

なぜなら廃棄されていて無いはずだといわれていた芦北の漁業協同組合の倉庫から最近、二十年前の六人分の供述調書が発見されているからである。本稿で紹介する寺崎政義調書と浜田秀義調書はその中の二篇であり、すでに浜田氏は故人になられた。

調書の不足をおぎなう方法として私は関係者に直接会って日記やメモの閲覧をもとめたり、当時の記録をよみがえらせてもらうことに努めた。これは骨の折れる仕事である。だが急がねばならなかった。事件からすでに二十余年経過し、その上、大半の漁民が水俣病におかされているため、証言も残さぬうちに、次々と死亡してゆくからである。あるときは目の前で自分の供述調書を読んでもらって、その本人に調書の歪曲や間違いを指示してほしいと求めたが、すでに記憶が薄れており徒労に終ることもあった。

こうした史実の確認作業には完全とか完了とかいうことはない。途中経過をそのつど公表して、これをさらに多くの関係者に示し、あらためてそれを刺激にして記憶をよみがえらせてもらうなり、あらたな史料や証人を発見してゆくしか方法がない。それが、消されかかっている近現代の民衆史を復元しようとするものの宿命である。そしてそれは歳月による風化の速さと競争でなされなければならないのである。

一、漁民の証言から

「一メートルもある太刀魚(タチウオ)が海いっぱいに浮いていた。沖までいっても、どこまでいっても視野から消えなかった」そう前回に私はある漁民の証言を引いたが、昭和三十三年(一九五八)八月から水俣川河口へ、一時間当り六〇〇トンというぼう大な毒水が無処理のまま放出され、その近くの大崎鼻の沖合は白濁した海水からガスがもうもうと立ちのぼるという惨状だった。西松組がこの排水を水槽に汲んで百尾の魚を投げ入れたら、五分間と生きていなかったという。（「熊本県漁連情報」第十五号、一九五九・一一）

だからプラカードに、「何人殺すか！　日窒さん」「返せ！　元の不知火海を」「工場排水を即時中止せよ」と漁民たちが書いたのは当然であった。昭和三十四年（一九五九）十一月二日の決起の日、船団を組んで乗りこんでいった漁民の一部には、火焔びんを用意していた若者もあった。ビールびんやサイダーびんを持ちこんだ若衆が、「ガソリンを買うから金をくれ」と漁協の幹部に迫っている。「おれは組合の会計じゃない」からといって避けたという。（当時の芦北漁協理事、下田善吾氏談）

天草の離島御所浦島の大浦に住む白倉幸男さんは私たちの訪問を心から喜びながら、よく見えない目を開いて次のように語ってくれた。〝暴動の三日前の十月三十一日、佐敷の駅前の坂本屋旅館で指揮者の会議をした。そのとき、工場を水びたしにしろ、爆弾を投げこめ、煙突にダイナマイトを投げこんでやろう、というはげしい言葉があいついで出た。そんな無茶なことは止めようといって抑えたのは私だった。私は消極派だった。御所浦漁協長の森乙一が動けなかったので、不知火海の海区長をしていた私に組合のことは委せっきりだった。当日、舟は大浦から三隻、本郷から一隻出た。御所浦、樋島、大道、高戸からは出たが姫戸からは来なかった〟と。

漁民の証言は二十年経ったいまなお、昨日のことのように鮮烈でなまなましい。この事件の経過についても民衆史の立場をとるかぎり、ひからびた裁判所の記録や検事らの尋問調書からはじめるより、いまなお語りつがれているこれらの関係者の証言からはじめることをわれわれの信条とする。客観的にはたしかに公記録の方に、より高い史料的価値があるかもしれない。だが、事件が庶民の心にきざみこんだ思想的な意味については、聞き書の方がはるかにゆたかな内容をもつ。読者にはまず、このなまなましい庶民の胸の鼓動を聞いていただいて、それから事件後の客観的な復元の仕事にとりかかってほしい。

いま津奈木(つなぎ)町の赤崎に水俣病患者としてひっそりと暮らしている六十九歳の諫山繁俊(いさやましげとし)さんは、私の訪問を怪しみながらも淡々と次のように話された。諫山さんは当時の津奈木漁協理事、明治四十四年九月の生まれである。

〝十一月二日の当日、津奈木からは二百八十人か三百人程が行った。全漁協員だったと思う。その前に赤崎区民大会やら村民大会やらをひらいて気運は盛り上がっていた。当日は寒風が吹いていて幾らか海は荒れていた。船団を組んで水俣の百間(ひゃくけん)港に上陸したが、デモの先陣は田浦(たのうら)の衆であったと思う。市立病院の前で竹崎か田中かが言った。若い者(もん)は前に出よ、と。当日、工場正門前までのデモは予定として分かっていたが、中に突入するということは一般には予想外のことだった。組合長たちは知っていたかもしれないが……。

私は津奈木の特攻部長だろうといってずい分警察に責められた。あんたの親戚のなにがしもそう言っていると。しかし、私は五部会の幹部の指導にはあるていど反対だった。津奈木は重被害地区だから、水俣漁協のように単独でチッソと交渉した方がよいと考えていた。ところが、他の理事からそれでは力不足だといって反対された。津奈木漁協は高木組合長（人格者だった）が老体だったから私が代って組合を掌握していた。

十一月二日の乱闘で何人かが警察のこんぼうで乱打され負傷したので、正門前の和田医院につれていって治療させた。私はその後逮捕され、水俣警察署と八代の拘置所に二十日間拘留されて調べられた。検事の調べ方には不満だった。いくらそうでないと否定しても一方的におしつけられた。他の漁民の証言を引用して、おまえもこうしたに違いないと責めたてられた。私はそのころ、きんちゃく網をやっており、いわしのにぼし製造を営んでいた。そのためか津奈木では最高の補償金をもらった。（津奈木漁協の支払明細による と諫山さんの補償金額は二十三万二千五百円だった。）〃

諫山氏の談話の中には、津奈木は水俣病に次いで重い被害をうけているのだから、水俣漁協のように単独でチッソ会社と交渉した方が有利だという判断があったことがわかる。水俣漁協と不知火海漁協の対立と分裂については改めて問題にしたいが、背後にチッソの手がのびていて、全不知火海漁民の団結にクサビを打ちこみ、水俣漁協だけを特別扱いにして孤立させていたことが今では明らかになっている。会社との裏取引に漁協の幹部があたっていたことは、漁協組織を頽廃させる原因の一つになった。

二、組織と指導者の素描

いったい漁業協同組合とは何であろうか。沿海地区漁業協同組合は漁法に関係なく同一地域に居住する漁民によって設立されるものだけに強い地縁的結果を持つ。しかし、それはあくまでも漁業権を持つ営業者の共同組織だけに利害の対立を内包している。漁協の主たる役割は、資金の貸付け、預金の受入れなどの信用事業、資財、燃料油などの購買事業、漁獲物の加工、保管、販売などの事業、漁業施設の管理運営などにある。だが、それだけでなく、本来漁業権の管理団体的な性格を強く持っているため地方行政や政治と密接な関連をつくりだす。漁協が地方の有力者や県会議員、市町村会議員と癒着しやすく、また、かれらの票集め機関となるのはそのためでもある。

また、それらの地方政治家が県や国からもぎとってきた補助金や助成金を、タテ割り組織を通じて下部組合員に分配する機関にもなっている。こうした事情から、漁協によっては、漁業者でない地方名士や有力者が組合長になっている例が少なくないのである。水俣漁協の組合長淵上末記、芦北漁協の組合長竹崎正巳、湯浦漁協の組合鳥居正直などの各氏がそれである。彼らは市町村の議員や議長や区長や町村長を兼ねたりして、その地域に一定の支配力をふるっている。そうしたことから全般的にいって漁協が保守勢力の地盤と見なされていたのは当然であった。

こうした経済的利害のタテ割り的な関係からして、一般組合員は組合長や理事などの指示には概して従順であり、幹部が金で買収されれば組織全体が容易に切り崩されるという弱点を内包していた。後の水俣漁協がたどった分裂と転落の歴史は、そうした特徴を典型的にあらわしていた。宇井純氏が『公害原論』（一九七一年刊）の中で次のように言っているのは当っている。

「私が最近ピラミッド型の組織、中央集権型の組織は公害反対運動に適さないという結論にいたった一番最初のきっかけは、この水俣漁協の組織の解析です。幹部の何人かを買収してしまえば、いかようにも自由に分裂させることができる。（中略）

それを最大限に利用したのがチッソです。（中略）

ですから水俣における教訓の第一は漁協という票集め、補助金分配の組織をもって、公害に取組んだのがそもそもの敗因である。ありあわせの組織、別の目的のための組織を、公害反対運動に応用することは不可能である。」

私は後段の宇井説には幾らか疑問を持っている。それというのも不知火海漁民闘争の現実が私に何かを示唆してくれるからである。漁協という組織に、たしかに弱点が認められるといって、不知火海漁民のたたかいが漁協を基礎としたが故に敗北したのだと直ちに結論することはできない。昭和三十四年の漁民闘争の敗北を、この漁協組織の一般的性格からくる必然のものと理解してしまうと、以下に挙げるような事態の説明がつかなくなり、戦術論としても具体性を欠いて説得力を失なう。

はたして漁協組織は漁民のたたかいに役立たないものであったのか。一九五〇年代という当時の漁民が置かれた状況のなかで、村ごとの地縁的共同生業組織である漁協以外に、どのようなたたかいの拠点を持つことができたであろうか。当時の漁民には直ちに新たな運動体を作れるような条件はなかった。反面、この地縁組織は下からの漁民の突きあげの力や、それを受けとめる幹部の指導力次第では、まるごとの抵抗組織に変身することも一時的には可能であった。そうしたことを、次の島崎藤四郎氏らの談話が示している。(〝暴動〟には組合員以外の漁民も対等な形で参加を要請されていた。このことはたいへん重要である。)

島崎氏は芦北漁協の専務理事を長くつとめた人である。明治三十五年六月六日生まれだから事件当時は五十七歳、私たちがお訪ねしたときは七十七歳の高齢に達しておられた。私たちの質問にたいして次のように答えている。(なお、この翌年「島崎藤四郎供述調書」が漁協の倉庫から発見された。)

〝私は敗戦の時、海軍上等衛生兵曹だった。昭和十六年九月に召集され、佐世保の鎮台へ入隊した。それから南方(シンガポール、ビルマ)へ一年半ほどやられた。だが、十八年六月に帰国し内地勤務に変わった。そうでなかったらあの時〝水漬く屍〟となっていたろう。芦北漁協の役員はほとんど軍隊経験者で、経験がなかったのは宮下栄喜と下田善吾くらいではないか。だが、宮下には労働組合の経験があった。豊田実は戦傷兵だった。みんな試練を経ている。警察の尋問はきびしいものだった。そうとう強いられて本当でないことも言わされた。私は八代警察署で十一日間取調べられたが、それは朝八〜九時頃から夕方五時頃まで毎日調べられるというはげしさであった。そしてその十一日目に私は逮捕された。

私は補償金を二十万円分配された。今の感じでは少ない額だが、当時としては結構もらったという実感があった。当時の年間水揚高が一戸当り三十万〜五十万円という額であったことを思えば、決して少ない額とは感じられなかった。当時の漁民のくらしは質素で、それにたいへん貧しかったから。〟


ついでに同じ芦北漁協の漁師下田善吾氏の談話も紹介しておきたい。


〝私が逮捕されたときは、四名一緒に連れてゆかれた。八代の警察署に九日間拘留され、毎日とり調べられた。それから検察庁へ送られた。拘置所はきびしかった。だが、話に聞く「兵隊よりはよか！」と思った。独房に十八日間入れられていたが、私は取調べに対して「このくらいの罪で名誉ばい」と言ってやった。二十三日間、めいっぱい拘留された。身柄をたった二百メートルばかりの所に移すのに、八代の町の中を手錠ば、かけてひっぱりよった。

私が自発的にやったのだと主張するのに、検事は「いや組合が日当ば出してやらせたのではないか」「組合に傭われたのだろう」としつこくくりかえした。私はその誘導尋問を認めなかった。〟

不知火海の漁民闘争の最高指導者は、なんといっても田浦の漁協長田中熊太郎と芦北の漁協長竹崎正巳、樋ノ島の漁協長桑原勝記の三氏であった。この三人は共に軍隊経験をもつ盟友であった上に、田中氏は田浦町議会の副議長、桑原氏は竜ヶ岳町議会の議長、いちばん年の若い竹崎氏（当時四十二歳）が昭和三十三年に最高点で初当選した町議会議員であった。

田中氏はすでに故人になられ、桑原氏はどうしても会って下さらないので、私は竹崎正巳氏を三度にわたって訪問し、くわしく当時の模様を聞くことができた。二度にわたる不知火海漁民の大闘争を指揮し、そのため二度も法廷に立たされた「嵐に立つ男」（南日本新聞、昭和三十五年三月九日の大見出し）の風貌はすでに枯れていたが、話が核心に入るや熱を帯び、雄弁をとりもどすのであった。

竹崎氏は地元の住民から「佐敷の将軍さん」といわれている。豪傑肌で、奇行をもって人を驚かすような逸話をいくつも聞いた。大正六年（一九一七）十月十八日に佐敷町（現芦北町）の乙千屋（おとじや）の旧家の長男として生まれ、昭和十年三月、旧制八代中学校を卒業し、京都の武道専門学校に学び、後に柔道七段をかくとくした。若き日、佐敷町長を三期もつとめた父の直人氏に反逆して家を出奔し、昭和二十二年から二十九年まで鹿児島市で柔道師範や農協の仕事などをして過ごしている。

父の死後、生家にもどり、父が熊本水産会の副会長をしていた関係などから、漁民でもないのに芦北漁協長に就任し、折からの難問にとりくむことになった。不知火海の名物打瀬船（うたせぶね）の基地計石（はかりいし）と鶴木山（つるぎやま）は、芦北町の漁民集落で、専業者二百五、六十名。その一年間の水揚高は一億円におよんでいたものが、水俣病発生いらい年間三千万円に激減し、魚をとっても買ってくれるものが無く、人吉（ひとよし）市の魚市場に泣きついて出荷したような有様であったという。

くるま海老（エビ）は東京へ、カニは熊本や博多へ、鮮魚は人吉へと漁獲の八割までが出荷されていたのに、水俣病のパニックがひろがるにつれ、敬遠されるばかりで、漁民の生活はまさに底をついた。昭和三十三年、竹崎氏が芦北町のＰ・Ｔ・Ａ会長の時代、計石の本校と鶴木山分校とを合併する案が町議会で立てられるや、鶴木山の主婦たちが竹崎氏のもとにおしかけ、「もし合併されたら、子供たちに毎日弁当を持たせてやることができない。分校からならば昼どきに家に戻って〝からいも〟を喰べてすごせるのに」と泣いて訴えたという。水俣病発生時からこの漁民部落だけで自殺が五件もあったとも報じられている（南日本新聞、昭和三十五年三月九日）。

竹崎正巳氏が地元の期待を背に、正義感に燃えて奮起したのは、右の経歴からしても自然のことであったと思う。そしてそのたたかいを通じて、彼はチッソという大企業、その利益を手厚く庇護する「国家」なるものに深い疑いを抱くようになる。

「川にゲランを流して魚をとれば逮捕状が出る。しかし、人の生命を断ち、数千人の生活の権利を踏みにじっても独占資本には何程の沙汰も生じない。これが果たして文化的な民主国家を標ぼうする日本の現実の姿であろうかと彼は自問自答する。彼はまた自民党の党役員として党の発展に今まで努力してきたが、今次の問題を通じて人生観、社会観が変わったと語っている」（同前、南日本新聞）。

当時の漁協の最高幹部がこうした疑いを抱いていたということ、これは見逃しがたい変化である。こうした漁民指導者の理想的回心を、その後展開させることなく、むしろ阻んでしまったものはいったい何であったか。私たちはその点に重大な関心をはらう。ともあれ、当時の竹崎氏は、漁民闘争の組合からの感謝金（芦北漁協から二十五万円と熊本県漁連からの二十五万円）を補償金配分の少なかった漁民や、組合に加入していない漁民および小学校、幼稚園、学校婦人会などに全額寄附している。

この竹崎氏ら幹部が、逮捕されたのは昭和三十五年（一九六〇）一月二十五日の早朝であった。熊本県警察本部は芦北、八代警察署員ら四十余人を動員して、それぞれの自宅を襲い、竹崎氏ら幹部一人一人を逮捕、連行していったのである。

三、最高幹部竹崎正巳氏の回想

次に問題の人竹崎正巳氏が私に話してくれた二十年前の回想の要旨を、できるかぎり詳しく紹介して、他の漁民の供述調書などに語られていることと、どこが違っているかを示唆しておきたい。聞き取りは熊本県芦北郡芦北町乙千屋（おとじや）五九四番地の竹崎邸において、一九七九年四月七日と七月三十一日とに行ない、さらに芦北漁民の供述調書の入手後、同年十一月二十七日にも私が単独で訪問して補っている。以下のメモは、四月と七月の二回分をまとめたものを前半に、十一月のものを後半に配してある。

＊なぜ工場に突入するようになったか

昭和三十四年、一九五九年、芦北町という水俣から数十キロ離れた海辺の町でも大量の猫がキリキリ舞いして狂い死んでいった。私の家の猫も二匹狂死した。町を流れる川にボラやスズキがふらふらになって上ってきたり、海には何千尾と知れるタチやチヌやタイなどの死魚が浮かんだ。魚価は暴落し、漁民は生業を失って死命を制せられるという情況に立ち至った。

三十四年八月、水俣漁協の単独のたたかいがはじまった。私たちは後援した。そのころから五部会を代表してチッソ工場長と会い、排水の中止、漁業補償、水俣病患者の救済を申し入れたが、チッソは「わが社は関係ない」との一点ばり。しだいに焦りの思いを深くし、漁民の怒りは高まった。

三十四年十月十七日、不知火海漁民の総決起大会を水俣の公会堂において開催することになった。このときは私たちは怒る漁民の爆発を抑えて、極力おんびんにすますことにつとめた。部隊編成をつくって統制をきびしくしたり、焼酎を禁じたり、再三忠告したのもそのためであった。それも水俣市民の支持をとりつけ、なんとか世論を味方につけたかったからだった。

ところが、チッソはこの時も「関知しない」と、大会選出の代表に門前ばらいをくわせ、漁民を激高させた。そのため不慮の事件が、〝投石〟という形で起こったのだ。当時の私たちの要求は、かりにこの汚染の原因がチッソ工場にあるのかどうか、確証できないとしても、原因がはっきりするまで排水は止めてほしい、操業を中止してほしいというもので、漁業補償の要求などは二の次であった。

十月十七日の漁民大会の要求書に対するチッソ側の回答が十月二十四日にきたが、そこでもチッソは私たちの声を全く無視した。そのころから私たち幹部の間でも、これは腹をきめて決起しないかぎり、チッソを動かすことはできないとの気持ちが高まった。

十月下旬、第二波の決起大会にそなえて、種々の会合をひらいて準備した。第二波は十一月二日の国会議員団の水俣視察に照準を合わせて行なうことに決定した。

そして、その十一月二日、船団を組んでチッソ水俣工場の表玄関百間港にのりこんで、四列縦隊のデモを組み、市立病院前に行進。そこで国会議員団に陳情したが、このときかえって国会議員から、漁民よ立ち上れ、とハッパをかけられ激励された。私は百間港ではむしろ慎重で、漁民に向かって「死傷者を出すようなところまではするな、じっくり行こうじゃないか」と忠告したくらいだ。だが、もし、こんどもチッソが交渉を拒否したら、これは万、止むをえんだろうと思っていた。漁民は怒り心頭に発していたし、そういう時期がくれば、当然自分たちも飛びこんでゆくべきじゃなかろうかという気持ちであった。

しかし、最初から計画的に、どの組はどこを破壊しろとか、何をこわせとか、そういうことは全然きめちゃおらなかった。実力行使の中味について会議の席上議論は出たが、具体的に決定したことはなかった。検察側は一貫して「共同謀議による計画的犯行」としたかったらしいが、事実はこうだ。

暴動の後、昭和三十五年の一月、漁民の逮捕がはじまってから、自分が捕まる一月二十三日までの間に、田中熊太郎、桑原勝記と話し合い、こんどの事件の責任は自分たち三人がとることに決めていた。

そこで検事の尋問にたいしても、「漁民を犠牲にしちゃいかん」ということで、まあ自分から私たちが計画してやったんだということに、話を合わせてやった。向こうから押しつけられてそういう風にしたんじゃない。それを知っているのは、桑原と田中と私しかいない。三人が責任をとると主張したので、警察としても乱暴を働いた漁民に対して相当寛大な措置をとってくれたと私は思っている。

当日、いよいよチッソ工場前に向かうとき、私が指揮車の上から「特攻隊、前へ！」と号令をかけたと検察側は責めるのだが、私はそれだけは言った覚えがない。とにかく、十一月二日午後二時ごろ、前衛隊が門をのりこえて、中からおしあげ、つづいて二千人とも三千人ともわからぬ組合員が喚声をあげて工場内に突入し、守衛所、本部事務所、工場長室などを徹底的に破壊し、出動した警察隊とこぜりあいを演じた。

私も指揮車からおりて進入した。このときの作戦や進退の指揮は私がとった。私といっしょに指揮車に乗って中に入った田中組合長は、海軍歴二十二年を持つベテランの元海軍中尉、桑原組合長は草相撲の大関霧ガ里といわれた屈強の男。また私は剣道二段、柔道七段、当時八十四キロぐらい体重があって元気な盛りだった。

十一月二日の第一次突入のとき、本事務所を破壊し、警察の大型車をひっくり返そうとしてあばれ回った漁民たちに、警察の責任者が警告を発した。逮捕がはじまろうとしていた。その時、私は作戦上いったん退くことを決意し、全漁民に「退け、退け！」と命令した。陣容をたて直す一応の撤退だった。工場外に出てから、各漁協ごとに点呼をとった。ところが数名の逮捕者のいることがわかって漁民たちが騒ぎだした。そこで私らはふたたび工場内に入り、警察とかけあい、二人の漁民を釈放してもらった。ところが、まだ、奥で捕えられている者がいたことから、怒った漁民の第二次突入がはじまった。

こんどは工場東口にある橋のらんかんを破壊し、その大材をひきぬいて門を突き破った。内側からは車を楯にして警棒をふりかざす警察隊、そこで投石合戦と衝突がくりかえされ、闇の中でのはげしい乱闘となった。

＊水俣全市が吹っ飛んだかもしれない

田中熊太郎組合長は警棒を肩に受けて骨折の傷を負った。他に多くの漁民たちが頭をわられたり、石を受けたりして血まみれとなった。このとき私は警察幹部と全員釈放の要求をして交渉していた。第二次衝突は夜に入り、午後九時頃までつづいた。

この第一次撤退のさい、私たちが警察側に仲介を頼んで、工場長と会えるように求めたとか、それを約束すれば漁民を退去させるとか言った事実は全くない。あの時の警察はそんなことに関心はなかったし、われわれ幹部もそんな申し入れをしたこともなかった。ただ、戦術上の判断で第一次撤退を私が指令したのだし、混乱に陥った味方の隊をたて直したかったからだ。

この点、警察の仲介説や背信説を述べたという大丸清一さんの（前回の）言葉は認められない。では、なぜもっと徹底的に、工場を操業停止に追いこむまで破壊しなかったのか。

それは、実際あそこを破壊すれば、会社自体が大爆発を起す、原爆が破裂するように水俣全市に被害が及ぶというようなことを、私たちが聞いていたからだ。実際そうだったそうです。水俣は吹っとんでしまうという。工場だけならかまわんです。だが罪のない市民までまきぞえになるなら、そこまではやるべきじゃないと思って抑えた。

チッソ工場の水の取り入れ口を破壊しようと、田浦漁協の組合員が五十名ほどかけつけた。それを警察が必死になって阻止した。十一月二日午後のたたかいの終り頃だった。もう漁民はだいぶ頭割られたりなんかしてですね、怒り狂っていましたが、あそこをやると会社はやっぱり爆発するそうですよ。

それから、調停がすんだあと、すぐに警察は漁民の家宅捜索や逮捕をはじめた。そして、自分ら幹部をいっせいに検挙した。自分らばかり捕えて片手落ちじゃないか。なぜチッソの社長、工場長を逮捕しないのか。強制捜査しないのか。自分は熊本地方検察庁の八代支部長をしていた山田検事にテーブルを叩いて強く抗議したよ。

「漁民暴動の責任は俺たちがとるけれども、その前に、なぜあんたたちは吉岡とか西田とかを逮捕しないのか、と。漁民ばかり取調べするちゅうことは不合理きわまる。疑わしい段階でやはり工場を調べてもいいじゃないか。川に毒物を流してうなぎをとったりしても、あんたたちは大騒ぎするじゃないか。まして多くの悲惨な水俣病患者を出し、漁民に対しても致命的な被害を与えておるのに。我々はチッソの排水が原因だということを、学者じゃないけど分っとるんだ。警察も検察庁も会社に味方している」と。

あのとき、検察が工場を強制捜査をしておってくれたら、水俣病患者も半分以下ですんだろ。三分の一以下ですんだろ。漁民もあんなに苦しまなくてよかったんです。それが残念でたまらんとです。

＊卑怯だったチッソ水俣

（これからの採話は、あらかじめこちらで発見した芦北漁民の供述調書を竹崎氏に送っておいて、記憶をよみがえらせておいてもらってから、質問の要点を明らかにして行なった。三度目の談話である。）

実は今まで報道されていなかったことだが、昭和三十四年十月十七日、不知火海漁民の第一次実力行動以前に、私たち幹部数名は東京に陳情に上っており、その後の問題解決のために地元出身の国会議員などと接触して、根回しを行なっていた。そのとき、たぶん、七、八月ごろではなかったか、自民党所属のS国会議員が私を呼んで、「竹崎君、この横着な会社、朝鮮で朝鮮人をいじめて大きくなった新日窒が、話し合いなどで言う事を聞くものか。方法は一つしかないぜ。騒ぐことだよ」と言った。その事実は桑原君（樋島漁協長）も知っているはずだ。

寺本熊本県知事が「自叙伝」（『ある官僚の生涯』）で、十月三十一日に芦北漁民に向かって「殴りこみをかけねば補償金は取れない」と言ったというのは違う。そんな事実はない。むしろ知事は「騒ぐな」と止めに来たのだ。そのさい、浄化装置がすぐ出来上るから云々とあるのも事実と違う。知事はそんな話はしなかった。第一、その段階で工場の浄化装置の問題など出てはいなかった。知事の記憶が混乱しているのではなかろうか。それが出たのは、私たちが騒ぎを起こした後になってからだ。

その浄化装置（じつは有機水銀の除去にはなんの役にもたたないしろものだった）には私たちみんな完全にだまされた。知事もだまされたと後で言っている。

漁民はその装置で海がきれいになるものと信じ、水俣湾以外の海ではその後、漁をして魚を喰べた。それでたくさんの患者がまたも発生した。少なくとも昭和四十三年（一九六八）九月、園田厚生大臣が来て、チッソのアセトアルデヒド生産による工場排水が水俣病の原因だと発表し、排水が止められるまでは、その浄化装置の効力をみんな信じていた。そのため、魚価は三十五年以降一応安定した。しかし、その後も、水俣病患者の発生がポツポツ報道されるたびに、魚の価格変動はその後もずっと何回も起こった。ある種の魚が一時売れなくなったり、魚価が下落したりした。それが二度目に大暴落をきたしたのは、昭和四十八年（一九七三）の有明海の「第三水俣病問題」が起こったときである。

昭和三十三年までは芦北方面の魚価はわりあい安定していた。しかし、三十三年夏以降、すでにボラなどがふらふらして佐敷川（さしきがわ）に上ってきたのを、赤潮のためだろうといって、争って取って喰べていた。タチは汚水に弱い魚だとみえて、海いっぱいに浮かんで流れてきた。そうしたことは三十三、四年ごろがいちばんひどかったと思う。

水俣漁協が単独で会社と争っていたとき（昭和三十四年七〜八月）、私たちはなんども「共闘」を申しこんだ。田浦の田中さん（田中熊太郎漁協長）と相談して二、三度水俣漁協にいっしょに闘おうと申し入れた。しかし、いつも断られた。私らが補償金の分け前をほしがっているものと、あの人らに誤解された。その結果が不知火海漁協の中での水俣漁協の孤立である。

水俣漁協だけがいつも単独でチッソと取り引きをし、お抱え組合のようになってしまった。昭和四十八年のときもそうである。不知火海三十漁協の海封鎖作戦の時にも、水俣漁協だけが加わらなかった。彼らは公害をなくすことが目的なのではない、いつも補償を取ることを目的としていた。私たちと考え方がまるで違っていた。水俣漁協はチッソに抱き込まれていたのだ。いつも「公害を出すな」ではなく「金をくれ」であった。

昭和三十四年の行動のときは、終始、五部会の加盟漁協が主力であった。五部会は水俣漁協をふくめ八代市日奈久町以南の沿岸漁協の連合体であった。つまり五部会は芦北郡の六漁協（水俣市二、津奈木村、湯浦村、芦北町、田浦町）と、八代市の日奈久町、二見村の二漁協で構成されていて、二回の騒動にも水俣を除く全組合が参加した。

いっぽう四部会は八代市の二漁協、鏡町の三漁協、竜北町の二漁協、松橋町の三漁協、それに宇土郡の四漁協の十四漁協であったが、ここからは役員たちが代表して参加していた。ほとんど全漁協から来ていたと思う。十月三十一日の芦北町での会合にも、鏡町文政村漁協長、松橋町豊川漁協長、不知火町松合漁協長が出席している。

天草は六部会から十部会まであるが、この内の不知火海側の漁協が参加している。その動員や指揮は、樋島の桑原君に委したので、くわしいことは分からないが、大体参加したと思う。少なくとも役員は来ていたのではないか。総参加者数は少なくとも二千名以上はいたと思う。百間港からのデモのとき、隊列の先頭が会場に着くころ、ようやく尻が動き出すという状態でしたよ。四十八年のときはもっと凄かった。水俣市中が不知火海の漁民で溢れかえった。

＊今だから言えること

昭和三十四年十月三十一日午後、佐敷駅前の坂本屋でやった県漁連の委員会と五部会の合同会議で、最終方針を決定したのだが、それはあくまでもチッソに交渉を申し込み、談合で解決するということであった。

しかし、チッソがそれを拒否した場合は実力行使をする。そのさいは操業不能になるほど徹底的にやる。但し、どの隊がどの機関を破壊せよとか、あらかじめ計画的に決めたわけではない。「徹底的にやっつける」ということを確認しただけだった。

もちろん腹の中では、あの情勢では「実力行使不可避」と私は見ていた。だから、私が特攻隊の編成を提案したのだし、また、その会合の終了後、すぐに田中さんと水俣へ直行して工場の周辺を下検分してきたのである。

チッソ工場の防禦状況や攻撃地点の下検分は、十月三十一日夕暮前に水俣工場に直行して、その周りを歩いて調べた。どこから進入したらよいか。塀の高さとか厚さとか。警察の出動に対抗できる方法とか。どうせやるなら有効な戦術をとらねばならんと思って、現場で研究した。田中さんは専門の海軍さんだから、そういうことが得意だった。私は中支（中国の中央部）に二年ほどいた陸軍の見習士官、田中さんは叩きあげの海軍中尉、桑原は軍艦乗りの下士官でしょう。特別隊（最初は特攻隊）は田浦、芦北、津奈木で数十名ずつ編成された。これは水俣市民の前で整然たるデモをやってみせて、漁民の正当な要求を知ってもらうためでもあった。特別隊は全漁協に編成された訳ではない。そこまでの時間はなかった。

その三日前の十月三十日の坂本屋での合同会議中に、湯浦の鳥居組合長に対して「そんな弱腰でどうするか」と怒鳴ったのは、天草の白倉幸男君では絶対にない。それはウソです。島崎藤四郎君自身じゃないか。そう聞いてみて下さい。島崎君に。

また、その同じ席上、私が田中（熊太郎）さんに、「卑怯者！」といって言い合いになった事実は、島崎君の供述の通りで認めます。それは田中熊太郎が、「十一月二日は国会議員団も来ることだし、実力行使は避けたらどうだ」といったことに対しておこった。おそらく田中さんの心境は、十月二十日に陳情に上京したとき、自民党の松田鉄蔵（国会議員視察団長）が水俣行きを引き受けてくれ、そのさい「暴力でやるのは止めよう」と忠告されたことに義理を感じてのことであろう。せっかく視察に来てくれるのに、それを機会に実力をふるうのは、礼儀を欠く、そういう気持ちだったろう。だが、私はそれを「卑怯者！」と叱咤してしりぞけた。

十一月二日、国会議員団が来る。全国民の目が水俣に注がれている。この時こそチャンスだ。このときに蹶起しなくて、いつ解決の突破口が開けるのか、私はそういう判断であった。

十一月二日、市立病院前で国会議員団を歓迎し、陳情したあと、昼食時に、私たちは熊本県の水産部長を通じて工場長に申し入れておいた「交渉」が、拒否されたというしらせ（電話）を受けた。その拒否の情報を私たちがすぐにみんなに訴えたわけではない。しかし、この情報はたちまち漁民間にひろがったらしい。そのあと私は市立病院前に午後一時すぎ（一時半ごろ）、漁民を終結させて、「特別隊、前へ」という号令をかけ、予定していたチッソ工場前、つまり水俣駅前の抗議集会場へと前進させた。

ところが、先頭隊の漁民集団（田浦漁協）が、各小隊長の制止を聞かず、「方向が違うぞ！」と叫んだのに、あっというまに工場正門に突進していってしまった。そのうしろをなだれを打って群集が続いていった。数名の者が門をよじのぼり、中からかんぬきをあけたからたまらない。私（竹崎）は、この予定外の事態を見て直感的に判断した。

「こうなっては、この勢いを制止することはできない。むしろ、この勢いを利用した方が今は得策だ」と。そう判断して、すぐに指揮車のマイクを握り、私は「突ッ込めェ！　突ッ込めェ！」と叫んだ。そして車からとびおり、工場内に駈け込んだ。

第一波は午後一時五十分から二時三十分までの約四十分間。工場内の事務所などの施設二十三棟がめちゃめちゃに破壊された。電算機や電話をずたずたにひきちぎり、鉄のガラス窓の枠をへしまげたため、破れたガラス、四千六百枚余が飛び散った。それはすさまじいエネルギーの爆発だった。

第一波の破壊行動の最中、建物の外に一人で制止に出てきた水俣警察署長が漁民に包囲されて撲られ、帽子を奪われ、血まみれになったのを見て、私は署長を指揮車にひっぱりあげてやった。思えば、あの怒り狂っていた大群集の中に一人で出てきて、抑えようとした彼は勇敢だったと思う。そのころはまだ工場内に県の機動隊は入っていなかった。水俣の巡査は漁民に追われて逃げるばかりだった。やがて東門から大型の機動隊の車が入ってきた。漁民がそれをひっくりかえそうとしてむらがる。そして揺さぶりをかけ棒で叩いたが返らなかった。私たちは頃あいを見て、「退(ひ)け、退け」と指示し、漁民たちを門外に退去させた。

＊〝暴動〟始末記

門外に退去した漁民は、直ちに小隊ごとに点呼をとり、人数を確認、三人が逮捕されていることを知った。この三人の釈放を要求して私が門内に入り、機動隊長と交渉した。その交渉に時間がかかりすぎて、なかなか出て来なかったため、漁民たちは組合長まで逮捕されたものと思って怒り出し、門の前の橋の欄干(らんかん)をこわして、正門を破ろうと突入をくり返した。しかし、このときはもう機動隊が正門をかためていて、乱入を許さず、正門や玄関付近ではげしい衝突となった。

この第二波のさい中であったと思う。私（竹崎）は弱音(よわね)を吐いた田中（熊太郎）さんに腹を立てて、指揮車の上で彼のびんたをとった。頬っぺたを張りとばした。田中さんが、「もうこのくらいで止めようじゃないか」と言ったからだ。「ここまで来てこのくらいじゃ蛇のナマ殺しのようじゃないか、徹底してやらにゃいかんじゃないか」と私は叫んで田中さんを張りとばした。

その後、これが原因で二人の間がこわれるという、そんな仲じゃなかった。わたしら、田中、竹崎、桑原の三人は本当に呼吸のあった親友で、チングといわれる同志であった。それから昭和四十八年の海上封鎖のときには、老境に入っていた田中さんはめっきり消極派になっていた。そのころは田浦町の町長もしていたしなぁ。

十一月二日事件の収拾は、地元出身の田中、荒木の二県議（自民）が暗くなってから水俣に乗りこんできて、「もうこの位で止めたらいいじゃないか。もし工場が爆発したらどうなる。水俣全市が吹っとんでしまおう。そしたら何の罪もない市民を犠牲にしてしまうじゃないか。これ以上やったら死人が出る。とにかくこの収拾は地元代表の私ら二人に委せてくれ」と言うので、最後の収拾を委した。二人はそれから機動隊長と交渉して検束者をもらい受け、夜九時ごろ漁民を引き揚げさせた。おそらくあの二人は警察や知事あたりから収拾を頼まれてきたのではないかと思う。

事件後、新聞やチッソの労組の人たちが、この事件を「暴動」と称し、口をそろえて漁民のことを「暴徒」と呼んで非難した。私らはそういうチッソの労組や社会党の態度には怒ったですよ。漁民は暴徒なんかじゃない。正当の戦いをしたんだ。あの行動、あれは怒りの権化ですよ。暴徒化したなんてとんどもない。

だが、昭和三十四年十一、十二月、私らがチッソとの交渉を知事たちの調停委員会に一任したことはまちがいだった。第一次要求額三十億円に対して、ついに一億円（手取り九千万円）で押し切られた。地元の二県議にもここらで手を打てとくどかれ、知事にもこれを最終案として手を引くと言い切られ、私は最後まで反対したのだが、各組合長と協議のすえ、県漁連として呑むことになった。

三十四年十二月十八日、寺本知事のあっせん案を受諾して、チッソとの間で調停をすませた。その翌日、県の警察部長が漁協幹部の自宅などをいっせいに強制捜査をした。その上、三十五年一月から機動隊を動員しての大検挙がはじまった。漁民は一人一人になると全く弱い。お上(かみ)や、権力に、一人一人にされたらもうどうにでもされてしまう。

いまでも部落によっては、巡査のことを「シェンシェイ」（先生）とよぶ漁民があるんですからね。あのときの拘留や尋問がどんなに漁民を慄えあがらせたか。「まったく青菜に塩でした。」

〈附記〉（1）、田浦漁協の理事、Hさんなど、拘留されたわけではないのに、二十日間ほど呼び出されて尋問をうけただけで、恐怖のため口の中の歯がぜんぶ抜けてしまい、飯はのどを通らず、牛乳しか入らなくなった。それほどのショックだったという。（2）、右の文中で竹崎氏が知事の記憶にまちがいがあると言われたのは、次の箇所である。当時の熊本県知事、寺本広作著『ある官僚の生涯』（一九七六・八、自費刊行）

「この機会に不祥事の起る事を心配した彼は、十月末、有志漁民が密議をこらしている葦北町の現場に乗り込んでいった。数十名の漁民が集まっている会場には殺気が漲っていた。演壇に立った彼はとっさに『殴り込みをかけねば補償金は取れない』と言った。会場にはオヤという驚きが流れて殺気がゆるんだ。そこで彼は『しかし、殴り込みをかければ犠牲者が出る。それだけでなく大きな新聞記事になって世間に報道される。不知火海の魚はますます売れなくなる。それでも工場が引き続いて毒物を流すというのであればやむをえないが、会社側ではすでに新鋭の浄化装置を着工しており、それが間もなく竣工するという。竣工すれば魚についての不安も次第に解消し、売れ行きも回復するだろう。殴り込みをかける方が得か、魚の売れ行きが回復するのを持つ方が得か、十分考えなさい』と言って、サッと会場を引き揚げた。」（一六六ページ）

四、漁協を戦闘組織に

二十年の歳月のふるいにかけられているために、竹崎氏の談話は、事実そのものの選択や評価に、その後のさまざまな歴史が作用し、一定の整理がなされている。しかし、二回目よりは三回目にと、回を重ねるごとに、氏の話は率直さを強めてきた。公表をはばかるような個人名までが明らかにされた。それは昭和三十年代の竹崎氏の思想の転回を解く上で重要な〝めぐりあい〟なのだが、今は名を伏せて先に進みたい。

竹崎氏らは漁協組織のもつ弱点を承知の上で、それを少しでも〝たたかう組織〟につくりかえることに努めている。さいわい当時の理事のほとんどが軍隊経験者とあって、編成はたちどころに進んだようだ。芦北はこれまで、選挙のたびに自由党系、民主党系に二分されて争ってきた所で、漁協内にもその対立があったが、非常事態を前にして、これを島崎専務理事のもとに一本化し、次のような軍隊編成をとったのである。

芦北漁協の例で示すと、芦北大隊は島崎藤四郎を大隊長に、さらにそれを部落別と業態別とを考慮して中隊と小隊に分け、それぞれの部落選出の漁協理事が小隊長となって各組合員を掌握している。そして、さらに各小隊から闘争の前面に立つ若い「特別隊」を選出して戦力とした。この特別隊には組合員以外の若い漁民も参加して活躍している。

こうして計石(はかりいし)打瀬(うたせ)組小隊とか計石(はかりいし)一本釣組小隊とか鶴木山打瀬組小隊とかが生まれたのである。部落別編成に業態別の結束を加味したところに漁協らしい特徴があらわれている。そして小隊はさらに少人数の分隊(班)に分けられた。各組の「下触れ(したぶれ)」「布れ役(ふれやく)」が班長に推されている。漁民の大集団が十一月二日の警官隊との衝突によって混乱したにもかかわらず、烏合(うごう)の衆とならなかったのは、各班長が直ちに点呼をとって漁民の実数を掌握していたからであり、この軍隊編成の成果である。今次大戦下の民衆の戦争体験がマイナスの遺産ばかりでなかった証拠である。

そして、これらの漁協ごとの大隊の上に、各漁協長による協議機関があり、さらにその上に、実践指導本部がつくられていた。その総指揮は村上丑夫（うしお）県漁連会長、渉外担当は田中熊太郎五部会長、現闘指揮は竹崎正巳芦北漁協長、天草部隊指揮は桑原勝記樋島漁協長が分担したことは前に述べた通りである。

次に十一月二日事件にいたる経過を、もう一度島崎藤四郎氏の供述調書から抜き書きして整理してみることにしよう。こんどは〝回想〟ではない。検事に問いつめられて語った、事件直後の生々しい〝証言〟である。

＊島崎藤四郎供述調書から

昭和三十四年九月下旬、津奈木、田浦、芦北にかけて続々と漁民決起大会が開かれる。

九月三十日、湯浦（ゆのうら）の寿（ことぶき）旅館で五部会の会合があり、この頃（ころ）から実力行使の話が出はじめる。

十月十五日、芦北漁協の役員会において十月十七日の総決起大会の準備方がきまり、大隊、中隊、小隊編成が行われる。同時に漁民への注意書（禁酒や市民に親しみをあたえるよう）が謄写配布される。

十月十七日、水俣漁協の中村参事に宣伝カーの手配を依頼してあったので、それを指揮車とする。総決起大会とその後のチッソ正門前での投石事件の模様については省略。

十月二十～二十二日、十七日の総決起大会の決議文を持って四代表が上京し、国の各機関に陳情する。

十月二十四日、チッソ会社から回答が到着、その不誠実な内容に激高（一般漁民の激しい怒り）。

十月二十九日、佐敷駅前の坂本屋の二階で五部会が開かれ、七漁協の代表が参加、上京した代表からの報告がなされる。その席上、次のような話しが出る。

国会議員団に示す被害額の報告書は水増しをして作成しよう。芦北郡で十億の線を出す。

田中熊太郎五部会長より実力行使の検討が提案され、論議が沸騰。

①〝水俣工場の電気を止めたらどうか。工場用の高圧線が田川を通っており、そこにたね松が生えているので、これを高圧線の上に切り倒したらどうか。〟

②〝工場の水の取入口を壊したらどうか。水を止めたら工場は何時間か後に爆発するそうだ。〟（水俣の陳の町の裏手にある工場の取水口には鉄条網が張ってある由。）

③〝排水口に土のうを持っていって打（うっ）とめたらどうか。〟（水俣漁協の中村参事から、この戦術は住民に被害をあたえ、市民の反感を買うから止めた方がよいといわれる。）

④〝今度やる時は事務所を襲って叩き壊した方がいいのではないか。〟

⑤〝実力行使をやるにしても五部会だけの力では弱いので他の漁協によびかけてやろう。〟

十月三十日、昼、竹崎熊本へゆき、夕方帰る。夜芦北漁協役員会が開かれ、五部会で決まった件を報告。三十一日に芦北にも来るはずの知事を歓迎し、陳情する件が諒承され、実力行使に対しては全員の賛成を得る。

十月三十一日、朝七時組合事務所へ集合、十一時〜十一時半ごろ知事来る。陳情。昼、坂本屋で田中、竹崎氏らと知事一行会食（知事はその後、津奈木から水俣へ向かう）。午後二時〜不知火海水質汚濁対策委員会と五部会の合同会議が開かれる。

出席は、県漁連会長村上丑夫、同総務課長山本勲、五部会長田中熊太郎（田浦）、芦北漁協長竹崎正巳、松合（不知火町）漁協長中野七次郎、文政（鏡町）漁協長三枝為蔵、樋島漁協長桑原勝記、大道漁協長宮川秀義、御所浦漁協長代理白倉幸男、中（大矢野町）漁協長徳永忠明、豊川（松橋町）漁協長岡崎美代次、湯浦漁協長鳥井正直、二見漁協長本田精一、日奈久漁協長代理片山源吾。

それに白煙管服の人他、一、二名、傍聴は芦北漁協の理事下田善吾ほか四名。計二十二名。

ここには不知火海の十二漁協長と他に二、三名の漁協代表が参加していた。

十一月二日の行事日程（国会調査団の海上視察を、漁船団による海上デモで歓迎してから解散すること）を決めた後、竹崎氏が発言。

「今度も我々の交渉に応じてくれない時には実力行使をやらねばならないではないか。」

それに対して湯浦漁協長の鳥井正直氏（元小学校長・町長）が反対。「そんな弱腰でどうするか」と煙管服の人が叫んだ。

その天草の煙管服と白倉氏が実力行使すべしと力説。また、田中、竹崎の間で「卑怯者！」などという応酬があり、結局、大勢は「実力行使を辞せず」の線で決まった。竹崎正巳氏は「事務所を襲うのが早道ではないか」との意見を述べた。

十月三十一日夜、午後七時半、芦北漁協役員会。竹崎氏遅刻、それは合同会議の後、すぐに田中組合長らと水俣へゆきチッソ工場を下見分してきたため。竹崎氏より特攻隊編成の提案が出、「特別隊」と改称して諒承される。

十一月一日、各組ごとに理事（小隊長）の家に全員が集合し、特別隊の人選やら、明日の準備にみんなでとりかかる。

十一月二日、朝、港の防波堤のコンクリートの側壁の上から、組合員に向かって竹崎氏が、「やる時は自分が先に立ってやるから、ついてきてくれ、責任は自分が持つ」と演説。一同賛成。その言葉の通り、工場突入時、「すかさず車の上から竹崎さんが『それ行け』と合図され、竹崎さん自身も車から降りて門の中に走りこんで行かれました」（芦北大隊で編成された特別隊は六十人くらい）「竹崎さんも再び車に乗り『漁民は全部戻れ』と車のマイクを通じて言っておられました。」

以上が島崎氏の供述調書の要約であるが、これについて竹崎氏が事実と違うと指摘している点は、先に竹崎氏の談話の中に述べられている通りである。

五、孤立した底辺のたたかい

昭和三十四年（一九五九）十一月二日の工場突入と乱闘の様子については、すでに田浦漁協の「大丸清一聞き書」（前回）にくわしいが、この他にも幾つかの興味ある証言があるので、記録にとどめておきたい。

まず、下田善吾氏（芦北漁協、鶴木山中隊）の日記である。

「拾一月二日、月、雨。午後曇、夕西硴瀬気鑓水之天気。午後雨も幸ひに止み漁民大会に絶好なる事、先づ波止場八時出帆の予定、雨の為多少遅れがち。計石邑上真人の舟に乗りて水俣百間港に着く。先づ拾隻の打瀬船で船団を与みて進む途中、福浦、津奈木も加り、天草船も加はり、今日雨の都合上、日奈久、二見、田之浦ハ汽車にて来、百間港に集合。

其より四列に隊を作り、市立病院迄行て、其の途中田之浦組合はジグザグデモにて進み、傍ら水俣警察を眺めたまま通り、其より市立病院に国会議員調査団一行を歓迎して、水俣川の堤にて中食。

一時より出発して途中デモ行進を行ひ、駅前広場で漁民大会を開き、会社工場長に交渉せるも、交渉に応ぜず。愈々実力行使に移る。其の前に恐れてか門を作り直し、扇方で堅く、思ふ様破れず。漸う破れた、約四千人の組合員雪崩れ込む。警察如何とも出来ず、只傍観し、少しでも手出しすれば警察に打掛る体制に驚き、只見るのみ。充分荒しまはる。

後、一個中隊の応援部隊熊本本部より来る。又両方もみ合ふ。其より逮捕者二名、釈放せし故、田中、荒木両県議仲裁に依り萬歳三唱して九時頃解散し、我家十二時に着く。」

白倉幸男氏（御所浦漁協）も日記代わりのメモを残しているが、十一月二日には田中、竹崎、桑原氏らと共に天草部隊の指揮者として、「三千人の漁民を誘導し、日窒工場門前に至り、門内を破壊し、侵入、乱暴の限りをつくすも、柿山署長以下護衛の警察官居るも静かに見守り居れり。県警本部より若干の応援部隊来る」と記している。

高木信行（津奈木漁協）日記は昭和三十四年から三十五年にかけての漁民代表と工場や県庁などとの交渉を詳細に記した第一級の史料であるが、事件当日のことについては数行しか記していない。

「国会議員団歓迎会を市立病院前にて行（う）、同時に水俣病に対する陳情後、工場側に交渉開始した。実力行使に移った。昭和三十四年十一月二日、実力行使して会社内を荒し、夜に入るまで引揚なかった」と。

そして十一月四日には、事後対策の協議事項を記したあと、次のような興味深いメモを付け加えている。

「又暴力する様な時は家族全員出動する。けが人に対しては漁協で解決を付ける様、芦北漁協は話合いをして居る。救護の必要がある時は町村にお願ひする。今後に於て警察側が検束すると、今では強い様でも其時は（漁民は）弱くなる虞れがあるので、後も引続き、やるぞと言ふ位ひに言ひふらして置かねば早急解決はつかない」と。

高木組合長は完全解決まで漁民は決して戦闘体制を解いてはならないと判断し、来たるべき弾圧への対策を家ぐるみ、村ぐるみ抵抗、共同体との連帯の方向に求めていた。これはするどい直観、真理を突いた認識であった。

当時いかなる革新政党や民主団体の指導も得られず、むしろ選挙の時のくされ縁で、保守党人脈を背景として闘っていた漁民は、苦しい孤立無援のなかで情況を突破する道を自力で手探りしなければならなかった。この不知火海漁民の苛酷な現実に、私たちは目を開いていなければならない。

当時は、安保闘争の全国的な高揚期であった。社共両党を中心とした安保反対国民共闘会議が数次にわたる統一行動を組んで、数万から十数万の大デモンストレーションをはなばなしくくりかえしていた。また、とくに九州では戦後最大の労働争議といわれる三井三池炭鉱労組の戦いの火ぶたが切られ、炭労も総評も全力をそれに投入していた。そのとき不知火海漁民のたたかいは、それら労働者、市民の運動からも、反安保の統一戦線からも全く除外された陽のさしこまぬ深淵の民として、戦後民衆史の闇の底に位置づけられていたのである。

だが、その最底辺の民のたたかいの中に、故高木信行らに見られるような自前の叡智が輝いていたことを、私たちは見過ごしてはならない。その点、このたたかいの質や歴史的意味は当時の革新組織に理解されなかった。そのことは、当時合化労連傘下の強力組合と目されていた新日窒水俣工場労働組合が、不知火海漁民闘争にたいしてどのように抑圧的な態度をとっていたかを思い返してみるだけでも十分である。

十一月二日の午後、漁民の投げる石で窓ガラスの割れる音を聞きつけて駈けつけた工場従業員の主婦が、子供を背負って半狂乱で、「ああ、とうちゃんのボーナスの減る、ボーナスの減る」と泣き叫んでいた姿をおぼえている人も多い、というが、今ではそれも遠い追憶になってしまった。(石牟礼道子著『苦海浄土』、富田八郎著『水俣病』)

当時、チッソ水俣工場のカーバイト製造現場にいた本工の鬼塚巌さんは、私たちの質問にこう答えている。

〝そのころ自分らには、漁民にたいして体を張ってでも工場を守るという雰囲気があった。私は一直で作業場に入っていたが、午後、停電するはずのない電気がとつぜん停まった。大変危険なことになる。そこで急いで控室の方に駈けた。停電はまもなく終ったが、そのころまで事件のニュースはまだ知らされていなかった。二直の交替員が来てはじめて暴動を知った。そのころは自分らは会社の人そのものだった。

十一月二日の暴動のあと、工場内ではこんな噂が交わされていた。こんどはきっと漁民らは、ねらいをきめて来襲するだろう。電源をねらうだろう。水の取入口を破壊するだろう。そしてじっさいに操業をストップさせるだろう、と。

水俣にはそういう不安感が暴動の後、しばらく、たしかにあった。組合も自分も工場を守るということに自然に心が向いていた。とにかく、それから三年後の安賃争議を経験するまではそうだった。自分はそのあと生まれ変わった。いつも言うように、あれが自分の転機でした。〟

また、同じ日、チッソ水俣工場の臨時工として危険な下請けの作業現場で働いていた坂本登さんは、本工である鬼塚さんとはまったく対照的な意識をもち、反対の行動をとっていたことを語っている。

〝そのころ自分は下請けの鉛工見習いだった。チッソ工場は酢酸工場の七基の準備中だった。自分が工場の東門から出たのは夕方五時ごろだった。それからタオルで顔をかくして漁民らの中にまぎれこみ、自分は石を投げる方にまわった。正門の近くの大きなガラス灯台からまだ火がぼんぼん出ていたころで、そこにも石を投げてやった。

また、新聞紙をまいてダイナマイトにみせかけ、「投げるぞ、投げるぞ」といって守衛らをあとじさりさせた。私が屋根の上から見ていたら、漁師たちは、上は背広を着て下はパンツ一枚とか、ハダシの者も多くておもしろい恰好をしていた。靴まで投げてしまったのではないかと思う。〃

労働者たちはさまざまな対応をしていた。当時は高度経済成長の離陸期であった。地響きを打って「近代化」という巨大な魔物が、おびただしい頭蓋骨を打ちくだき、その生産力の暴走を開始していた。その妨げになる炭坑夫がまず斬り捨てられ、ついで沿岸漁民や農民の棄民化が早いスピードで進行していた。水俣病はその迫りくる大破綻の予兆であったのに、日本の労働者階級も革新組織もそれを見通す認識を持ってはいなかった。

六、芦北漁民の供述調書から

先の島崎藤四郎氏の供述調書といっしょに、芦北漁協の倉庫から発見された五名の供述調書の一部分を次に抜粋して、事件の底流にあった一般漁民の情念を示しておきたい。

これを見ると、いかに漁民一人一人が、主体的にこの〃暴動〃に参加していたかが分かる。決して一部幹部の共同謀議に乗せられて無謀な行動に走ったというような附和随行的なものではなかった。また一時的な激情におぼれた偶然の暴挙でもなかった。偶然の暴挙どころか、決起した漁民の側にはあきらかに正義の観念や正当性の思想があり、チッソ企業に対する道徳的優位のプライドさえ認められるのである。

豊田常喜氏は明治三十七年（一九〇四）十二月、芦北町計石生まれ、打瀬網と流し網をいとなむ専業漁師で、事件当時の年間水揚高は五十万円位と供述している。それでも計石では上の部に属するのである。当時五十五歳。組合理事のほかに計石の東区百六十軒ほどの区長も兼ねるという人望家であった。のち妻も長男も水俣病におかされたが、常喜氏は高血圧で死亡したという。

寺崎政義氏は大正九年（一九二〇）七月、計石に生まれ、事件当時は三十九歳の若い理事だった。政義氏の父も水俣病におかされ、認定されたあと死亡している。寺崎政義供述調書は後半部分を史料として紹介できる。

石村正成氏は大正七年（一九一八）二月、計石に生まれ、事件当時は四十一歳。計石浦組の小隊長をつとめた。その後、自分も妻も長男も水俣病におかされ、正成氏は数年前申請中に亡くなられた。

下田善吾氏は明治三十四年（一九〇一）二月、鶴木山生まれ。網ひとすじの漁師（網元）で、芦北漁協の前組合長山石藤九郎の実兄である。下田氏の当時の平均年間水揚げは三十万円位であったという。当時五十八歳、漁協監事として活躍していた。

浜田秀義氏は明治二十八年（一八九五）十一月、鶴木山生まれ。事件当時は六十四歳という長老で、鶴木山の小隊長をつとめていた。今は故人になられたが、この人の供述調書は完全な形で残っているので全文を紹介する。

豊田常喜供述調書（抜粋）
「当時役員も一般組合員も工場側に誠意がないから決起大会を開く位では駄目で、実力行使に訴えねばならんというのが一致した意見でした。」「この儘(まま)じゃらちがあかんから工場を打潰(うちつぶ)せ」「当時、全漁民の意見が工場に押しかけて打ち壊せという意見でありましたので、組合長の言われた事に対しては誰一人反対する者はおりませんでした。」

寺崎政義供述調書（抜粋）

「知事さんが帰られてから私たちは組合の二階で漁民大会を開いて……対策を話合ったのであります。その場で漁民の中からは、〝何とかしなければこの儘の状態では漁民は餓死しなければならない。〟〝金よりも、綺麗な不知火海に戻してもらいたい〟〝会社が排水を止めないならば排水溝をうっとめろ〟というような話も出て強硬意見が多かったのであります。」「当時、一般漁民からも、役員に対して〝何ばもさもさしておるか〟という批判も出ていた位で、漁民全部の意見が強硬意見であったので、私達役員としても強硬意見を取るようになったのであります。」

石村正成供述調書（抜粋）

「変電所の高圧線に鉄線か何か投げかけてスパークさせて工場の電気を止めたらどうか、というような話も出ておりました。」「プラカードが二十本位と吹流しが一本できました。」「出発前漁民の中には、投石用に附近に落ちている石を拾っている者もおりました。」

下田善吾供述調書（抜粋）

「最初村上会長は、此処で判っきり実力行使の線を打出したら、自分達が事前に計画を立てたということになりはしないか、と洩らしておられました。最初は田中熊太郎も十一月二日は国会調査団の来る日だから実力行使は日を改めてやってはどうかと言い、桑原さん達に反発された。」

浜田秀義供述調書（抜粋）

「この当時水俣の工場は漁民の要求に対して全く誠意を見せなかったので、漁民はいきり立っており、工場でも叩き潰して了えというような気持に皆なっていた時でもあったので、皆この組合長の言うことに口々に賛成した。」「電気を切ってしまえば一番良いとか、いろいろ言う者も居りましたが、話が纏まらずに、結局、元気のいい若者で特攻隊を作って、それが真先に工場の中に押し入り、その後を一般の漁民が続いてゆき、仕事が出来んごつ工場を壊して了うという事だけ決まったのです。」

「〃最下部の組合員集会でも、同じように激しい実力行使の議論がふき出しました。〃そして、いよいよ出発の前夜には組ごとに集会して、鉢巻を裏返しにして行けとか、焼酎を一合宛組合から出るからとか、行かん者は組合を除名するとか、七時に全員波止場に集まれとか……また、水俣の市民に迷惑かけず、水俣市民に対しては絶対に暴力を振うなと言って、大体九時過頃会議を終わりました。」「第一波の突入の後、私の小隊の者を集めて点呼したところ、特別隊の下田義光、山本義男、山本力の三人が居らないので、警察に捕まったと思った。」「この事件が一般の漁民に知れ渡り、漁民が検束者を返せと騒ぎかけたので、最高幹部の竹崎さんや田中さんが〃自分達が責任をもって受けとって来る〃といって出かけた。最後の下田義光が釈放されたのは午後八時頃である。」

　こうして不知火海の漁民闘争は一時日本の世論を衝動した。そして、南九州の辺境に水俣奇病という深刻な事態が発生していることを広く天下に知らしめたのである。この数百人の負傷者を出した〃大暴動〃によって、政党が、労働組合が、市民が、患者たちが、どのように一斉に動きだしたか。

史料

寺崎政義供述調書（後半）

供述調書

住居　芦北郡芦北町大字計石一一五一

漁業

寺崎　政義

大正九年七月四日生

昭和三十五年一月三十日

熊本地方警察庁八代支部

その後十月三十日夜、芦北漁協で臨時の役員会が開かれ竹崎組合長から、

「明日朝、寺本県知事が漁民の窮状を視察に来られるので、漁民全部で組合の前の道路で知事さんを出迎え様と思うから組合員に伝えて貰いたい。」

という話がありました。竹崎さんは、

「組合員の中から代表を出して知事さんに陳情させる。」

と云っており、私達もそれを了承して家に帰りました。そして私は下触れの松崎巳代作さんに頼んで私の家に組合員を寄せて知事さんの出迎えの事を伝えました。

十月三十一日朝、私達漁民は組合前の道路で知事さんを歓迎しました。組合事務所の中で、漁民の代表が知事さんに窮状を陳情しました。

知事さんが帰られてから、私達は組合の二階で漁民大会を開いて、水俣の工場の廃水問題に対する対策を話し合ったのであります。その場で漁民の中からは、

「何とかしなければこの儘の状態では漁民は餓死しなければならない」とか、「金よりも綺麗な不知火海に戻して貰いたい」とか、「会社が排水を止めないならば、排水溝をうっとめろ」というような話も出て、漁民全体の意向としては強硬意見が多かったのであります。

そして十一月二日、国会調査団が来られるので、歓迎をかねて全漁民が水俣に行き、決起大会を開いて会社に再び交渉をして、会社が応じない時は実力行使も已むを得ない。その際、漁民の中で怪我人が出た時は治療費等を組合の方で出してくれろという要望が漁民の間で起き、結論としては治療費は組合の方で面倒見なければならんだろうという様な意見が多かったです。

その日の夕方でありましたが、組合からの連絡で、私は組合事務所で行われた臨時役員会に出席しました。その時は、組合長以下専務理事、監事も全部出席致しました。竹崎さんが一番北側に坐られ、私は一番末席に坐りました。その時の席の状況を略図に書きましたので提出します。

〈本職は右略図を本調査末尾に添付する〉

図面がまづいので役員と役員の間隔がおかしくなって居りますが、実際は同じような間隔で坐ったのであります。その席上、竹崎さんは、

「十一月二日に国会調査団が水俣に来られるので、漁民全部で水俣に行って歓迎し、それから漁民の決起大会を開いて再び会社に交渉する。若し、会社が誠意を以って交渉に当たらない時は実力行使をする。今度

は他の組合でも若い者を特別隊に出すから、芦北漁協でも若い者を特別隊に出す。」
という話がありました。そして各組で小隊を作って、その上に中隊長をおき、小隊長は各組の理事がなることになりました。私は塘(とも)座上組の小隊長となりました。塘座下組の小隊長は豊田実理事で、上組と下組の二小隊を合わせて一つの中隊を作り、その中隊長に吉本岩吉さんがなりました。自分の中隊のことは覚えて居りますが、他の中隊のことは気に止めていなかったので良く思い出せません。

特別隊は、各組を世話する理事が各組に帰って元気のいい者から選び出すということになりました。竹崎さんの話では、特別隊を選んで実力行使をするという様なことは組合長会議で決まったように話しておられました。今度実力を行使するというからには、十月十七日の時以上に会社に対して破壊行為をすることであると思って居りました。今から考えて見ると、非常に軽率な事でありますけれども、その当時は会社側では全然誠意を示しませんので、漁民全体がそのような気持になっていたのであります。

この時の役員会では、特別隊を出すこと、中隊、小隊の編成の他に十一月二日朝七時頃、漁協前に集合して船で百間港に行くが、誰の船を出すかという事も決まりました。船を出して貰う人は、私の他に、洲崎勝勢、福島勝、福島忠夫、豊田常喜、向(むかい)正義、村上定人、宮本栄喜さんの船を出すように決りました。

尚その席で、鶴木山では一回目のデモの時、小さい馬力の船しかなくて帰る時風波が強くて帰れなかったから、計石の方から今度は船を廻してくれという事で、塘(とも)の向さんと村上さんの船を廻してくれという話が出ておりました。尚、船賃は千円出すという話でした。尚、怪我人が出た時は組合の方で治療費位みようという話でありました。尚、第一回のデモの時は漁民に対して禁酒を要求して居りましたが、それに対しては、第一回のデモの後、漁民の間で不満の声があったので、今度は一人当り一合位の焼酎を組合から出すという話がありました。

そして十一月二日デモに行く前日の十一月一日の夕食後、私は自分の属している上組の寄合をしたのでありますが、この時は下ぶれの松崎さんに頼んで組合員に連絡し、私の家は狭いので監事の吉本岩吉さん方に寄って貰いました。その時は組合員の中船頭連中は全部来ていたと記憶します。船頭連中の名前は、吉本岩吉　松崎己代作　西橋甫　中島安喜　楠山政二郎　橋本勝義　島本正　中島春義　木村義信　井上政美　岩原一義　上原孝　等であります。この他船頭ではありませんが、島本五郎の顔も見ました。尚申し遅れましたが、船頭の向明も来ていたと記憶します。

その寄合いで、私は前申し上げたように、役員会で竹崎さんから聞いた事や、役員会で決まったことを有りの儘伝えたのであります。私としては理事であって、竹崎さんから役員会で決めた事を各組に徹底させてくれと云われたので、寄合いをして伝えたのであります。

私は自分の小隊を四班に分けたように記憶します。班長には、中島春義　松崎己代作　横山政二郎　岩原一義　を選んだ様に思います。特別隊としては、橋本一男　一浦安道　西橋敏男　井上正次　島本五郎　吉本藤一郎君等を出すことにしました。この外、向明君も特別隊に出て貰った様に記憶しますが、記憶が薄れてはっきり致しません。特別隊に選んだ若い者は当夜出席していた船頭の息子とか弟ですので、集った人から伝えて貰う様に致しました。

私は昼食後、市立病院の水俣病患者を見に行きましたが、集合する模様ですので、病院前の道路に出て芦北漁協の処に行きました。先導車は前の方に行って、竹崎さんが先導車の拡声器で「特別隊は前へ」と云われたので、各漁協から若い者が前に走って行く姿を見受けました。

以下省略する。

前同日於同庁　　　　　　寺崎　政義
熊本地方検察庁
検察官検事　　　　西岡　幸彦
検察事務官　　　　藤沢　澄之

供述調書　　　　　　寺崎　政義

昭和三十五年二月十二日
熊本地方検察庁八代支部

私は前回に申上げておりませんでしたが、実は昨年十月三十一日の午後、国鉄佐敷駅前の坂本食堂の二階で開かれた不知火海水質汚濁防止委員会の会議を傍聴に行っておりましたので、その時の状況について申上げます。私は、この会議に出席した人に迷惑が掛るといけないと思って、前回お調べの際申上げなかった訳であります。

十月三十一日、芦北漁協に知事さんが来られた後で、組合長か島崎専務のどちらからか「坂本食堂で知事さんが昼食されて帰られてから委員会を開くから、暇であればいかんか」ということを云われたのです。それで私は自宅に帰って昼食をすましてから自転車に乗り、近所の吉本岩吉監事と一緒に坂本屋に行きました。私は暫く坂本屋の階下におって、誰からであったか、上の島崎さんか誰かに連絡して貰って、上っていいと云う事であったので二階に上りました。時間は時計を持たないのではっきりした事は知りませんが、二時頃ではなかったかと思います。私が行った時は会議が始まった許りの時ではなかったかと思います。

会場には、折りたたみ式の長い食堂が□の字型に並べてあり、正面に村上漁連会長が坐っておられ、その向って左側に田中、田ノ浦漁協長、向って右側に漁連の書記の人が坐っておられ、向って右側の机の上座の方に桑原さんが、下座の方に天草のエンカン服を着た人が坐っておられました。向って左側机には中野さん、竹崎さん、何人かおいて三枝さんが坐っておられ、又手前の方の机には湯浦の鳥井さんが座っておられたように記憶します。私の組合からは、私と吉本岩吉さんの他に下田善吾　石村正成　豊田実　豊田常喜さんが傍聴に来ており、専務の島崎藤四郎さんも来ておって、島崎さんが坐っていた位置は、はっきり想い出せません。私は他の傍聴人と一緒に、下座の方に横に並んで坐っておりました。その時の状況を略図に書きましたので提供します。

〈本職は右略図を本調書末尾に添付する。〉

委員会の会議では最初「十一月二日水俣に国会議員団が来られるから代表だけで迎えに行くか漁民全部で行く」が論議されて、結局漁民全部で行くという事に決りました。それから「漁民全部で行った際、決起大会を開いて工場に交渉を申入れる」という話が出ましたが、天草の人達や竹崎さん達から「工場側の今までの誠意のない態度から見て、漁民の要求を通す為には、工場に対して実力行使をするのも已むを得んではなかろうか」という話が出ました。これに対して湯浦の鳥井さんが、「十一月二日は国会議員団が来られるのだから、穏便にすましてはどうか」という様な意見を出されました。すると天草の人であったと記憶しますが、鳥居さんに「あんたが居れば話が決まらん。あんたはあっちへ行っとれ。」と文句を云っており、鳥居さんも其後は黙ってしまわれた様に記憶します。

又、天草の人達は、「漁民を何べんも集めることは出来ないから、十一月二日に実力行使をやるべきだ。」という意見を出しておられました。出席していた人達の中では、桑原さん達、天草の人達、それに竹崎さん、田中さんあたりが一番強硬意見のようでありました。そして、その委員会の大多数の人の意見は十一月二日の工場に対して、十月十七日の時以上に徹底的に実力行使をするという事に一致したようでありました。

実力行使の具体的方法については、誰からであったか、「排水溝に土のうを持って行って止めて了う。」という話や、又、「高圧線に針金を引っかけて電圧を切ってはどうか。」という話なども出ておりましたが、結局の話は、「工場の運転を止める位にやる。」という事でした。田中、桑原、竹崎の三人の方々は、「我々三人で責任をとる。」と云っておられたのを記憶しております。

その様に話が落ち着いてから、酒、肴が出ました。私達傍聴人は遠慮して帰ろうとしましたが、委員の人が飲んで行けと云われたので、御馳走になって帰りました。それから私は坂本屋を出ましたが、私が帰る時まで委員の人達は残っておられたと記憶します。

その晩、芦北漁協でも役員会があって、竹崎さんから今度は特別隊を選抜して行く話など、詳しい話を聞いたのであります。

尚、知事さんの来られる前日の十月三十日の役員会の時にも、竹崎さんから、工場側に誠意がないから実力行使するのも已むを得ないではないかという話が出て居り、その時、私始め組合の全部の役員が出席して居りましたが、当時一般漁民も皆強い意見でありましたので、私達役員も強い意見に賛成していたのでありました。当時、一般漁民からも役員に対して、「何ばさもさしておるか。」という批判も出ていた位で、漁民全部の意見が強硬意見であったので、私達役員としても強硬意見を取る様になったのであります。

前同日於同庁　検察官検事　寺崎　政義　㊞
熊本地方検察庁　検事事務官　西岡　幸彦　㊞
藤沢　澄之　㊞

浜田秀義供述調書（全文）

供　述　調　書

住居　芦北郡芦北町大字鶴木山九〇九
漁業
浜田　秀義
明治二十八年十一月十日生　六十四歳

昭和三十五年二月四日
熊本地方検察庁八代支部

昭和二十八年頃から、水俣湾の近くで変な病気が出たという話を聞く様になり、その病気は最初は水俣の百間港の近所だけであったのがその裏側の八幡の方にも拡がり、それが新日窒の水俣工場から出る水の為に、この水俣湾等で獲れる魚を食うと、この水俣病になるんだと云う事を聞く様になりました。

そして昨年夏頃には、此の病気が更に拡がり、津奈木方面に出、その頃になって死魚が海面に浮き出す様になりました。その頃になって、はっきりと此の病気の原因は水俣の新日窒の工場から海に流される水銀が原因だと判ったのです。こうして水俣の奇病が拡がった為に、水俣の近くで獲れる魚は全然売れなくなって了いました。また、此の新日窒の工場から出る汚れた水の為だと思いますが、私のやっとる地曳網でも殆んど魚が獲れなくなって了いました。

それで、昨年八、九月頃から、此の問題を何とかしなくてはならないという声が芦北の漁民仲間でも出る様になり、その為、芦北漁協の役員が集って工場から流す水を止めて貰おうじゃないかという様なことを相談したことがあり、又此の事で被害を受けている不知火海域の町村長等に頼んで、水俣工場側に交渉して貰う様にもなりました。

ところが水俣の工場側はこれ等の交渉にも折り合わないので、此の儘にはしておけない。不知火海域の漁民全部集って漁民の要求を工場に容れさそうという事になり、初めて昨年十年十七日の日に、水俣に不知火海域の漁民が集ったのであります。

この為の準備として、芦北でも二日前の十月十五日に芦北漁協で役員会が開かれ、そして組合長の竹崎さんから、「十月十七日、水俣の公会堂で不知火海域の漁民の決起大会を開くことになった。それで芦北の組合員も参加してくれ、百間港に十時に集合して水俣市内をデモ行進して公会堂に行く、公会堂で決起大会を開いてその後会社に交渉することになっている。それで芦北漁民は全部船で行き計石の湾の入口の所で芦北の船全部勢揃いして行く、そして統制を取るために漁民を中隊、小隊、分隊という風に分ける、中隊は各部落毎に一中隊を作る、小隊は各組毎に一小隊にし、小隊は又分隊に分ける、各小隊毎にプラカードを一本づつ持って行く。そして鉢巻も組合で用意したのを持って行く。」と云われました。

それで、その場で鶴木山の中隊長は誰にするか、小隊長は誰にするか決めた結果、宮石栄喜が中隊長になり、小隊長は、私の組は多いので二つに分け、監事の下田善吾さんと私がそれぞれなる事に決りました。

こうして理事会で決った事を組合員に知らせる為に、その晩だと記憶しておりますが、私の組の組合員に私の家に集って貰い、理事会で決ったことを話し、分隊を決めました。そして分隊長には、中村よしのぶ下田よしみちが決まりました。船で行く事になっていたので、西善作、宮石次男の船で行く事に決めたのです。

十七日の日には、決めた通り船で百間港に行き、決起大会に参加しました。百間港に着くと、他の漁協からも漁民が続々と集り、十時頃から各漁協毎に並んでデモ行進して公会堂に行き、そこで決起大会を開いて水俣工場に対して、

一、八幡川に流す排水を即時停止せよ。

二、水俣湾のドベを取り除け。

三、漁民に対して補償せよ。

と要求することに決め、これを漁民の代表者が工場に持って行ったのですが、工場側は全然会わず、受付けもしませんでした。

それで漁民が工場に又デモをして押し掛け、工場側が全然会わない事に腹を立てて、工場に石を投げたりして工場の硝子等を割ったりしたのです。そうしてやっと工場の総務部長だと思いますが、決議文を手渡し、其回答を十月二十四日迄にして貰うと云う事になったのであります。

〈此の時本職は昭和三十五年領第五五号の三号の昭和三十四年十月十五日付緊急役員会開催通知書を示したところ〉

只今見せて貰った通知書は、昨年十月十七日に漁民が水俣の公会堂で決起大会を開いた時の打ち合わせとして、芦北漁協で役員会議があった時の通知書で、私のところにもこれと同じものが来ております。

その後、水俣の会社側から十月十七日要求した事に対する回答があり、その回答が、漁民には補償せんとか、工場の排水は続けるとか云う様なものであったのですが、何時あったか思い出せません。

その後十月三十日の夜、漁協の事務所で又役員会がありました。それで私もその会議に出席しました。此の会議では、竹崎組合長から「明日午前十時頃に知事さんが水俣病の視察に来られるので、陳情するから皆集ってくれ。」という話がありました。そして知事さんはハイヤーで来られるから、組合の前に並んで迎えようと云われました。そして、知事さんに誰が陳情するか相談した結果、役員から一人、一般の漁民から三名陳情する者を出そうと云う事になり、理事からは、宮石栄喜、一般から、鶴木山から一人、計石から二人にしようと云う事になりました。それでその帰り道、鶴木山の役員で誰に陳情さすか決めたところ、鶴木山から山元正が良かろうと云うことになりました。そして、鶴木山に帰ってから早速ふれ役の中村重吉に役員会で話があった事をふれさせ、三十一日の朝十時迄に集る様に布れさせたのです。

翌三十一日の日は朝九時半頃、組合に行きました。行ったところ、まだ二十人位しか集っておりませんでしたが、その中(うち)に沢山集って来て、大体二百人位組合員が集まりました。それで知事さんが来られる迄に、竹崎組合長が集った漁民を前にして、「水俣工場側は、我々が第一回の決起大会の時にした要求に対して、全然交渉には応じられんと云って来ている。だから我々の要求を容れさす為には、もう一度大会を開いて、会社を徹底的にやらなけりゃならんが、どうだろうか。」と云う話がありました。それで此の当時、水俣の工場は漁民の要求に対して全く誠意を見せなかったので、漁民はいきり立って居り、工場でも叩き潰して了えという様な気持に皆なっていた時でもあったので、皆此の組合長の云う事に口々に賛成して、決起大会でも開いて、徹底的に会社をやっつけて、我々の要求を容れさそうと云う事になりました。

そうして、其の中に知事さんが来られたので、組合の前から堤防の方に並んで知事さんを迎え、事務所内で知事さんが挨拶されたのに続いて、宮石栄喜さんと計石の森マサトシさんの二人が、水俣病問題を早急に解決して欲しいと陳情しました。知事さん全部で十五分位おられ、すぐ又車で出て行かれたので、一般の組合員は見送り、これで解決しましたが、組合員だけ残っていたところ、組合長の竹崎さんが役員に対して、「知事さんは佐敷の坂本食堂で昼食をされる事になっている。その後組合長会議があるから、役員の中で傍聴したい者は行ってもよい。」と云って、自転車で知事さんの後を追う様にして佐敷町の方へ行かれました。

その後暫らく組合事務所に居たところ、天草郡樋の島村漁業協同組合の桑原組合長が発動機船で来られ、もう知事さんは帰られたかと聞かれたので、まだ残っていた人達と一緒に、知事さんは坂本食堂で食事されてから湯ノ浦、水俣の方を視察される様な話だった。それで坂本食堂に行ってみなっせと行って教えて上げましたところ、桑原さんはすぐ出て行かれました。その後、昼過頃に自宅に帰りました。

〈此の時本職は、昭和三十五年領第五五号の四号昭和三十四年十月三十日付緊急役員会開催通知書を示したところ〉

只今見せて貰った通知書は、十月三十日の日に組合で役員会があった時の通知書で、此の通知書によって集り、知事さんが来られると云う事を聞いたのです。

その後、その日の夕方五時半頃であったと思いますが、私が家に居た時、誰であったか忘れましたが、六時から組合で役員会があるから組合に来てくれと云って来ましたので、夕食も食べずに組合に行きました。私が行くと前後して、組合の役員が集って来ましたので、何時も会議に使っている組合の二階で会議が始まりました。始まったのは一寸遅くなって、午後七時か八時頃であったと思います。その会議の時に坐った各役員の位置は、只今私が書いて出した図面の通りです。

〈此の時被疑者は別綴図面一葉を提出したので本調書末尾に添付する〉

始まると直ぐ、竹崎組合長が話をされました。その話の内容は、「今日の組合長の会議で決ったことをお知らせする。」と云って、

「明後日に国会の調査団が水俣病の事で調査の為、水俣に来られる事になったので、漁民全部、調査団を迎えて、水俣病のことを解決して貰う為、陳情することになった。」

「それで百間港に午前十時に集合して市役所まで並んで行進して行き、其処で調査団に陳情する。そしてその後、水俣工場門前まで行進して、漁民の決起大会を開いて再度漁民の要求を聞く様交渉する。そして会社側がこの交渉に応じなかった時は、どぎゃんしてでも、要求を容れさす為に、工場に全部押しかけて実力行使する。」

「工場の方は、今日田中さんと一緒に工場の方を見て来たら、工場は此の前の時、相当やられたので厳重にしとる。それで此の前のごつ硝子（ガラス）を壊した位では工場側は云う事を聞かんじゃろうから、徹底的に工場が仕事を出来んごつやって了うことになった。それで元気のいい若い者で特攻隊を作ってやる事になった。」と云われました。それで、私はこの組合長の話を聞いて、工場側は漁民の云う事は全然聞かないので、いよいよ工場をやっつけて仕事が出来んごつして我々漁民の云う事を工場に聞かす様になったのだと思いました。

そして更に組合長は、「自分も先頭に立って抜刀（ばっとう）して行く。こんな事をした位では器物毀損になる丈（だけ）だから大した事はない。そして責任は全部自分がとる。」と云われました。それで、集った役員達も皆工場のやり方に対して強い反感を持っていたので、組合長の云われることに誰も反対せずに賛成したのです。

それから、工場をやっつける為にはどうしたらいいか、役員達が口々にいろんな方法を云い出しました。「排水口を止めて了えば一番会社が困る。」とか、「電気を切って了えば一番良い。」とか云う者も居りました

が、話がまとまらずに結局、元気のいい若者で特攻隊を作って、それが真先に工場の中に押し入り、その後を一般の漁民が続いて行き、仕事が出来んごつ工場を壊して了うと云う事だけ決ったのです。

それから、特攻隊と云うのは強過ぎるから、特別隊としたらどうかという話が出て、その名前がよかろうと云う事になりました。又、酒でも出して元気を出してやらなけりゃ出来んと誰か云い出したので、組合員一人に一合宛焼酎を出すことになりました。此の焼酎代は組合で出し、各組で用意して持って行くということに決まりました。そして、特別隊に出る若い者を何人にするか話し合った結果、大体十人位が良かろうと云うことに決りました。

また、前の時（十月十七日の決起大会のこと）の様に鉢巻をして行くが、芦北漁協の印が付いているから、芦北漁協の者だと判らない様に裏返しにして行くことになりました。そして組合長からだったと記憶して居りますが、「武器としていろんな物を持って行ったら目立つから持っていくな。プラカードの柄は武器になるから、これを沢山持って行ったら良いだろう。だから明日、暇な者は組合に来てくれ。」と云われました。また、「怪我をしたり、警察に捕ったらどうするか。」と云った者があったので、組合長から、「怪我をした者等には、治療費は全部組合から出す。警察に捕った者は、組合の方で全部面倒を見て貰い下げに行く。」と云われました。

更に、組合長が先程申した様に、「こんな事をした位では器物毀損になる丈だ。」と云われた時、前に大阪で働いていたことの有る宮石栄喜さんが、「自分が大阪で働いていた時、労働組合の事件で何回もこんな事をした事があるが、大した事はなかった。」という様な事を云われた事を憶えております。又、組合で酒の金を出すが各組合で用意して行くということになったのは、組合長から「組合が酒を買うとなると、漁民に酒を飲ませた勢で計画的にやったと云う事が直ぐに判るから、各組で一応買って持って行ってくれ。」と云われたので、この様な事になったのです。

　そして全部船で百間港に行くという事でありましたから、誰の船で行くか相談した結果私の組では計石の村上貞人と、向正義の船を借りて行く事になりました。この計石の船を借りることになったのは、十月十七日の時にも船で行きましたが、此時私の組の船が遅くて他の船と足並が揃わなかったので、足並を揃えて行く事になったからです。

　そして統一のとれた行動をする為に、十月十七日の時に行った時と同様に中隊、小隊、分隊と決めて行く事になりました。そして漁民全部の総指揮は、竹崎組合長と田ノ浦の田中組合長、樋の島の桑原組合長、県漁連会長の村上さんがするという事を竹崎さんが話されました。

　こうして、組合長の竹崎さんを中心にして水俣工場に押しかける事について色々会議したのですが、この会議の模様を書記の島本さんが書いておりましたが、会議半ば頃に、「大切なところは書かん様にしておけ。」と組合長が云われたのを憶えております。これは、水俣工場をやっつける事の相談を議事録に残しておけば証拠になるので、証拠にならんよう、此のとこ丈書かん様にしとけ、と云う事だと思いました。

　そして、この日に参加しない者は組合から除名するという事を決めて、午後十時頃散会しました。散会する時に、私と石村栄吉とこの議事録に署名する当番に当っていたので署名しましたが、どんな事が書いてあったか読まないで署名したので、どんな事が書いてあったか知りません。会議が終ってから、鶴木山の理事は揃って帰りました。

　そして帰り途（みち）、此の事を鶴木山の組合員に何時（いつ）知らそうかと相談した結果、打瀬組の者は宮石栄喜さんの家、一本釣と地曳と流し網の組は私の家に集って貰うことになりました。

浜田秀義

前同日
熊本地方検察庁
検察官検事　北側　勝　㊞
検察事務官　橋本元一　㊞

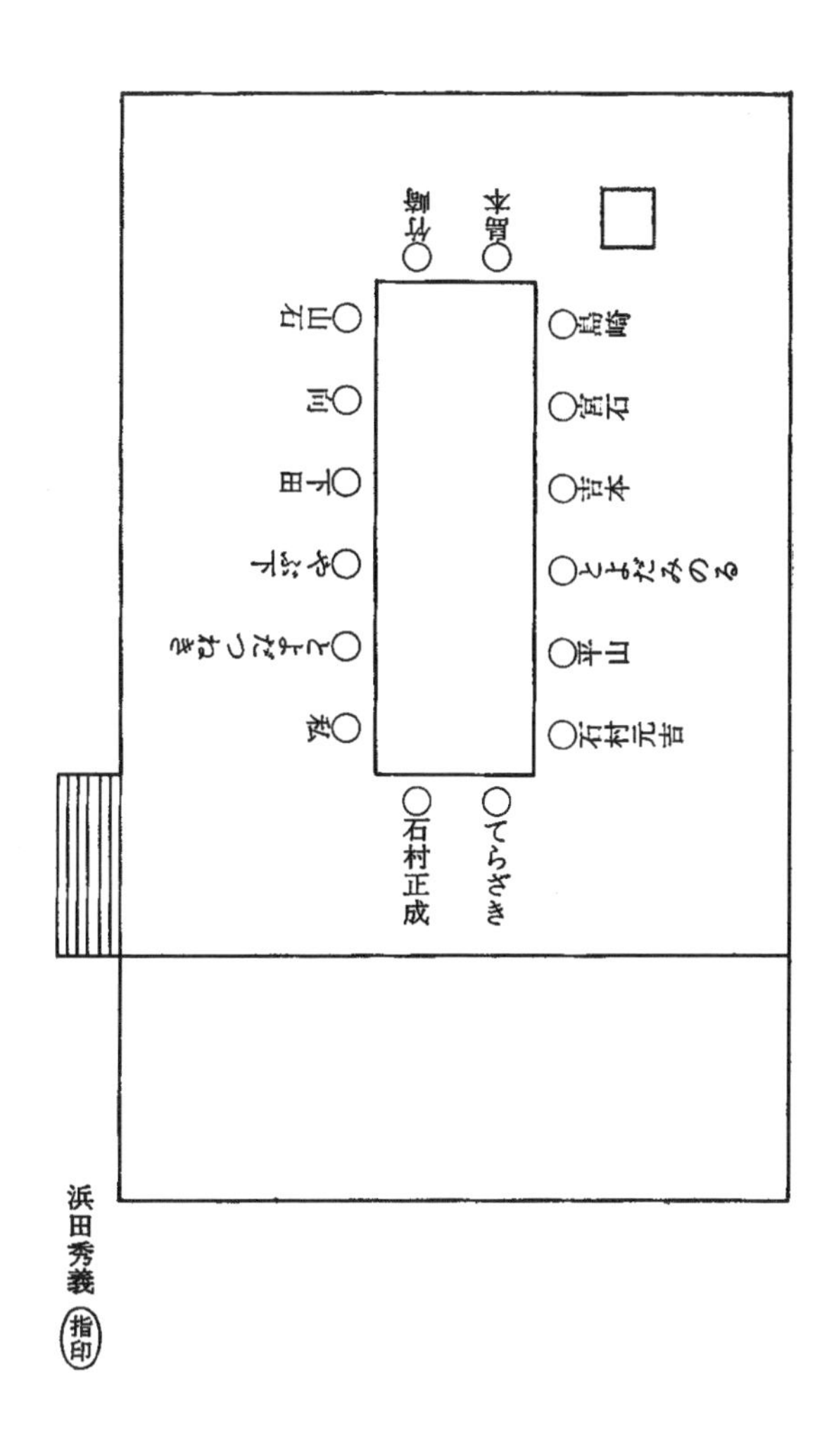

供　述　調　書

浜田　秀義

昭和三十五年二月五日

熊本地方検察庁八代支部

前回に続いて申上げます。前回申した様に、昨年十一月二日に水俣の工場に漁民が押しかける事について、その二日前の三十一日の夜、芦北の漁協の会議室で会議がありました。

それで其の事を鶴木山の組合員にも伝える為、鶴木山の一本釣、地曳網、流し網の組の人に私の家に集って貰ったのです。集る様に布（ふ）れて貰ったのは布れ役の、中村寿吉　中村佐七　の二人に、一日の夕方近くに今晩常会があるから自分の家に来る様、伝えてくれと云って布れさせたのです。

十一月一日の夜七時頃に布れて貰った様に、組合員の人達が集って来ました。集った人達は、理事　山石藤九郎、監事　下田善吾、組合員　中村寿吉、中村佐七、山下平四郎、山本重平、田中義行、下田勝義、下田義光、山本正人、下田定、山本初一、山本一、中村勘太郎、辻田巳太郎、宮崎重治、中村直喜、宮石若松、岩崎義隆、等でありました。この外まだ何人か来ていた様ですが思い出しません。

大体組合員が集った時に、会議を始めました。会議に使った部屋は、いろりのある部屋と六畳の間を使ったのです。

三十一日の夜、組合の会議には私も下田さんも山石さんも出ておりましたが、私が一番年上なので私から話し始めました。「昨夜組合で理事会があったので、山石さん下田さんと一緒に行って来たので、決めた事を知らせする。」

と云ってから、組合の役員会議で決った話しを其儘話しました。

此の時話した内容は、「明日水俣に代議士さんが水俣病の調査のため来られるので、組合員全部行くことになった。そして代議士さんを迎えてから、その後水俣の工場に漁民全部で押しかけて実力行使をする事になった。工場の方は此の前の程度では云う事は聞かんじゃろうから、特別隊を作って徹底的にやってやる事になった。それで特別隊には若い者に出て貰うことになった。」と云いました。そうしたところ、その後山石さんが、「若い者は一組から十名づつ位出すことになっているから、一本釣、流し網、地曳のそれぞれから三名づつ位出らにゃならん。」と云われました。

それで、集った組合員の人達もこの頃水俣の工場に対して大変腹を立てていた時であったし、十月十七日の日に押しかけて一寸硝子など割った事も皆知っているので、今度は十月十七日の時以上に工場を徹底的に壊したりしてやっつけるのだという事が判ったと思います。その為に若い者で特別隊を作るのだということも判ったと思います。それで、特別隊に出る若い者を誰にするか決め、皆がやがや話し合いましたが、なかなか決りませんでした。

ところが、そうしている内に下田義光が先づ初めに、「お前出よ」と云って皆から特別隊に出る様に云われて、出る事に決りました。そうしたら消防団長の下田定が、自分から進んで出ると云う様な事を云って出ました。その後お互いに、お前出ろとか云って云い合してましたが、なかなか決らなかったので、後の者は水俣に行ってから決めても良かろうと思ったので、皆に「今夜はこれで良かろう。どっちみち若か者は出て貰わなきゃならんから、その心算でおってくれ。」と云って、特別隊に誰が出るか決める前であったか後であったか記憶してませんが、私が、「工場に実力行使して徹底的にやっつける。」と云ったものですから、集った組合員達がお互いに、三十一日の夜組合の役員会の席で出た時と同じ様に、「排水口を潰して了え。」

とか、「電気を切って了え」とか、云う者も居りました。

しかし、私の組としてどうするか、どんなにして工場をやっつけるかという詳しいことは決めませんでした。

それから、役員会で決った様に、十月十七日の日に行った時使った鉢巻を裏返しにして行けとか、焼酎が一合宛組合から出るからとか、行かん者は組合を除名するとか、七時に全員波止場に集って計石の村上貞人、向正義の船で行くという事を伝えました。

また水俣の市民には迷惑をかけず、水俣市民に対しては絶対に暴力を振うなと云って、大体九時過頃会議を終わりました。

翌二日、朝七時前に波止場に行きました。そうしたところ計石の村上貞人、向正義の船が来たので、それに鶴木山の組合員全部乗りました。此の時既に、前の晩一合宛(ずつ)酒が出るからと云うた時、買って来て水筒に入れて持って来る様云ってあったので、確か西暁義と下田義光が買って来て、水筒に入れて持って来ておりました。尚此の酒代はその後組合から、買った先の鶴木山の松崎商店に払っております。

こうして鶴木山から船で行きましたが、打瀬網の人達も一緒でありましたから、二隻の船に合わせて六十人位乗っていたと思います。又、前の晩組合員の寄り合いをした時、組合員でなくても、地曳網や流し網の船に乗っている者も行く者があれば連れて来いと云ってありましたので、若い乗り子達も来ておりました。その中記憶のあるものは、中村勝美、山本兼吉、田中清松、山本義男、であったと思います。

鶴木山を出てから、佐敷湾の出口の所で計石の所から出て来た船と合流し、全部で十隻になったので竹崎組合長の乗っている船を先頭にして百間港に行きました。

百間港に向う途中、私の乗っていた村上貞人の船に計石の石村若義が乗っていたので、今日はお前等に一つ頑張って貰わなきゃならんと云った事を覚えております。これは、若い者を先頭に立てて工場に押し入り徹底的にやっつけると云う事になっていたので、石村若義は喧嘩好きであり、若い者でありますから、工場をやっつける時に一つやって貰うと思って云ったのであります。百間港には十時前頃に着きましたが、此の時は既に、外の漁協からも沢山人が集って来ておりました。

百間港に着いてから鶴木山の私の組の者に、前の晩特別隊に出る者を全部決めてなかったので、誰れ彼なしに若い者は皆特別隊に出て貰わにゃならんたいと云っておきました。

十時頃になって、全部漁協毎に整列せよと云う事になったので、津奈木、湯ノ浦、芦北、田ノ浦、二見、日奈久、天草方面の組合と各組合毎に順に並び、漁連会長、竹崎組合長、田中田ノ浦組合長、桑原樋ノ島組合長が乗っている三輪車か小型トラックを先頭にしてデモ行進を始め、本通りを通って六角に出、公会堂方面から警察の前を通って市立病院の前に行きました。

そして其処で代議士さんを迎える事になり、道路の両側に並んで待っていたところ、十一時過頃になって代議士さんが来られたので迎え、漁連会長等が陳情し、代議士さんの話を聞きましたが、私は大分離れた所に居たので何と話されたか判りませんでした。

そして、それが済んでから昼食を喰べました。それで、私の組の人達は水俣川の南側の堤防の所に行って、警察の一寸横辺り（あたり）で昼食を食べましたが、此の時私が、百間港の所で若い者が持っていた焼酎の入った水筒を取り上げて、持って来ていたので、飲まんかと云って、水筒のふたや弁当箱のふたに注いでやりました。

浜田秀義（指印）

前同日

熊本地方検察庁
検察官検事　北側　勝　㊞
検察事務官　橋本元一　㊞

供述調書

浜田　秀義

昭和三十五年二月六日
熊本地方検察庁八代支部

前回に続いて申し上げます。前に申し上げた様に、十一月二日に水俣に行く事について、昨年十月三十一日の夜、芦北漁協の二階の会議室で理事会がありましたが、此の時六時から会議があるということでしたが、始ったのは組合長の竹崎さんが来られるのが大変遅れたので午後八時頃から始ったと記憶します。

最初会議が六時から始るという事であったのは、竹崎さんが熊本から会議をやるから寄せといてくれという知らせがあったからです。それで、此の日は佐敷の坂本屋食堂で組合長の会議がありましたから、熊本に出てから県漁連に行ったということでした。午後六時になっても組合長が来られないので、自宅に電話して奥さんに尋ねて見たところ、熊本から佐敷では下りずに其儘水俣に下ったという事でした。それでその後になって組合長が水俣から戻って来られて、八時頃に会議が始ったのであります。

浜田秀義（指印）

前同日
熊本地方検察庁
検察官検事　北側　勝　㊞
検察事務官　橋本元一　㊞

供　述　調　書

浜田　秀義

昭和三十五年二月六日
熊本地方検察庁八代支部

前回に続いて申上げます。前回申上げた様に、十一月二日の日は代議士さんを迎えてから十二時近くに中食にしました。そして鶴木山の者は、警察の横の水俣川の堤防の所で昼食を食べました。

その後、午後一時頃になって全員集合という命令が出たので、又病院の前の道路上に各漁協組合毎に並びました。

丁度此の時、特別隊は前に出ろという声がしましたので、私は側(そば)に居た山元一に、お前も出て行けと云って前に出しました。此の時、鶴木山の私の組にはこの山元一、下田義光、下田定、山本力、岩崎義男が出ておりました。組合員ではありませんが、手繰り網の乗り子をしている若い者の、中村勝美、山本兼吉、山本義男も特別隊として出て行きました。

こうして特別隊の者を一番先頭にして、その後に各漁協の組合員が行き、最高幹部の竹崎さん、田中熊太郎さん等が乗っている車を先頭にして、わっしょいわっしょいと云ってデモをしながら工場に行きました。私は六ツ角辺りまで一緒に行ったのですが、年寄りで足がきつかったので一緒に従いて行くことが出来ず、そこから列から離れて工場に行きました。それで工場に着いた時は皆より四、五分遅れました。

私が工場の前に行った時は、既に工場の門は開けられて、漁民はわあわあと叫び声をあげていました。それで私も工場の中へ這入って行き、一番大きい事務所の様な建物のそばまで行きましたが、此の時は既に漁民連によって硝子は壊されており、事務所の中は荒らされており、漁民連は東門の方へ走って行っておりました。それで私は、此の様子を見ながらその付近を行ったり来たりし、それから暫くし正門の方へ戻りかけた時、最高責任者の乗っている車から、漁民は全部引き揚げろという声がしましたので、私も門の外へ出ました。

そして、水俣駅の広場の方へ皆集れと云われたのでその方へ行き、皆組合員が居るかどうか調べよという事でしたので、私の組合の者を集めて調べたところ、下田義光、山本義男、山本力、が居らないので、此の事を竹崎さんに知らせました。私は、この三人が居らないので、特別隊に出ていたので警察に捕ったものと思いました。

この事が一般の漁民に知れ渡り、漁民が検束者を返せと騒ぎかけたので、最高幹部の竹崎さんや田中さんが、「自分達が責任を持って受け取って来る」となだめかけたが、又いきり立って正門に押しかけて、既に閉められてあった門を打ち破ろうとして、橋の「らんかん」を壊して、門をそれで壊し始めた時に、「出て来たぞ」と云ったので見たら、山本義男と山本力の二人が出て来ました。その後、私の組の下田義光が帰って来ないし、また外の漁民も捕っているということであったので、警察が此の漁民を返すまで解散しないと云う事になり、その儘門の辺りに居ったところ、午後八時頃に釈放されて帰って来ました。

それで解散となり、百間港に行き、来た船で鶴木山に戻り、家に帰った時は午後十時半頃でありました。

その後三日程してから芦北漁協の役員会が開かれましたので、私も出席しました。此の時、二日の日に参加して怪我した者には傷の手当によって五百円、千円、千五百円、二千円の四つに分けて組合から見舞金を出し、治療費は全部組合が持つ、組合員が参加して特別隊に出た者は千五百円日当を出すということに決まりました。それで鶴木山の私の組の怪我人を調べたところ、宮石佐治男が頭にかすり傷を負って居り、山本義男は、右手か左手か忘れましたが硝子で切った様な怪我をしておりました。更に中村忠も山本と同じ様な怪我をして居りました。それで組合から宮石に五百円、山本義男に千五百円、中村忠に二千円の見舞金が出ました。また、組合員外で特別隊に出た、中村勝美、山本兼吉、山本義男に千五百円日当が出ました。

その後更に、此の二日の事件で会社側も折れて、補償金と立上り資金の名目で芦北漁協にも千六百万円出ました。これは、工場から全額一億円出たのを、二日の日の騒動で一千万円工場の損害を受けたのでこれを差引き、残りの金を漁協毎に分けたものです。

それで此の金を組合員に配分する事になり、打瀬網一隻につき九万円、地曳、手繰、流し網各一隻につき七万円、一本釣一隻につき五万円、体一本の組合員一人につき二万二千円と基準額を決め、それに漁協に専従している期間三十年から五年間の水揚高を参考にして各人の分配額を決め、私も八万六千七百六十円の配分を受けました。竹崎組合長は、此水俣病の問題で努力をしたという事で謝礼金として県協連から二十五万円貰ったという事でありましたので、芦北漁協からも配分額を決めた時二十五万円贈るという事に理事会で決めました。それで組合長は、此の件で合計五十万円の謝礼金を貰った訳です。

その後この事件の事で、本年一月に入って警察に逮捕される者が出て来ました。それで芦北漁協が、検束者等が出て来た時に使う金として、工場から出た補償金を貰う時に四十三万円配分を受けて来ていたので、此の金で最初捕った人の家族に対して五千円づつ渡しております。
以上申上げた通り間違いありませんが、今回の事件については、私も、芦北の漁協の理事として充分責任を感じて居ります。

浜田秀義（指印）

前同日
熊本地方検察庁
検察官検事　北側　勝　㊞
検察事務官　橋本元一　㊞

供述調書　浜田　秀義
昭和三十五年二月十四日
八代拘留支所

前回までに補足して申上げます。昨年十一月二日水俣の工場に押しかけて実力行使をするという話の詳細の打ち合わせは、知事さんの来られた十月三十一日の晩の役員会で竹崎組合長から話があったのでありますが、その前の役員会の時からすでに、工場に押しかけて実力行使をするという話は竹崎さんからも出ていたのであります。知事さんが来られる前日の十月三十日の役員会でも、すでに実力行使の線は打ち出されており、各役員も組合長と同じ強硬意見でありました。と申しますのは、その前からすでに一般漁民の間でも、工場を漁民の要求に応じないから、漁民全部で工場に押しかけて工場を叩き壊せという強い意見が出ていたからであります。

その当時は漁民全部、捕れた魚の値段も下って生活にも差し支える様になっていたので、私達役員も強い意見を取らざるを得なかったのであります。

〈問〉「十月三十一日の晩の役員会に、専務の島崎さんは出席していましたか。」

〈答〉「私は島崎専務も出席していたように記憶します。」

十月三十一日の役員会の議事録の署名者は、組合長が席上で指名するのであります。当夜は、私と石村郷吉君とが指名された様に記憶します。署名者と云っても、只、判は組合に預けてありますので、書記の方で適当に署名押印してくれるのであります。

十月三十一日の議事録の内容については、竹崎組合長が島本書記に、「有りの儘には書かないでおけ。」と云っておられたので、その晩の議事録の内容は私は読んではおりませんが、余りはっきりとは書いてないと思います。

浜田秀義（指印）

前同日於同庁

熊本地方検察庁

検察官検事　西岡幸彦　㊞

検察事務官　藤沢澄之　㊞

附記

この調査は不知火海総合学術調査団の仕事の一環として行われたものであり、竹崎正巳氏、島崎藤四郎氏、下田善吾氏はじめ多数の関係の方々の御協力を賜った。その方々に厚くお礼を申し上げたい。また、しばしば調査に同行していただいた最首悟、羽賀しげ子の両団員に謝意を表する。
〈なお、この研究が本学の個人研究助成及びトヨタ財団の共同研究助成に負うものであることを附記する。〉

（「東京経大学会誌」第一一九号〈研究ノート〉（一九八一年一月）所載）

近現代の二重の城下町水俣

――その都市空間と生活の変貌――

はじめに

水俣は明治二二（一八八九）年の市町村制の施行によって、士族や銀主層が居住していた陣内と商人層の町、浜を中心に、周囲の十七ヵ村が合併して、「水俣村」として誕生した。その時の人口一万二千余人、木材移出と製塩業を持った半農半漁の大村となった。

その辺いったいは不知火海に面した肥後と薩摩の国境に近い辺境である。その小さな町に日本窒素肥料株式会社（後の日本有数の化学会社「チッソ」）が、野口遵という外来の企業家によって設立されたのは明治四一（一九〇八）年、日露戦争から三年後のことであった。

その頃は、まだ水俣は旧代官深水家の一族深水頼資が村長をつとめていた時代で、中世以来の名家の深水家（戦国時代には水俣城主）と近世の惣庄屋兼酒造家の徳富家が権威を保持していた時代であった。村民は陣内の深水を「東の殿さん」、浜町の徳富を「西の殿さん」と呼んでいた。

外来の一会社にすぎない「日窒」のその頃の地位は、水俣川の河口にとりついた小さな「島」の客人程度

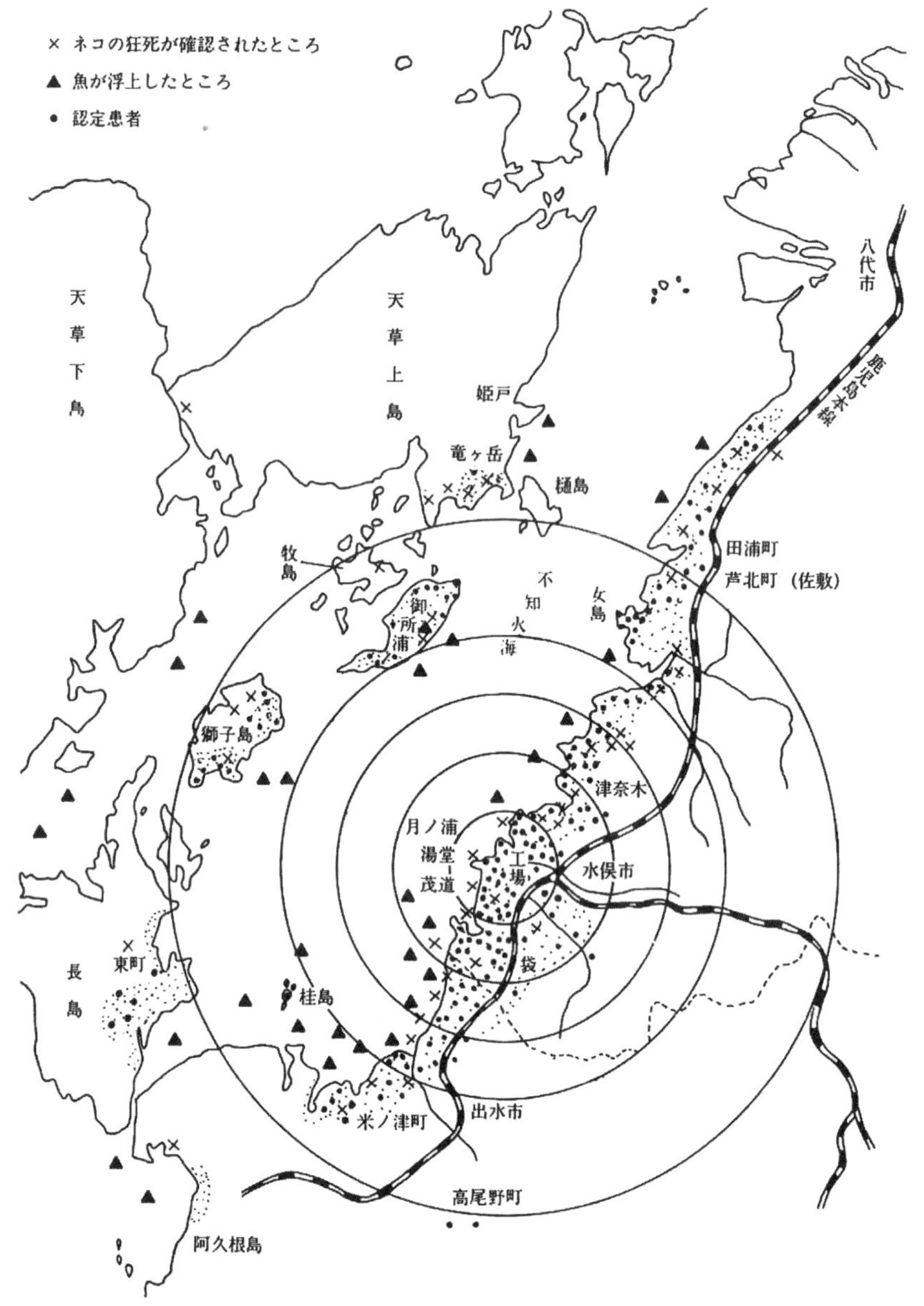

図１　水俣病認定患者分布及びネコの狂死、魚の浮上の地域分布
（原図作成・原田正純）

のもので、それが後にこの地域を支配する勢力になろうとは誰も思わなかった。そこに働く工員はしばらくは賤視の対象ですらあった（「会社勧進」と嘲けられていた）。

ところが、第一次世界大戦下の好況期を迎えると様相が一変する。「日窒」は工場の増設につぐ増設を行い、水俣の政界や財界にも大きな力を持つようになった。一九二七〜三〇年の昭和恐慌による不況にもかかわらず、水俣は急成長をつづける「日窒」（後に「新日窒」、略して以下「チッソ」と記す）を中心に大規模な都市改造を行い、一九四〇年代には人口三万人、一九五〇年代には五万人規模の工業都市にと発展した。しかも、単一企業の一元的支配による典型的な「企業城下町」を出現させている。それは東北地方の製鉄都市釜石市などと似たものであった。

私たちがここで特に水俣を取り上げるのは、深水城下町からチッソ城下町へと転換してゆく過程が、都市空間の変容の中に際立って看取できるからである。この都市空間の変容は同時に、水俣の近世から近代への移行をみごとに表現している。かつて水俣という共同体的世界が持っていた中世以来の流民空間や祭祀空間がその姿を消され、あらたな近代産業の空間と居住空間が形成された。しかも、新しい企業家たちが古い支配層の定住地をそのまま利用し、旧身分の階層による空間の住み分けをそのまま引き継ぐという、これまた伝統的な方法を採用して、地域支配のいっそうの効率化を実現するという特徴が認められた。

さらに私たちの関心をひきつけたのは、その地域の差別構造と差別意識の継承が、水俣病事件を拡大し、深刻化させる一原因となっていた点である。それはまた水俣川流域に生きる人びとの様々な社会史的なドラマを生みだした。ここには中心と周縁、定住と漂泊、伝統と近代、能率的技術空間と中世的ともいえる部落空間が混在していた。その混沌をひきずっての工業化、その亀裂を走る激痛として「水俣病」が出現したともいえる。

もとより水俣病問題をここで主題にするわけではない。それを懐胎し、生みだした環境と生活の問題を取り上げるのである。たしかに水俣病は人類が初めて経験した大規模環境汚染の事例として、広島や長崎と共通する黙示録(もくしろく)的な意味を持っている。それは近代工業が海という広域環境を汚染したことによって、魚貝類はじめ鳥獣類、ついには人類が、多数殺傷されるという悲劇であった。しかも、その汚染源が日本有数の大会社「チッソ」(新社名)であり、その毒物は「チッソ」が海中に垂れ流した有機水銀で、それを監督すべき行政がまた二〇年間にわたって黙認しつづけてきたということも明らかになっているのである。しかし、水俣病は「チッソ」と行政の加害行為だけのことだったら、今日まだ解決できないような大問題にはならなかったろう。まず、次の数字の対照を見ていただきたい。

一九五九年一〇月(厚生省による原因確認発表時)水俣病認定患者七六人(内死亡二九人、死亡率三八・一%)

一九七九年七月六日(二〇年後)同認定患者一五八三人(内死亡三二四人、死亡率二〇・四%、他に認定申請患者五九一三人)

一九八七年現在、申請患者総数約一万五〇〇〇人(内、認定患者約二二〇〇人、他は棄却、保留、未処分者)

一九六〇年に企業、医学者、マスコミが口を揃えて、「水俣病はこの年で終った」と発表しながら、二〇年後に認定患者が二〇倍にもなったというのは、なぜであろうか。未認定の申請者を含めると、じつに一、〇〇〇倍にも増加したのは、いったいなぜだろうか。

この三〇年間、最も誠実に水俣病の解明と診療にとりくんできた熊本大学医学部の原田正純助教授の声を聞こう。

この当時（昭和三五年ごろ）、魚が浮上したり、ネコが狂死した地区は不知火海全域にわたり、熊本市からネコを連れていってこの地区で飼育すると三〇〜六〇日で発病したのである。今日、実験的にネコを一ヵ月で発症させようとすると実にネコの体重一kgあたり、一mgのメチル水銀が必要であった。このような濃厚な汚染の中に人々は住んでいたのである。その数は、二市八町村で約二〇万人である。その半分が仮にネコと同じような汚染にさらされたとして一〇万人が発病可能な人たち、水俣病発生の母集団といえる。まさに、有史以来の大規模な環境汚染である。このような大規模な産業廃棄物による環境汚染事件が今までにあっただろうか？（原田正純『水俣病にまなぶ旅』[1]）

1968（昭43）年

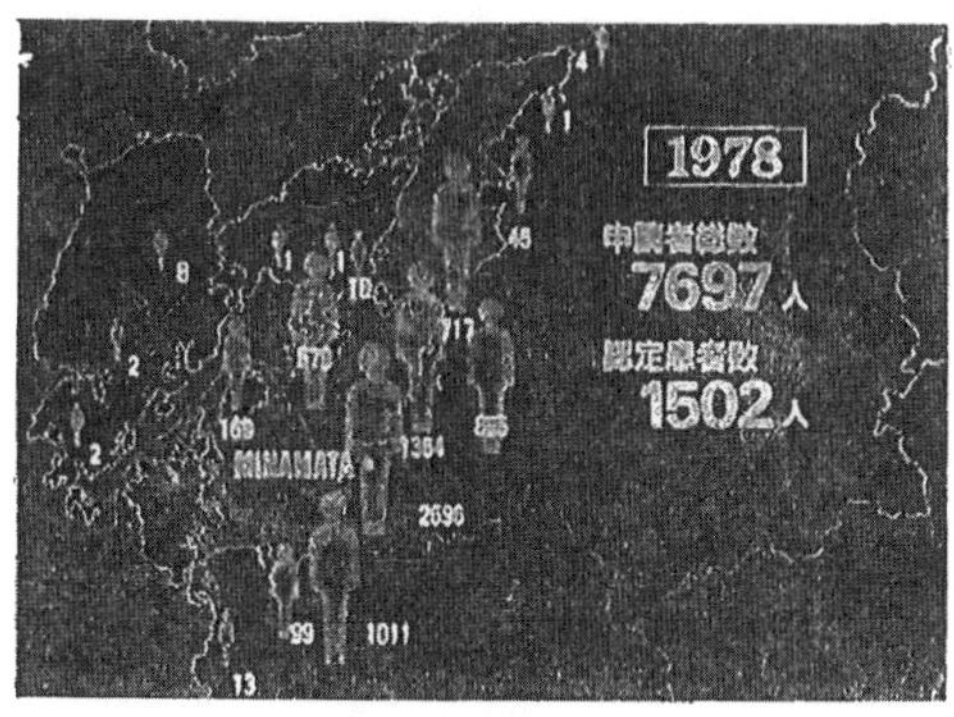

1978（昭53）年

1986（昭61）年

写真１　水俣病患者の推移
（映画「水俣病――その30年」より[2]）

医学としての水俣病は有機水銀による疾患であろう。だが、それを海浜地区に集中発生させ、その被害者である患者たちを住民が地域ぐるみで差別し、それが農山村や都市部にまで拡大することを放置させた原因は他にある。こうした大規模汚染の第一の原因は、あくまでもチッソ会社の体質にあったが、その体質を許していた地域社会の側にも問題があったことを認めなくてはならない。そこに留意して私たちは、この社会複合病としての水俣病の発生、拡大の原因を、本論では都市空間、都市生活（それは周縁部の半農・半漁村民の生活構造と関連している）の視角から分析し、考察してみようというのである。

一、水俣における都市空間の変容の三段階

私は水俣の町には三つの大きな変化があったと思う。

一つは一九三〇年代に古い水俣川が埋め立てられ、新しい川筋がつくられたことによる。水俣は水俣川の股、「水股」といわれたほど昔から水に縁の深い所だった。湯出川（ゆのつる）と水俣川との二本の川がこの町で接するようにして海に注いでいた。江戸時代に大きな洪水があり、川筋に変化が起って二つの川が下流で交叉し、別々に海に注ぎ、その砂洲（さす）に浜の町が商人町として形成された。

それ以前の水俣は江戸中期の鳥居（とりい）文書の絵図を見ると、陳（ちん）の町（陣内（じんない））が中心で町並は東西に約四町、その中ほどに御会所（ごかいしょ）があり、その左右に道をはさんで間口の狭い、奥行の長い商家がぎっしりと並んでいた。

その町のつくりは今でもあまり変っていない。市（いち）が立ったのはその陳の町である。

そして会所に集められた上納米は、水俣川の本流を下って洗切（あらいぎり）の港から舟津（ふなつ）の水夫によって肥後藩の倉庫

に運ばれていた。それが、浜の町が形成されてから浜の商人の手に流通の業が移り、陣の町を凌ぐ賑わいがここに起った。浜の商人は水俣川の奥の肥後境の木材や薪炭のほか、水俣塩田の塩などを島原や佐賀、長崎、福岡方面に出荷するようになる。徳富本家の北酒屋などが浜に立派な邸宅をかまえて、「西の殿さん」とよばれるような勢力を誇ったのはそのためである。[3]

明治の産業勃興期に入って、背後に大口金山などを持つ水俣は文字通り水俣川流域の港町として交易に活気づく。河岸には不知火海を渡ってきた帆船や川舟が入りこんでもやい、永代橋のあたりは荷揚げの仲仕や商人たちで大いに賑わった。ひっそりとしている今の水俣川からは想像もできないような光景があった。そのころ人びとは河

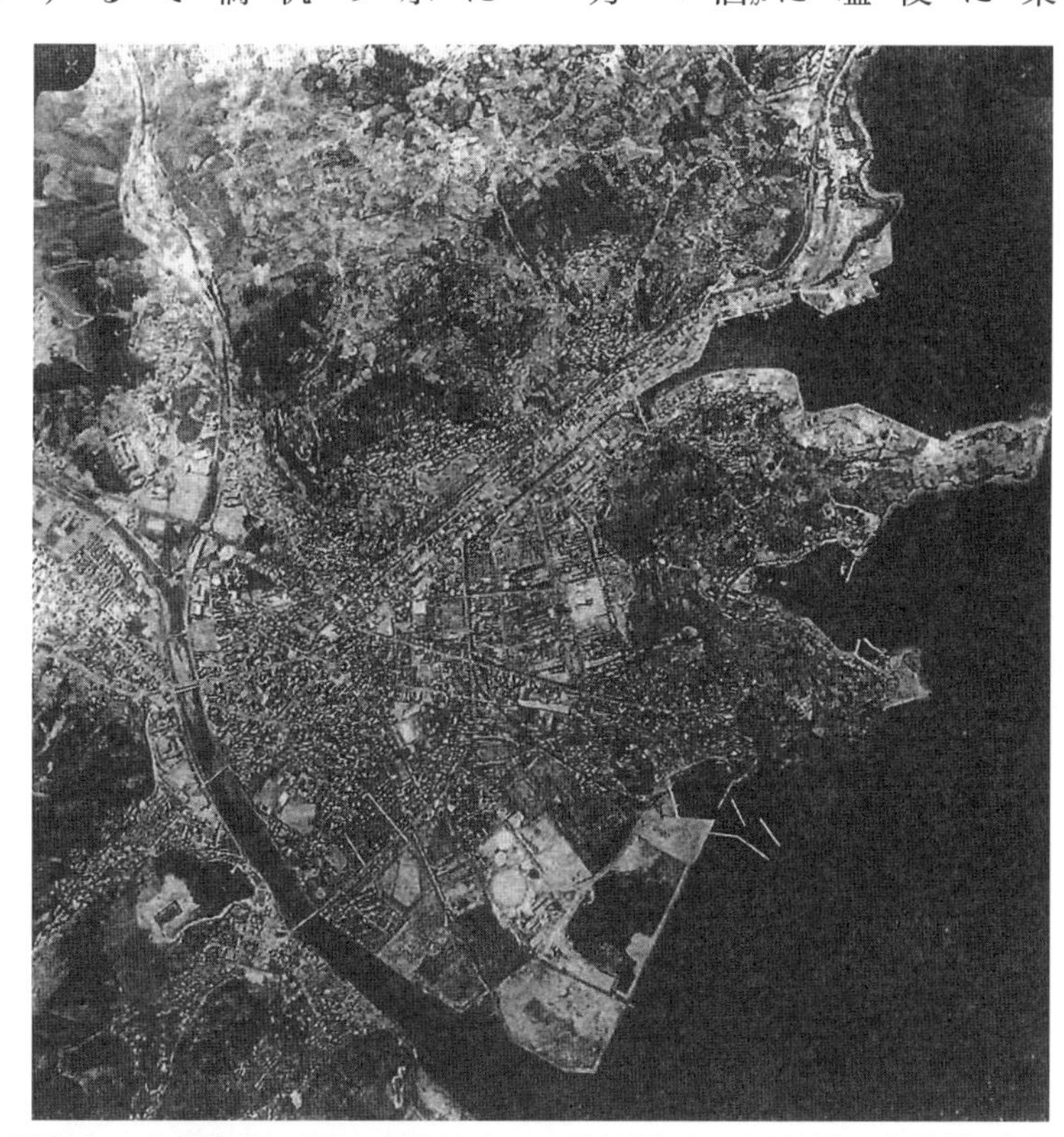

写真２　水俣市街。川の合流地点の右岸が陣内、反対側の密集地が浜町

岸に向って家を構え、川に対面して暮らしていたのである。

それが一九二〇年代、大正時代の中ごろ、日本窒素肥料株式会社（略してチッソ）が発展期に入ってから、様子が変ってきた。まず三五ヘクタールもあった塩田をすっかりつぶした上に、豊富な電力をチッソの手で供給するようになったため、北九州の石炭と南九州の木材の交易が減少していった。かつての川筋の活気にかげりがきざした上に、水源林の急激な伐採がたたって水俣川はしばしば洪水に見舞われるようになった。その洪水のたびに会社の倉庫が水びたしになったり、浜町が浸水したりした。橋の流失も頻繁に起った。そのころから都市改造の話が持ち上っていたのである。

一九一九年と二三年の洪水につづいて一九三二年（昭和七年）にも大洪水が襲った。それをきっかけに、昭和七年の十二月、ついに水俣川改修の大工事が開始される。つまり、これまでの二つの川の下流部分を埋め立て、川筋を北に大きく移して、これまで三方水に囲まれていた浜の町を陸つづきにしてしまう。そのため永代橋は姿を消す。また代って、新しい市街地と港がつくられる。それは結果として水俣が川に向って暮す〝流域の町〟であることを止めることであった。

写真３　旧水俣川の舟運のにぎわい（1932年以前のせり舟の時）（水俣市立図書館蔵）

写真４　水俣川の洪水時の永代橋（1923年）（水俣市立図書館蔵）

これまでの物流の幹線であった川筋は遠く市外におしのけられ、代って鉄道と国道が川を断ち切って水俣の物流の動脈となった。舟運から鉄道と陸路への転換の時代、それがそのまま近世的な街を近代的な都市へと変えてゆくことになった。水俣の都市景観はこれを境に一変する。さいわい今、私たちは明治・大正と昭和初期の写真を見ることができるので、古老の話とあわせて昔の水俣の姿を復元することができる。

これを類型化してみると、水俣の町の中を流れていた二つの川をX状からY状にあわせて、別に水路をつくり、市街地の外（北側）へと追い出した形になる。その結果、新しい埋立地を得て海の方向に市街地がひろがり、チッソ会社の新工場の建設、百間（ひゃくけん）港の整備などもあって、水俣の町の中心が、会所のあった山手の陣内から工場寄りの臨海部に移動する。そのことは古い城下町的な水俣が新しい企業都市にと姿を変えることを意味した。

第二の変化は、チッソの企業城下町としての完成である。水俣の都市空間は完全にチッソ会社中心にデザインされる。新しく増設されたチッソの大工場は

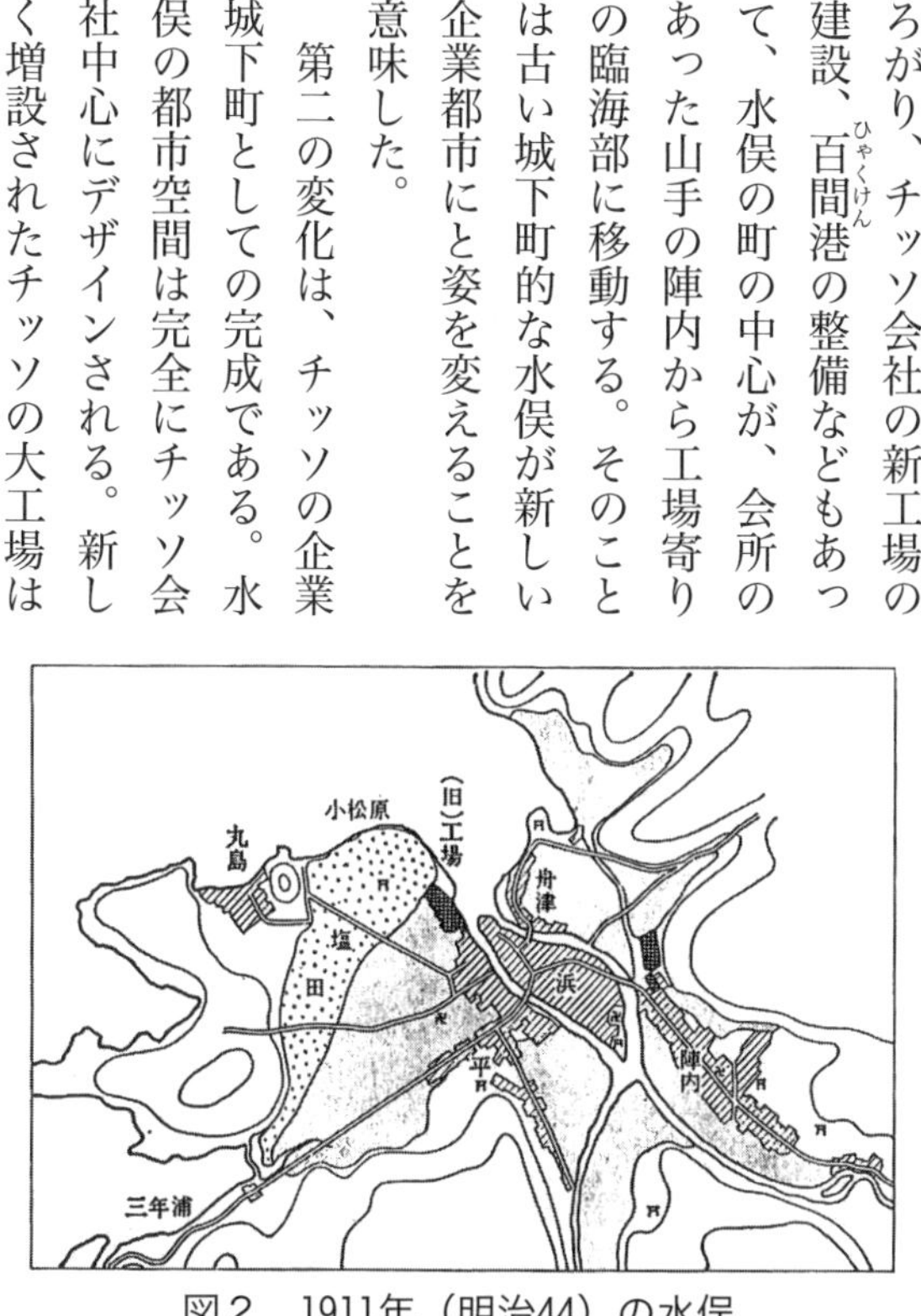

図２　1911年（明治44）の水俣

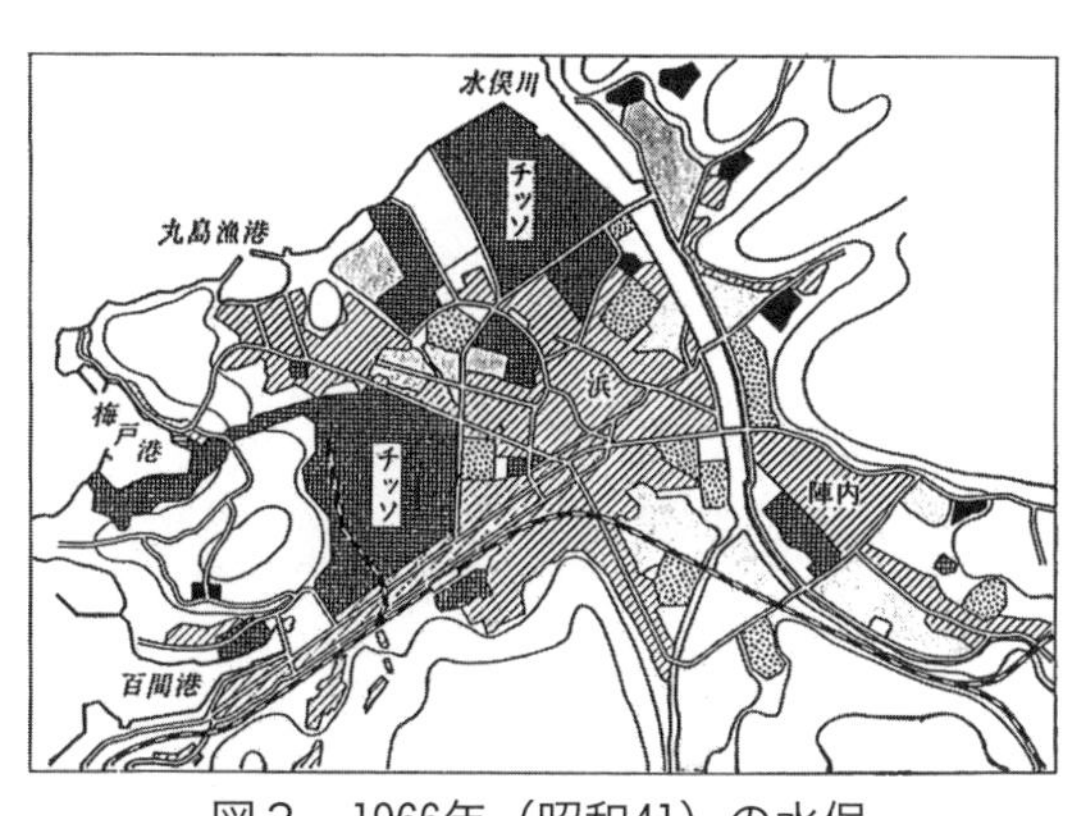

図３　1966年（昭和41）の水俣
（1981. 10. 5『九州の企業都市』所載地図に加工）

国鉄水俣駅のまん前に正門を開き、全市街地の四分の一近い平場の土地を占有する。さらに入江や海岸をカーバイトの残滓や産業廃棄物によって次から次へと埋め立て、広大な敷地を造成し、水俣を海に向って方形にいっそう突出させる。その変化の痕跡は航空写真で見ると明らかである。

海岸線に際立って見えるのは水俣川河口部を占める「八幡プール」とよばれる広大な埋立地である。ここはカーバイト残滓や重金属廃棄物の捨場であったが、チッソはそこに関連会社の新日本化学工場を建設する。そしてその手前にびっしりと長屋式の工員住宅を密集させた。海岸線に沿って南へ下れば、かつての水俣市民の憩いの場であり、不知火海でも屈指の海水浴場といわれた亀首の浜を埋め立てた「亀首プール」がある。そしてリアス式の二つの景勝の岬の間にチッソ専用港梅戸港がくっきりと浮んで見える。

また、一企業のために国際貿易港の指定をとり、税関まで設けられた水俣港（百間港）は、チッソ工場の

図４　明治大正期の水俣（砂田明作画①）

図５　侍部落からチッソを望む（砂田明作画②）

排水口（百間水門）に始まっており、しばしばその廃棄物の垂れ流しによって水深を失い、使用不可能となったが、その港の貨物の大半はチッソ会社関連のものであった。つまり、水俣は海岸部はほぼチッソ会社の独占的な支配下に屈服していた、そういう景観を持つのだ。

水俣川には一隻の船影も見えない。そのはずである。河口部を扼するようにチッソ工場へ送水する太いパイプが横断しており、帆柱を持つ船は通行をさまたげられる。空中から見る他所者の目には、この景色は一私企業の公益を無視した横暴な姿としか映らないだろう。水俣川はチッソ城の外濠にされており、その大半の取水権もチッソの手に独占されているという。

目を工場に注ごう。この広大な敷地の地名は社長野口遵の名を採って野口町という。固定資産税は隣接地の三割程度といちじるしく安い。その周囲は内濠のような堀で囲まれ、水をたたえて外部と遮断されている。いかにも領主の居城のようである。

そして、その城主（工場長）や上級家臣たち（大学出の高級社員）の住宅は、「陣内社宅」といい、水俣の一等地（元

写真５　チッソ工場を囲む外濠（常には水がたたえられている──環濠式）

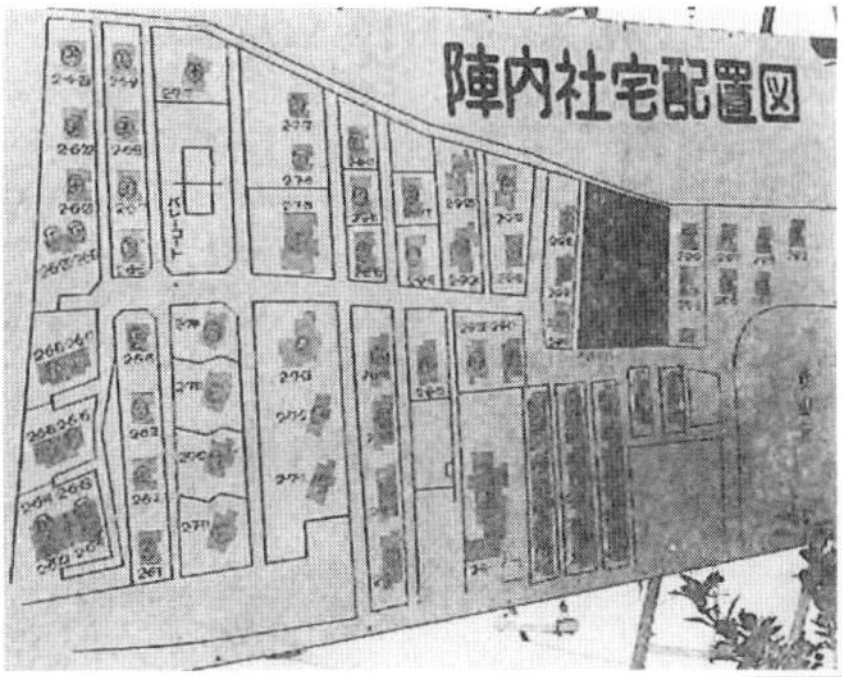

写真６　陣内住宅

の水俣城主・深水一族の敷地）に工員たちとは隔離されて立地、建設されている。これに対して工員たちの長屋は、かつての水俣の最下層民が住んだ舟津、八幡の先の低地（埋立地）に密集して建てられている。こうした身分差別的な景観を見て私たちは企業城下町というのである。

第三の水俣の都市空間の変化は、水俣湾を今、埋め立てていることによって進行している。これは一九七三年（昭和四八）以後、一〇年計画で始まった、国と県とチッソによる水銀ヘドロ処理事業である。汚染された海域一五三ヘクタールの泥土を浚渫し、五八ヘクタールの海面を埋め立てようという大工事である。

今、この二〇ＰＰＭ以上の水銀値を示す汚染地域に魚が入ってこられないように恋路島の外側まで仕切網を張っているが、私自身が一九七八年八月に潜水して観察した結果では、小さい魚は網の目から自由に出入りしていた。また、大きな魚は船の出入口（仕切網の開口部）から威嚇音波を尻目に悠々と出入りしていた。港の奥は最高水銀値二〇〇〇ＰＰＭを記録した最汚染区域だから、この有機水銀を含んだ汚泥やプランクトンを体内に吸収した汚染魚が湾内から出て、不知火海を遊泳し、漁獲の対象になっている。そのことは今でも否定できないであろう。

写真７　埋立工事中の水俣湾と恋路島（1987. 11）

その抜本的な解決策としての水俣湾埋立て事業であろう。だが、浚渫による第二次汚染の危険があるため、一部住民や患者の抵抗を受け（工事差止めの仮処分が申請された）、結局一九八三年までに完成せず、さらに六年間事業計画が延長された。完成までの総経費は一〇〇〇億を越えるという。

一九八七年十一月現在、工事は急ピッチで進んでおり、すでに百間港は完全に消滅していた。また、水俣湾に浮ぶ美しい島、恋路島は明神崎からの堰堤が延びて陸続きになった。これが完成した暁には、水俣の町の中心軸はさらに南に移動しよう。平地の少ない水俣にとっては新しい広大な土地と新しい港が開発拠点になるからである。すでに熊本県知事や水俣市長らは、この新造成地に緑と太陽の憩いの公園をつくり、その中に水俣病資料館を建てるとか、無公害のハイテク産業の新工場を誘致するとか、一大臨海リゾートの基地づくりにするとか、夢のような構想を打ちあげている。

しかし、ここに住み、惨苦の情景を見てきた水俣住民の目には、海を埋め立てたこの新造成地は、おびただしい生類や人命を奪い去った〝呪われた墓場〟のようにも見えたであろう。また、その土を少し突つけば膿のようなものが滲み出てくる。そんな所で、とても恋や詩など語る気持になれないというであろう。あるいはまた、古き良き時代の水俣を知っている老人たちは、また一つ、思い出深いふるさとの豊饒の海が消えることを嘆くであろう。

「近代」によって水俣川を失った水俣が、こんどは水俣湾をも失おうとしている。そのあと、どんな水俣が果して出現するのか、それは市民生活をどのように変化させるのか。夢物語を別とすれば、だれにも今、はっきりとした見透しを述べることはできない。

とにかく今世紀に入って、わずか六〇年の間に三度も外観を一変した水俣のような都市は珍しいのではないか。そしてその主因が、外来のチッソ会社にあるということは、もともとここに住む地五郎の住民からすれば、何という苦い、複雑な想いであろうか。（なお資料としてここに掲載する写真は、特別の個人が提供してくれたものの他は、水俣市立図書館に保存されている戦前の水俣の写真と、一九八七年一一月に私が撮影した新しい写真である。）

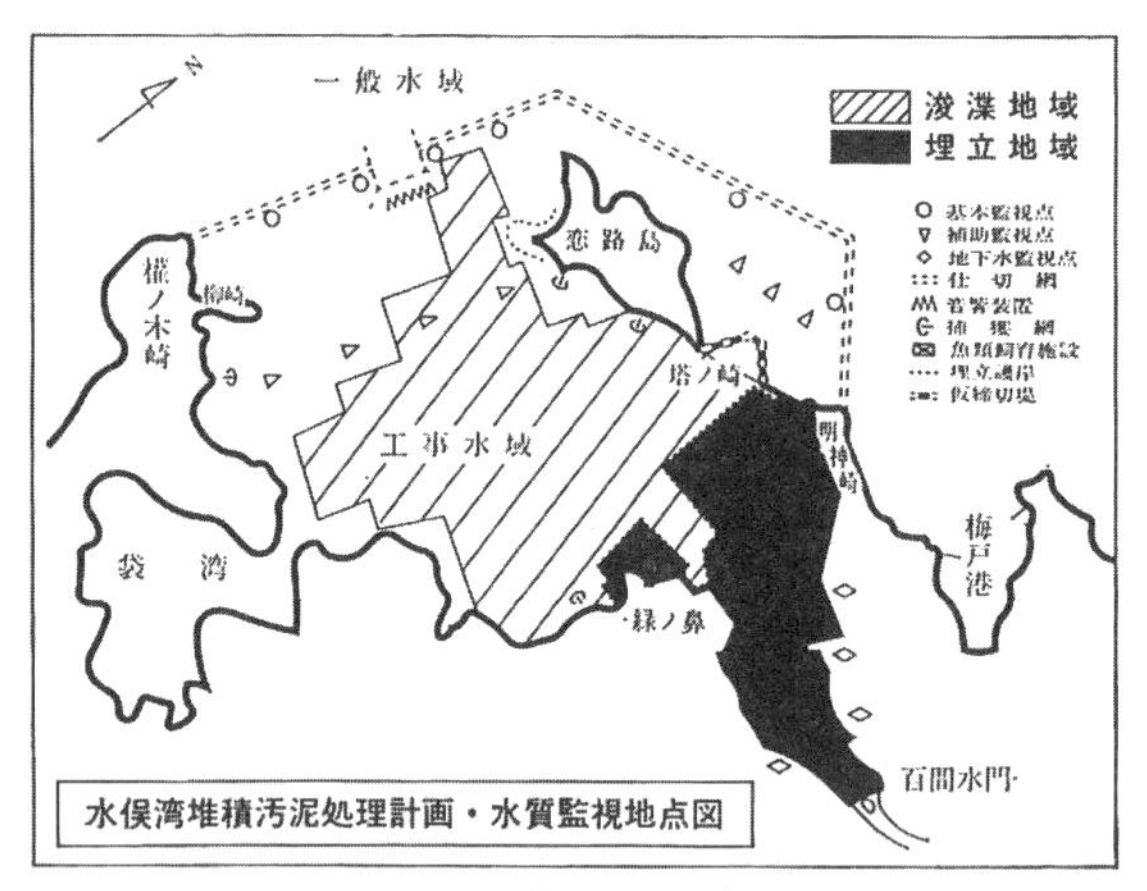

図６　汚泥処理計画概要図

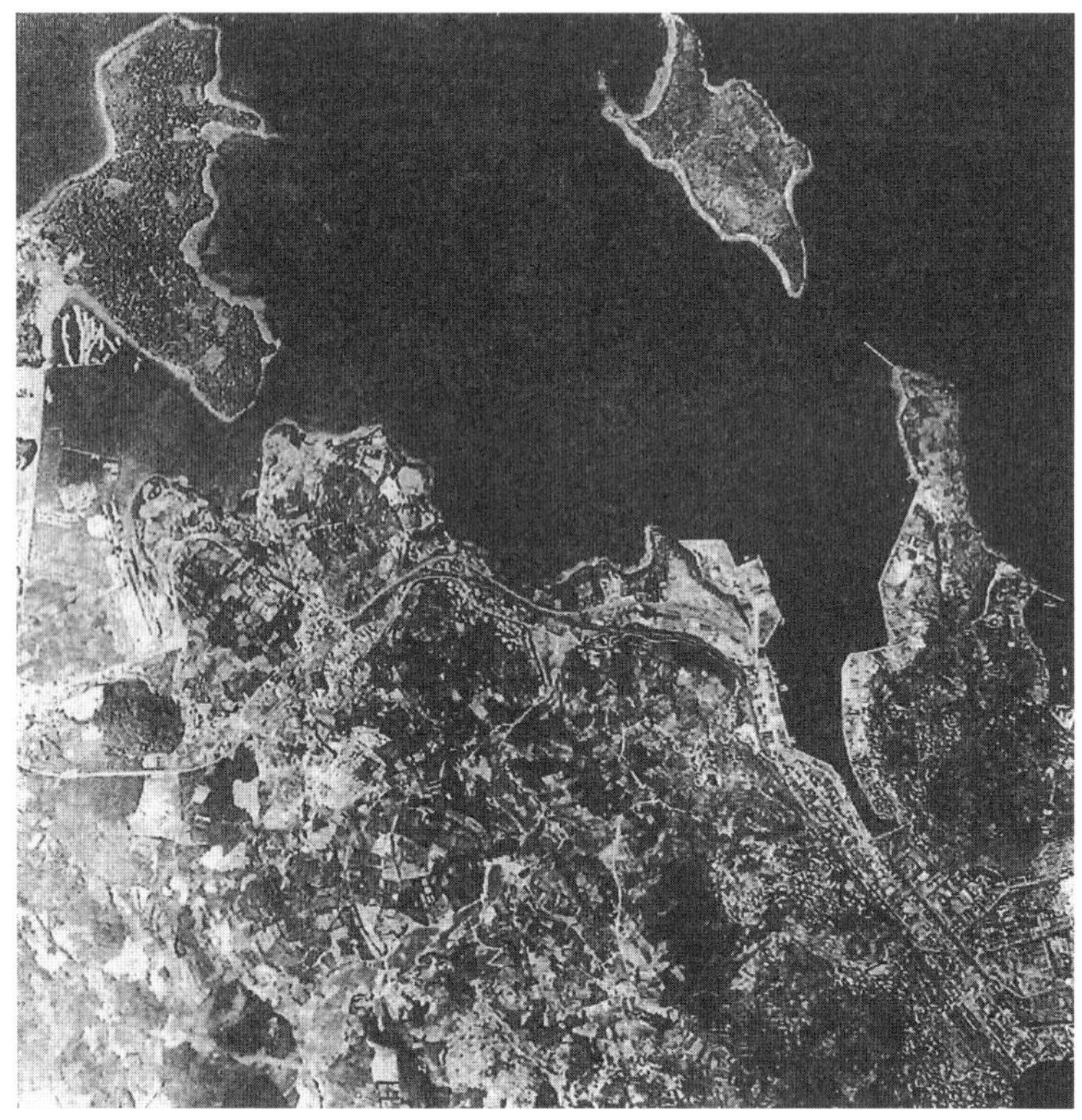

写真８　空から見た水俣湾――今、この海が消えてゆこうとしている

二、深水城下町の空間からチッソの企業城下町へ

――水俣は肥後の最南端で、直ちに薩摩と境を接してゐる。前には海をうけ、後に山を負つてゐる。熊本から二十五里、鹿児島から二十八里といふ。謂はづ先づ双方の眞中であらう。上古よりの驛路にて、延喜式（延喜五年・西暦九〇五年）にも記載せられ、駅馬五匹と掲げてある。（中略）

水俣は大なる部落にて、山手の方は陣内若しくもは陣の町と名付け、海邊の方は濱村といひ、その他種種の小字が少からずあつた。（中略）

山手からは材木とか、炭とか、薪とかを出し、濱邊には鹽田があつて、百姓は片手間に鹽を製造してゐた。鹽は大概隣りの薩摩に送り、薩摩から籾、粟等の食料品を輸入してゐた。平地は水俣川を挟んだ両岸に広がつてゐたが、左程廣くもなく、その周邊は小高き丘若くは山となつて、概ね畑に開墾されてゐた。（昭和十年刊『蘇峰自伝』）

徳富蘇峰が記すように水俣は大きな村だったが、陣内は代官所（会所）があったため早くから小さな城下町風の面影を持っていた。陣内・陳の町は、細川藩家来の会所・深水家を筆頭にして、士族や地主・銀主層（金貨）が居を構えていた。この深水家というのは中世以来、相良氏に仕えた豪族で、戦国時代には水俣城の城主として薩摩から侵攻してきた島津義久の大軍と激戦し、天正七（一五七九）年には、苦労してこれを撃退したという。深水吉左衛門長智である。(4)

その後、水俣・芦北は島津に占領されていたが天正十七年、豊臣秀吉が島津征討のために南下するや、深水ら相良氏の旧家臣群は決起し、秀吉軍を芦北に迎えいれた。深水吉左衛門長智はその戦功によって水俣城代に起用された。さらに徳川の世に変るや細川家から水俣手永代官を命ぜられて、その所領を安堵された。

以来、約四〇〇年、深水家は水俣の「殿さん」として権威を保ちつづけたのである。

明治維新の前後には、この深水家と共に徳富家が肥後の政界に実学党の指導者として頭角をあらわしてくる。徳富家は隣接する津奈木手永の惣庄屋であったが、浜村に住んで酒蔵業をいとなみ、陣内の深水に対して「西の殿さん」とよばれるようになった。この両家が経済的に没落し、水俣で力を失うのは一九一〇年代になってからである。代官深水と徳富は水俣の名家没落劇の恰好の立役者となり、今でも住民たちによって面白い民話として語りつがれている。

(1) 陣内(じんない)から浜町(はまちょう)へ——中心街の移動

明治から大正初期にかけての陣内はまだ水俣の中心であった。この町は上(かみ)町、中町、下町、新町とあり、分限者(ぶげんしゃ)(資産家)ぞろいの「銀子(ぎんし)」層は上町に住んでいた。会所の深水を中心に、油屋(あぶらや)の小柳、反物屋(たんもの)の岩崎、久木野(くぎの)の大地主の浮池(ふけ)、醤油業の万屋(よろづや)、徳富の分家の新酒屋(しんざかや)、それに松本医者の吉田屋など、また新町には後に水俣一の勢力家となる深水吉毅(よしたけ)(別の深水家)、それに橋本の園田(そのだ)、少し離れて平(ひら)の部落に平野屋の緒方(おがた)などが集まって暮していた。

この人びとは交替で村長や町長になったり、議会を裏から動かしていたので、「陣の町内閣」という言葉があったほどだと、古老はいう(松本尚次・明治一八年生、増田吉治・明治二三生、談)[5]。やがて日本窒素肥料株式会社(チッソ)は、殿さん深水の地所を買収して高級社員のための陣内社宅を造り、エリート社員専用の陣内クラブを建てる。

つぎに浜町である。ここは主に商人の居住区で、西の殿さん徳富の本家や、徳富から分れた前田家などの広い邸宅があった。チッソはその一廓を買収して、やがて浜倶楽部として利用する。前田家の刀自で、水俣の語り部ともいうべき前田千百（明治三〇年、一八九七年生）は私たちの質問に次のようにこたえている。

　徳富家の直系は長範ちゅう人が十五代目でした。その人は失敗から失敗になって、米ノ津へ行って、役人をやってましたね。小柄でとっても人に丁寧な、人格者みたいに私達考えとりましたけど。商売気がないから、ただ落ちぶれてしまったんですね。水俣の村長は初代が深水頼寛さんで次が徳富長範さんでした。私の父は頼寛さんの時代に何か役職についておったらしいです。

　で、水俣日新町がありますね、あれ一帯はずっと徳富家のなんだったらしいです。そして日新町は徳富家が自分の土地をつぶして道路を作って。あとじゃもう県道、国道になりましたけれど。だから日新町と名前付けて、そういうことを私達小さい時に両親から聞いています。

　いまの田上病院の一画はずっと徳富家と前田家のな

写真９　徳富家の邸跡

写真10　チッソの浜倶楽部

んでした。浜倶楽部はですね、徳富家のワカサレ（分かされ）、ご縁宅って昔は言いよりました。そしてもうありませんけど、お観音さんがあったんですよ。いまで言いますと、図書館（徳富太多七が起こした水俣書堂）みたいにして本を集めたらしいですもんね。佐敷あたりから勉強でもしたいような人はわざわざ水俣までその本を見にみえよったとか聞いています。

あとでは田上病院に谷川眼科がしばらくおりました。長男の方は健一さんといって、小学校へ入る前に『少年倶楽部』かなんか、どんどん読みなさるちゅうて神童といわれましたもん。第二の蘇峰さんだなんちゅうて。二番目か三番目の弟さんは共産党の、雁さんですか。みんな良い人ですばってんね。八代からこられたでしょ。外から来た人ですけど、やっぱりああいう人達はつながりを作りますね。私の親戚に尾上ちゅう内科がおりましたけど、尾上の先代は水俣の有力ななんでして、そういうところと近しくてね、とても。[6]

浜町は水俣川と湯鶴川という二本の川にはさまれて、その河口部分にできた砂洲の上に発達した集落で、幾つもの橋で陸地に結ばれている。従って住民は川に向って住み、川と共に暮してきた。この浜町のいちばんの中心は永代橋付近で、ここに商家や問屋、医院や寺院などが集まっていた。明治・大正の写真と地図を参照すれば分るように、水俣の交易はここを舞台として行われ、天草や島原や長崎、博多などからの船もさかんに出入りしていた。徳富家の日新町はこの砂洲の北側に位置していたのである。

この日新町が陣内の商店街に代って、大正の初期まで水俣商業の中心となる。そのあと昭和十年代までは浜町が中心であったが、終戦後、旭町から駅通りが急速な発展を見せる。つまり水俣の商業の中心は時代と共に東から西へ西南へと移動したのである。[7] 現在ではチッソの元生活協同組合が経営する水光社デパートと寿屋デパートとを結ぶ線に水俣の繁華街が形成されている。

日新町や浜町が地盤沈下した原因は旧水俣川が埋立てによって消滅し、川と向いあって生活することができなくなったところに求められる。つまり、河川流域の町であった近世以来の水俣が、川を棄てて、港湾と鉄道と道路で生きる新興チッソ会社の企業都市にと変貌したからである。

まだ石炭窒素工場が水俣川河口で操業を始めていた一九一〇年代は、浜町や対岸の大園(うぞの)、古賀地区は物資の集散で活況を呈し、下流の両岸には出入の貨物をはこぶ和船の帆柱が林立し、そのため幅一〇〇メートル近くもある水俣川が満船の盛況を呈していたというのである。

そのころ活躍したのが川仲仕(なかし)である。その一人の中村藤之吉（明治二四年生）は語っている。

仲仕の仕事ち、言うとがですな、カーバイトが五千箱なら五千箱、石灰窒素が一千箱ち、問屋が言い

写真11　埋め立て後の浜町の通り（昭和10年代）

写真12　にぎわう浜町の中心。永代橋　橋は庶民の集いと祭りの場（昭和初年、水俣市立図書館蔵）

ますどが。そうすっとトロッコに二十五箱づつ石油箱ば積んでですな、押しやる者な押しやる、船に積む者な、スラセ(ブレーキ)ば掛けとって載せる、船に乗っとる者な、下から取って積むして、十四、五人な掛りよったです。そうしますと地方の雑貨がですな、帆船で熊本から主に来よりましたが、味噌でン醤油でン、商店に売る品物な、マッチ、酒、焼酎、穀類が小豆、大豆、麦ち、来よりましたろうが。潮の干って岸まで船の着きまっせん時は、寒か時でンなんでン、胸まで水の中に入って行たっとって、船からブロック積んで肩に乗せてくるっとば担げて上りよったです……そうすっと、今日は樟脳の荷造りじゃ、今日はエキスの荷造りじゃ……、炭の荷造りち……私共、二〇〇やれば、もう腰の痛うして能さん(堪らない)でありおったっです。そやつば船積みして長崎持って行たっ、二俵ばまた重ねて一俵になして、長崎から上海あたりさン(に)行きよったっです。そげンして積むのに何人、今日は炭の荷造りがどしこやっで何人、地方の配達に何人、米出しが何人ち言うっ、行きよったです。(中略)

(当時、旧工場の真向いに、河口をはさんで漁村部落の舟津があった)。

此ン舟津に、五、六万斤積む帆船のいっぱい居って、古賀下の塘から、いつもどんどん三角さン積んで出ますどが。……旧工場の出来たために、出船、入船も増ゆる、料理屋(淫売屋)も賑いよったです

写真13　昭和初年の舟津と古賀――水俣川河口
(水俣市立図書館蔵)

たい。製缶じゃ、鋳物じゃち、他所から来とる、職工共がなんじゃかんじゃ、飲会ばかしやりよりましたろうが、それで淫売買は多かったです……昔は大園の塘が色街で、其処に蕎麦屋がありよりましたもンじゃっで、もう矢声掛けつ、みんな青年の走って行きよりましたったい。……昔はもう、五〇銭あれば、それこそ泊ってよかったっです。(8)

(2) 地域の差別構造――その焦点・八幡舟津

水俣はその居住区域にはっきりとした身分的な差を持ち続けていた土地だった。その序列は、陣内を最上層に、次が浜町、その下に漁村地域の丸島が位置し、いちばん下層に舟津が見られていた。舟津は水俣川河口の海に突き出た小さな集落で、隣接する洗切の部落とも隔絶していた。元チッソ労組員で水俣病に関して舟津をくわしく調べたことのある花田俊雄氏（大正一〇年生れ）は、右の水俣の地域序列を次のようにまとめている。

結局、舟津が蔑まれとった、一番下にあった。陣内あたりは銀主殿が多かったし、浜は商売人でソツがないし、水俣で順番をつければ、陣内、浜、丸島、舟津。その下が人間じゃなかった〝エッタ〟、そういうような順番じゃなかかな。死人焼場で死人扱う人たちなんかを〝エッタ〟ち、いいよった。（近世以来の差別の歴史用語では「穢多」と表記されている。）

その住民の暮らしぶりを花田氏は活写される。

昔の八幡舟津という部落は、道路はせまく、軒先は人の頭のあたりまで低く、道路に突出し、泥壁作りで、何十年も葺替えしたことのない藁葺の屋根、あちこちに雨漏りの修理のためのトタンの切れ端しが差し込んである。
　ガタガタの板の引戸をあけ、一歩屋内に踏み込むと、床は低く、三角形にとがった天井のあちこちから、細い太陽光線がタコ糸のように、同じ方向に流れている。床に敷かれた物は、むしろであり板張りである。泥壁には灯取り(あかり)に、一尺四方ぐらいの穴が三、四ヶ所あり、外便所に通ずる引開け戸と、出入口のほかは光線が入らない薄暗い屋内である。（中略）
　道路を通ると老人が多く、通りの軒下で、かがみ込んで通り過ぎる人々を、ものうげに見上げている。この通りにも、屋根の高い、瓦葺き、白壁造りで、表通りに面した方には格子(こうし)をはめた、どっしりとした家が二、三軒ある。網元の家である。百戸近くの舟津の部落を支配した象徴なのであろう。[9]

　この舟津の網元は伊藤家や蓑田(みのた)家で、豊かな暮しをしており、「舟津の殿さん」として水俣の上流の人達ともつきあいがあった。しかし、言葉や血統の問題で、どこか差別されていたという。

　この舟津の氏神が小さな為朝(ためとも)神社である。水俣出身の民俗学者谷川健一氏は、この為朝神社のご神体を調べて芭蕉布であることを発見し、この部落の先祖が、はるか南の島から海を越えて渡来した民ではなかったかと推測した。ところが、水俣の住民は為朝が韓(から)の征伐に行ったとき、連れて帰った異民族の子孫であるかのように伝説化し、差別したのである。


　八幡様の近くが舟津で、あそこは最低でしたもんね。私達小さい時、為朝さん（神社）がありますね、為朝さんが朝鮮から（舟津の人達を）つれてこられたって説があったです。なんとなく人相もちがって。いまは皆さん教育受けとりますでしょ、おばあちゃん達の時代と変って言葉も普通弁ですもんね。以前の舟津の言葉はそれこそあたし達も通じません。

　「本当に」ち言うことを、「あんでふんゃー」ち言いよりましたよ。私ら子供時代、まねしよって「あ

んでふんゃー」ち、それがどこの言葉なのか、ね、ようわかりませんが。（前田千百、明治三〇年生）

舟津は、昔は「唐舟人」ち、言いよったですたいな。唐から渡った唐舟人ち。鎮西八郎為朝さんがな、唐に戦争しに行った、そん戻り、連れござったそうですたい。（中村藤之吉、明治二四年生）(10)

「唐」は「韓」なのかもしれない。とにかく、舟津の人は言葉も違えば顔つきも違う。「舟津顔」といって一目見ればすぐに分る、と古老たちはいう。白子、赤毛、みつ唇の子供たちが多いというが、それは多年差別、疎外されてきたがゆえに、同族結婚を重ねて、血が濃くなりすぎた結果であろう。そういう現象は舟津だけに限らない。水俣周辺の閉ざされた漁村集落にはしばしば見られる現象だからである。これを「血統」として忌み嫌う社会意識が、やがて「水俣奇病」とむすびついて、新たな地獄相をこの地上に生みだすのである。

奇病ちゃ漁師もんが多かったい。大体漁師ち言

写真14　八幡宮と舟津の舟だまり（花田俊雄画）

写真15　舟津の氏神・為朝神社

えばなぐれ（漂泊・流れ者）で他者（よそもの）やろが！

湯堂、茂道、月の浦、丸島、舟津、みんな貧乏人のなぐれの漁師風情（ふぜい）でしょッが。あっだども弱った魚をどしこ（たくさん）喰べて奇病になりよった、これは事実じゃ。

私（色川）自身、こうした言葉をこの十余年の水俣通いのあいだにどれだけ耳にしたか分らない。水俣における地域差別と住民意識の複雑な絡みあいや、その重層性を明らかにしないかぎり、なぜ水俣において水俣病が起ったのか、また、みずからの手で早期に解決できなかったのか、を解くことはできない。

チッソという会社は地域支配のためにこうした古い社会意識を最大限に利用したのである。

かつて舟津は、その船乗りであった本郷正（ただし）（明治二五年生）が回想しているように、「舟津は帆前船の三二艘が居ったもン。木炭は三〇〇俵、太かっで五〇〇俵積むぐらいの帆前船の。大概、ここの部落は船乗りじゃな、それから漁師たいな。木炭をここから長崎さン、積んで行たり、材木を積んで行たりしたったい」というほど活気があった。しかし、網元や船主の搾取がひどかったので、本郷さんたちは船をおりてチッソの工場に入った。工員になって日給二五銭（明治末年）とっていた方が楽だったからだという(11)。

このことは先の仲仕の中村藤之吉（明治二四年生）も証言している。「此ン舟津に五、六万斤積む帆船のいっぱい居って、古賀下（こがした）の塘（とも）から、いつもどんどん三角（みすみ）さン積んで出ますどが」と。その集落の人びとが水俣の中で最下層視され、また〝貧しかった〟のは、疎外状況下での搾取と支配が、どこよりもひどかったからであろう。

（３）チッソ会社の企業都市づくり

チッソは水俣のこの地域の差別構造（階級的な住み分け）をどう利用したか。前述したように、「殿さん」の居住地だった陣内に、殿さん深水の土地を買い取って一九一六（大正五）年に高級社員の陣内社宅を建てた。広い庭つき、女中つきの工場長宅もそこに造られた。さらに陣内クラブをつくり、大学出の社員たちの

写真16　陣内の邸町浮池邸（花田俊雄画）

写真17　1920年頃の陣内町——左の門柱は町役場

写真18　1980年代の陣内町（人通りが少ない）

社交場に供した。チッソは戦後まで学卒者（ごく少数）以外を社員と認めず、あとの労働者たちは大体において日給制の工員として扱った。

『水俣郷土誌』（一九三三年刊）に面白いデータがある。当時、チッソの従業員は社員七〇人、準社員七〇人、雇員一一七〇人から成っていた。その住宅の格差は驚くべきもので、「上水道・便所浄化設備」のある陣内社宅と付属病院地内の社宅には、社員と準社員が家賃なしで住み、三本松と丸島の団地には雇員が月家賃一・五円～二円を払って住まわされていたという。

さらに工員たちのためにチッソが最も低地の八幡の埋立地に八幡社宅二〇〇戸ほどをつくるのは敗戦後、昭和二〇年代に入ってからである。工員住宅の方は木造二戸建の規格版の団地で、住宅の質は陣内社宅の設備や余裕とは比較にならない。しかも住む場所にも序列がついていたのである。

水俣の差別意識が工場長――社員――職長――工員という企業関係者の住み分けにまで継承されていたことが分る。さらに工員の採用、懲戒、管理においても、チッソ経営者たちは、その出身部落の共同体規制や親族の義理人情関係まで利用するという徹底した方法をとっていたのである。

チッソが最初に工場を設営したのは舟津の対岸、水俣川の河口であった。ここはしばしば水害に襲われる上に、創業期の経営危機に見舞われ、一時は倒産するかと思われた。そこに天佑（てんゆう）が来た。一九一四年、第一次世界大戦の勃発である。この戦争景気で生産は需要に追いつかず、チッソは巨額の利益を得て立ち直った。それどころか、塩田の跡地に広大な新工場を建設して事業を拡大する。狭い河口の旧工場を捨て、直接海に面した梅戸に専用港を作った。そのため水俣川は取水の用の他はもはやチッソにとって無用の長物となったのである。

この頃からチッソは没落しかかっていた水俣旧支配層の土地を次から次へと入手した。深水家、徳富家、緒方家（平野屋）などの所有の田畑が、次々とチッソの新工場用地にと吸収されていった。こうして土地を占有し、ついで梅戸港や百間港などを修築させ、事実上、水俣の港湾を独占する。さらに一九二〇年代には水俣川の水利権を獲得し、火力発電所を梅戸に建設して水とエネルギーも独占、地元の若い労働力を吸収することもして、文字通り水俣の全資源をその手中に収めたのである。

その上、肥薩海岸鉄道線を水俣まで開通させて、陸上での輸送の便を確保した。もちろん、工場の中まで引込線をつくらせている。それどころか、新工場の正門は水俣駅と向いあうようにつくられた。一九三一（昭和六）年、昭和天皇を迎えたときにはプラットホームから工場の貴賓室まで赤じゅうたんを敷かせて、野口社長が若い天皇をしずしずと案内したという。それは企業城下町の誕生と、新水俣城主を権威づける最高のパフォーマンスとなった。

チッソは昭和恐慌を尻目に生産を拡大し、新工場の拡張をつづけ、その経済力を背景に工場関係者を町長や町議会に多数送りこんで地域行政の支配をねらうようになった。こうした動きに危機感を持った地主派は、その最大の実力者深水吉毅（よしたけ）（殿さま深水とは無関係）を町長に送りこんで（昭和一〇年から三期一一年間、吉毅は水俣町長として在職）、チッソの牽制（けんせい）を計ったが、結局、深水らは妥協策をとって会社の求める水俣の改造計画に同調していった。同調することによって巨富をつかみ、一族を熊本財界・政界に転出さ

写真19　水俣の永代橋跡の碑

永代橋は江戸日本橋の箱崎町と深川佐賀町との間に17世紀末に架けられた日本を代表する橋で、今でも隅田川下流に見られる。水俣は江戸のそれを意識して命名した。

せて成功させるという別の道を選択した（深水吉毅自身はGHQによる公職追放にあうまで熊本県議から翼賛代議士までを兼職していた）。

この水俣改造の都市計画とは一九二〇年代に着手され、一九四〇年にかけて次々と実現された大事業である。⑴水俣川改修という名の川筋のつけかえ、⑵八幡（舟津を含む）の先の海面の埋立て、⑶百間港（水俣港）の整備、⑷産業道路や町営水道の建設、⑸公会堂、運動場、幼稚園、病院など施設の設置を主眼とするものであった。この都市改造によって、水俣は名実ともに工業都市の条件を獲得し、この後、チッソがさらに飛躍・発展するための産業基盤や都市装置を備えるにいたった。

⑴水俣川のつけかえは、略図を比較して見ても分るように、町の中心部のX字状の流域（二つの川が交差して水の股を成していた所から水俣の地名が生れたという）を完全になくすことであり、工場・倉庫や住宅を水害から防ぐことになった。しかし、河川流域経済の消滅は昔の暮らしを知る水俣住民にはかりしれない打撃を与えた。水路の埋立てによって新しい造成地が生れたが、これはやがてチッソ城下町の新商店街をつくりだす基盤になった。

⑵河口のつけかえによって、八幡や舟津の海民は生計の道を断たれた。一方、八幡地先の海面の埋立てが可能になったことは、チッソの広大な工業用地の造成を保障した。そして、ここに有毒な重金属を含む工場廃水や産業廃棄物を大量に投棄し（「〇〇プール」とよばれる）、水俣住民の憩いの場であった海浜を奪い去った。

⑶公共事業費による百間港の整備は直接チッソに大きな実益をもたらした。この整備によってチッソの商品輸送のコストが三分の一減少した上に、百間港に面した浜町を埋立ててそこに下請けの関連会社をつくることもできた。それればかりではない。ここに百間水門を設け、酢酸工場などからの工業排水（その中には猛

毒の有機水銀や大量の無機水銀を含んでいた）を昭和七年から四二年まで、長期間無処理で放流しつづけ、水俣病の直接の原因をつくったのである。

以上、浜町などの住民が水害から守られたことのメリットを除けば、この都市改造の利益は大半がチッソに帰したことは明らかであった。チッソは日本軍の大陸侵攻（一九三一年の満州事変から朝鮮・満州侵略戦争）による戦争景気によって巨額の利益を得、その大部分を植民地朝鮮（朝鮮チッソ興南工場――アジア最大の化学工場）に投資し、その一部分を町税として水俣に還元した。だが、じつは彼らはその還元した分の数倍の利益をこの公費による基盤整備事業によって得ていたのである。この結果、古代以来の地名の基盤は失われ、中世以来つづいてきた水俣川流域の生活圏は衰退し、崩れ去っていった。人々は川を見捨て、川を背にし、プロレタリアとなり、チッソの煙突に顔を向けて暮らすようになったのである。

美しい不知火海に面し、リアス式の入江と豊富な魚床と魚群に恵まれていた三十二ヵ所の水俣の網代のうち、二十七ヵ所までが埋立てられたり、汚染されたりして漁場としての価値を失った[12]。その漁業や海を奪ったのも、「おらが会社」「わが名は精鋭　水俣工場」だったのである。

ほまれも高き蘇峰蘆花
文化の潮に包まれて
つつじに映ゆる水俣は
平和の鐘の響きにて
人の心も和むなり
ああ水俣　水俣市民　（犬童君代作詞「水俣市民の歌」）

写真20　永代橋跡の前の通り（旧水俣川埋立地）をゆく胎児性水俣病患者（開園10周年記念誌『めいすい』〈1982〉所載）

写真21　水俣役場（昭和5～6年ごろ）（花田俊雄画）

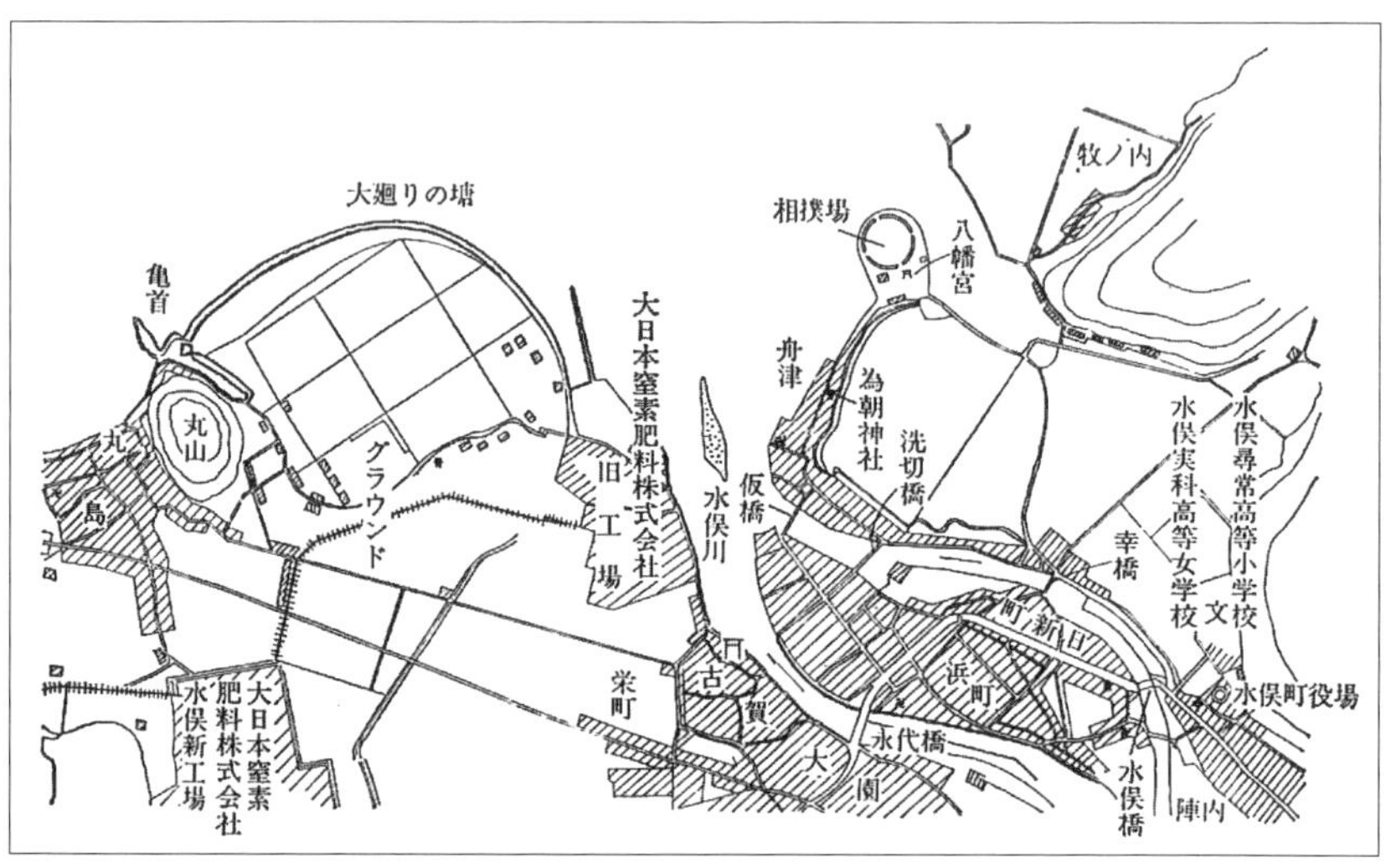

図7　水俣町実測図（昭和初年）

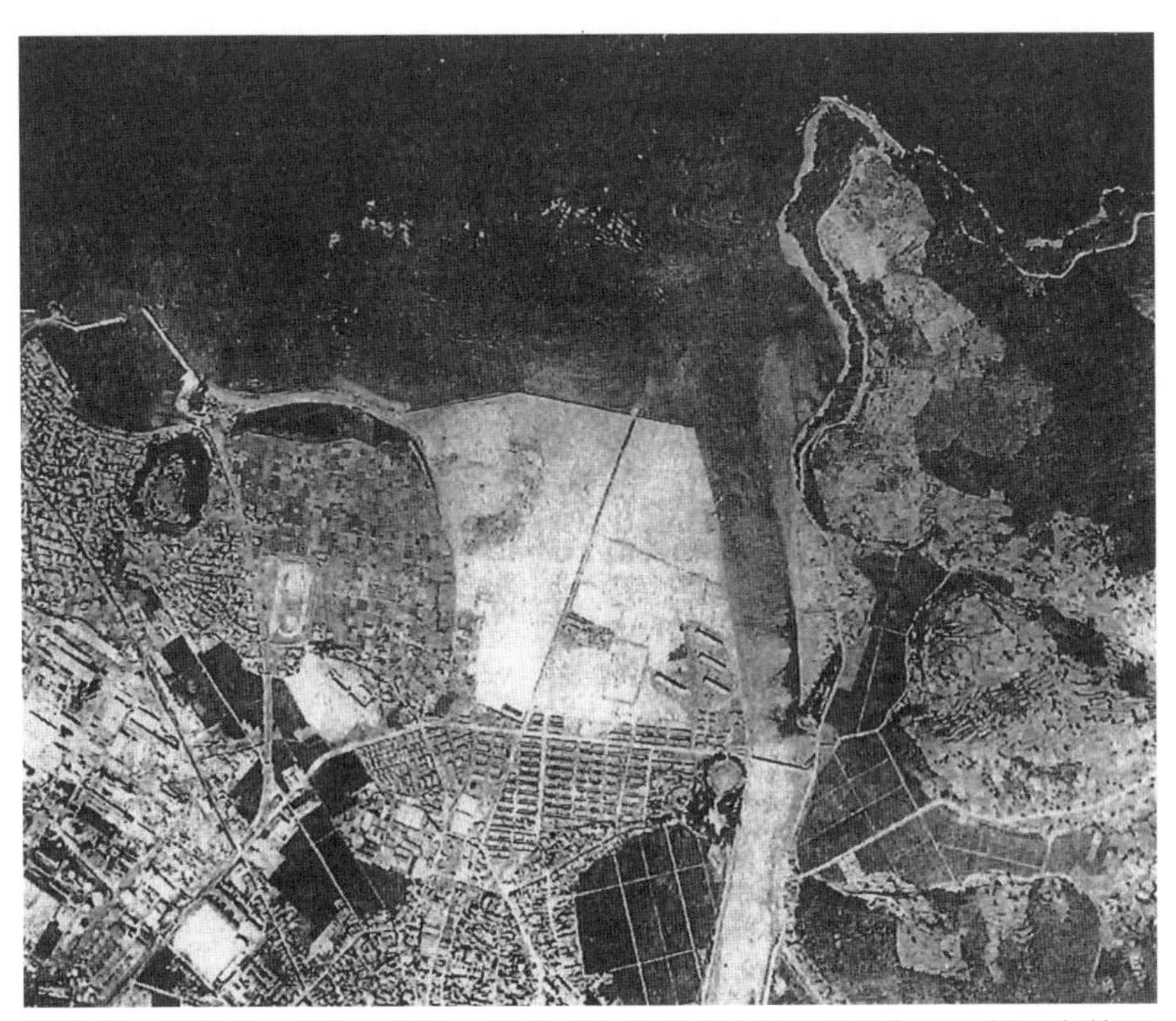

写真22　埋め立てられ、消えてゆく“古き良き水俣の浜辺”――橋の左袂に見える円形のものが八幡の相撲場、舟津の沖はチッソの社宅で埋められた（1960年代の水俣）

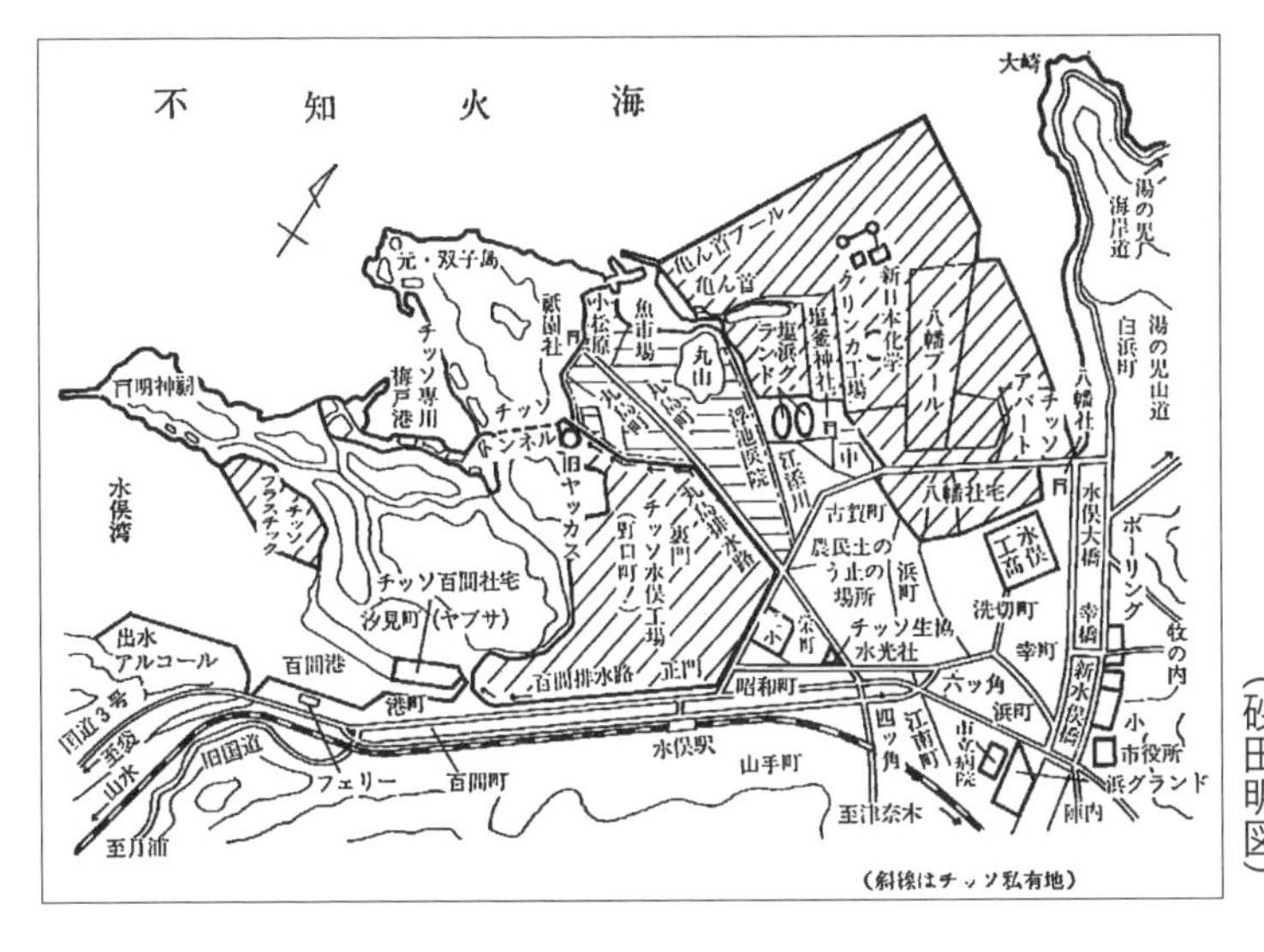

図8　チッソの私有地と水俣の変貌（砂田明図）

三、水俣の祭祀空間・遊戯空間の変貌

（1）〝古き良き時代〟の水俣から……

水俣川の二つの流れが合して海に押しだした陸の突端に八幡宮という社がある。大きな神社で、明治時代の写真を見ると、その境内の松林がそのまま海に面しており、そこは千鳥洲となっていた。

それが大正一二（一九二三）年の「水俣町実測地図」を見ると、砂洲の沖が埋め立てられてまるい大きな相撲場ができている。まるで海亀の頭のようだ。これは各部落の有志が献金して大正九年に完成させたもので、チッソが水俣を支配する前の〝水俣共同体時代〟の町民のオリンピアともいえる。波打際につくられた海辺の競技場だから、エフェソス（今のトルコ西部、イオニア海に面したギリシャの都市国家）のコロシアムとくらべた方がよいかもしれない。あのアレキサンダー大王がペルシャ遠征の大軍をひきつれて最初に入城した歴史的な町である。

この八幡宮でどんな祝祭が行われたか。水俣の共同体を知ろうとする者には見落すことのできない祭りの場でもある。奉納相撲の土俵のまわりには円形劇場のような階段式の座席がつくられており、桟敷さえ設けられていた。徳富一族の前田千百（一八九七―一九八一）がまた青春時代に、ここで町を挙げてのハレの催しが行われたことを、当事者として私たちにいきいきと話してくれた。

水俣の一番大きなお祭りはお八幡で、この前の戦争まではお八幡にずーっと桟敷がありましてね。それに家々の紋の幔幕張りめぐらして。桟敷に前の日から青い杉の葉を切って竹で組んで飾り、みんなせ

いいっぱいのおごちそうしますし、せいいっぱいのお金を使っておしゃれして行きよります。相撲があってですね、陣町と浜で、吉毅(よしたけ)さんと私の所で関取(せきとり)をお世話しました。その時は政党なしです。幕内の誰々ってたいてい来よりました。強か(っ)人が一人ね。水俣には相撲取る人はおりましたけど関取はおりませんでしたね。東の関取、西の関取ちゅうて名乗を掲(あ)ぐるのはおらん、やっぱりよそから来ました。町から関取を養うまかない賃がいくらか出っとですたいね。五日から一週間家に泊めますから。雀の涙のしこ来っとです。そすと勝てば勝ち祝いでお付きがどんどん来っでしょう。お酒でん何でん、何十あっても足らんですねえ。負くれば負くるで慰安の方が。もうそれで町から来た金は、どこさん行ったかわからんで。（中略）

関取が相撲に行く時は、笹にですね、十銭でも、二十銭でも、その頃いくらですか小さな熨斗(のし)に入れていっぱいピラピラさせて出っとですよ。そして家の人ばっかりじゃ足りんから、知りあいにも下げてもらってですね。いっぱい下がってた方が良かですもん。養った上にそれをせんばならんでしょ、帰ってさようならち時はお餞別包んでやります。それこそお祭りの時は一身代なくすほどです。

私共の方は田舎から同志が五人も三人も連れくっとです。それで少なくとも三十人ぐらいの人が来ても困らんようにしてきよりました。ごちそうにはゆばなんか使いまして、巻ずしも作りました。十人弁当ち重箱に入れてお客さん一人に一つづつやって、その他に料理は自由にたくさん作っていきよりますからね。ほーんにもう大事でした。それは何十年も続きました。戦争が始まってぼつぼつやめましたけど、いまはあれがないから、本当にようございます。女は十二時過ぎまでなんしてね、朝も早く起きて。

私達女中が四、五人おったでしょうが、みんな自分の持っとる衣装の最高のおしゃれして行くでしょう。女中達も年に一遍ずつ作ってやっとる着物を着たかですもんね。私達は髪結いさんに丸まげを結うてもらいますけど、私は自分だけおしゃれして、十五、六の娘ですからね、さぞいやな思いするだろうと思いまして。子守りから女中に至るまで私が結うてやりました。（中略）

それで三十人前も仕込んで行きますには、お弁当も随分ですもねん。山番しているじいさん達を呼んで、女中達と、それを桟敷に運びますもん。運ばせといて、帰ってから女中達をきれいにお化粧させて。おしゃれしてからしたくないでしょ。そのため朝早く作らんばんですたいね、四時か三時に起きて早く作ってしもうて。

家が落ちぶれると、せん（しない）です。もう戦争で女中も下男もおらんごつなって、みんな有志の者がおんらんごつなってしもうたですたいね。一軒ならば恥しかでしょうが、もうみんながおらんごつなって。[13]

この話によると、大正の中ごろ陣内を代表するのは「東の殿さん」の深水頼寛でも頼資でもなく、別深水の深水吉毅であることが分る。また浜を代表するのは「西の殿さん」の徳富長範ではなくなっていた。代って前田家が関取の世話役をしているが、それでもまだ水俣地五郎（水俣生まれ）のお大尽たちの栄光は輝いていた。このころの写真が残っている。それを見ると、広い境内はぎっしりと鈴なりの人が埋まっており、数十人の化粧まわしをつけた力士たち（その大半が素人）が白鉢巻をして円陣を組み、手拍子を打っている、まさに町をあげての祝祭であることが分る。

ここには伝統的な秩序のもとに水俣が和合していた姿があった。この日ばかりは舟津も洗切も縁日の露天商いでにぎわったことであろう。水俣というのは妙に意味深いところで、町でいちばん賤視されている部落の鼻先で、このような町ぐるみの聖なる祝祭を行う。まさに日本的な賤と聖の近接した構造を示しているのである。

それにこの八幡さまの参道の松並木の渚には、昔からこの辺一帯の癩にかかった人たちが、旧霜月の十一月から如月までの厳冬の、深夜の満潮時に、白装束をつけて集まり、満潮の海に漬かり「寒行」する場所だったと、石牟礼道子は記す。

ことに雪の降る夜のみそぎはそくそくとして、うちわ太鼓のあいまに、

「南無八幡大菩薩さま、八百よろずの神々さま、八万八千八百の眷族さま方……」

と、思いつくかぎりの土俗神たちを呼び出しながら、鼻欠けや眉なしになってしまったおもてをうつむけて、癩の平癒を祈願している指のない合掌姿は、ふきんの村人たちの思い

写真23　八幡社の奉納相撲――明治の最後の「天長節」の祝い（1911. 11. 3）（水俣市立図書館蔵）

写真24　明治の終わりごろの八幡社の渚〈千鳥洲〉（水俣市立図書館蔵）

に一種粛然とした気配を漂よわせていました。(14)

こうした由緒ある八幡宮が昭和七年からの水俣川のつけかえ工事と、チッソ会社の産業廃棄物による沖合い埋立てによって、すっかり様子を変えられてしまう。八幡さまを詩的な空間にしていた海と松林の渚(なぎさ)は奪われ、その名も美しい「千鳥洲(ちどりす)」は「八幡プール」と名づけられるチッソの猛毒のゴミ捨場にされていった。そして、その埋立ては歳を追うごとに沖へ沖へと伸び、ついに大崎(うさき)の鼻とならぶ線にまで達してしまう。この横暴なふるまいによって水俣有数の幻境の渚であった大廻りの塘(うまわりのとも)も消滅させられてしまったのである。

水俣には塘(とも)(築堤)が多い。それは寛文七(一六六七)年ごろから深水家四代の頼氏(よりうじ)の手で砂浜に塩田をつくるため、四十間塘(けんのとも)、百間塘などと呼ばれる潮止の工事が行われた。大廻りの塘もその延長であり、丸島にある「丸山」という小山の北側を削りとって築かれたものだという。それによって塘の内側に一〇町歩ほどの塩田が造られたのである。明治の終り、水俣の製塩が国の政策により廃業に追いこまれたとき、海浜部の塩田は三四町二反九畝に達していた。内浜には塩焼小屋が六八軒、外浜に二五軒あり、その縁で塩釜神社までがつくられていた。

写真25　不知火海を背に
——丘に立つ石牟礼道子

白石道子(石牟礼道子)は幼女のころ、八幡社と入江一つへだてた淋しいトントン部落(日当(ひあて))に栄町(さかえちょう)から移住してきたという。土木工事の請負業や石切りをしていた父の事業が失敗し、水俣では最も淋しい〝さいはての地〟に零落してきたのである。

わたしの家の眼前に、チッソの八幡プールのヘドロがある。ここは、昭和四十四年提訴の水俣病裁判で、浄化槽をとおしてヘドロを沈澱させ、きれいな上澄みにして流したのだと、公開の裁判所でチッソがうそをついたところである。

ヘドロの下敷きになっている水俣川の旧川口一帯は、昔「大廻りの塘」と言って、芒の海岸線がうねうねと海風に光りながら、はるかかなたの不知火の空にまで続いていた。そのような絶景の中でわたしは育った。没落してこの村に移ってきたが、夢みるような「大廻りの塘」と、大崎が鼻の火葬場あたりに終日さや鳴る松籟をききながら、おさな心に、人外の境への出口とこの世のつながりとを考えていた。

秋になれば金泥色の野菊が、「大廻りの塘」の下道を浮かびあがらせて華麗な夕映えの空に続き、狐が啼いた。絹をのべるような波が家の軒下まですするすると来て、夜になるとその波の底に「火葬場の岩殿」のちょうちんの灯が点滅した。すべてはいま、八幡ヘドロの底になっている。日夜これを見ていれば錯乱してくる。おびただしい生類たちがここに居た。

人は死んでも、そのものたちの故郷は生きていて、次代の魂を育てるのが風土の心というものであったのに。(15)

(2) 祭祀空間の変質——喪われたものの巨きさ

いま、そうした大廻りの塘の痕跡を現地でさがしだすことはできない。不知火海を朱く染める華麗な夕映えの空を見ることはできても、絹をのべるような波が寄せていた渚は、毒水の厚い層の下になっていて触れようもないのである。
上村智子（かみむらともこ）という聖少女がいた。五体は水銀に犯されてしまって、言葉を発することはできなくても、魂は浄らかで眸は深く澄み、「絶対的無原罪の受難」の象徴といわれてきた。(16) ユージン・スミスの名作によって、世界中の識者がミナマタの名と共に思い浮べることのできる患者である。この聖少女が成人に近づいたとき、母なる人はこの娘を抱きかかえて、この大廻りの塘の八幡墓場（プール）の毒土の上に立った。どす黒くひび割れて、この毒原（どくげん）は茫々たる地獄の相を呈し、少女の光を奪った罪業への悔いを拒むかのようであった。

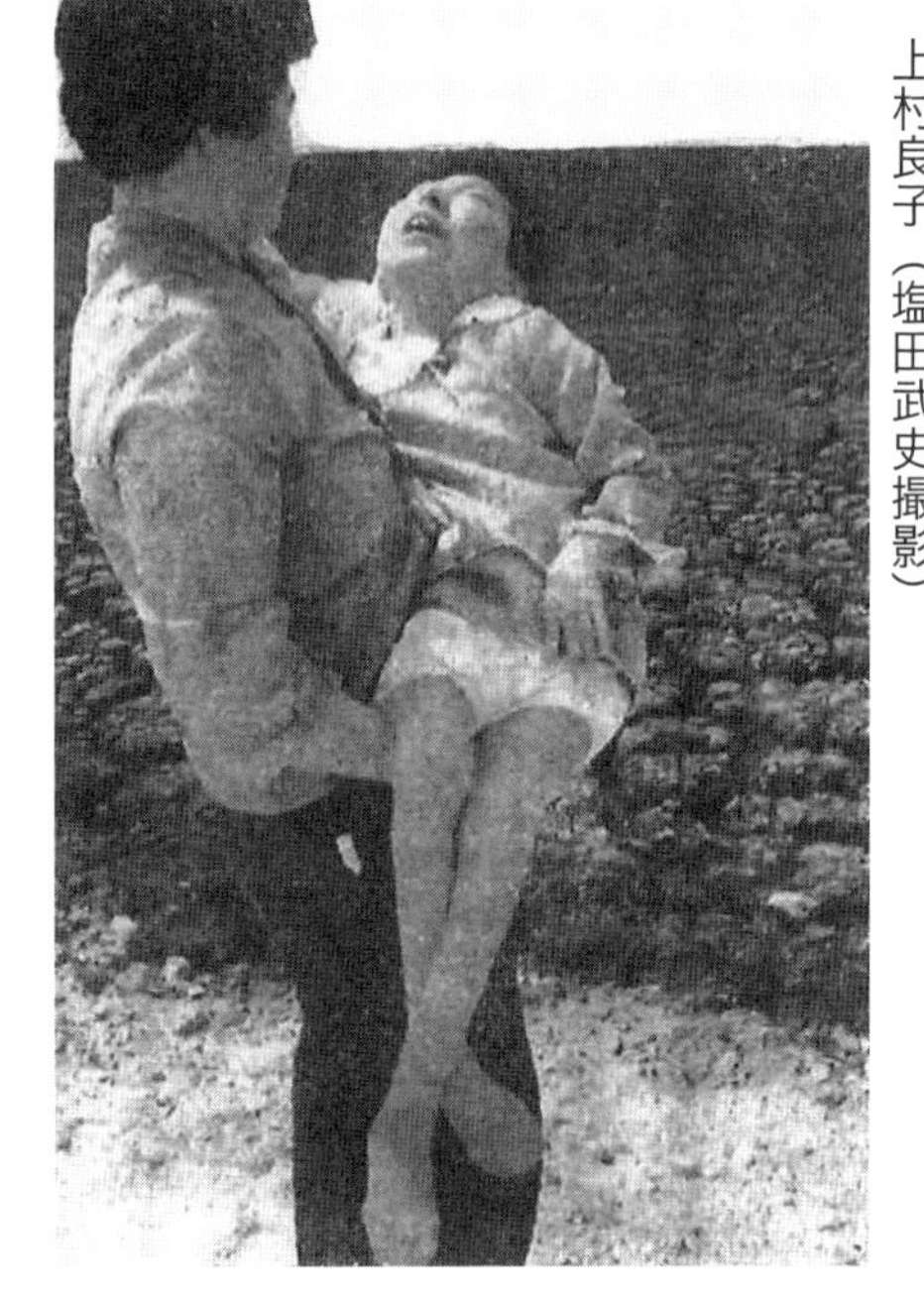
写真26　八幡プールのヘドロの上に立つ上村智子と母上村良子（塩田武史撮影）

この塩田武史氏の写真ほど水俣における祭祀空間の変質を痛烈に表現するものは他にあるまい。数年後、上村智子の魂は肉体を離れてしまうが、後述するように乙女塚という新しい霊場を起す機縁となるのである。

喪われたものはあまりにも巨きい。素朴ながら日本の村々の原形をとどめていた在りし日の水俣の古き良き世界を、石牟礼道子は全篇散文詩のような『椿の海の記』という作品に書き残そうと心血を注いだ。その中でも「大廻（うまわ）りの塘」の章は圧感である。ここでチッソの毒原に埋めこまれたかつての水俣の土俗の神々とその伝承を、万斛（ばんこく）の思いで呼び戻そうとしているからである。

自分を化生のものにしてたたずめば、あたりは幻妖に昏れながら、大廻りの塘は、四・五歳ごろのわたしのひとり道行きの花道だった。

……いま狐の仔になって、それから人間の子に化生している自分とおもえばただならぬおもいがする。野菊の咲き乱れている足元がふっと暗くなり、この世は仮りの宿りとつぶやいて、えたいもしれずさまよい出したわが魂におどろいて見あげれば、もう色の変った海の風がするするとうねって来て、逆さ髪の影絵のような芒のあいに、赤いおおきな落日がぽっかりとかかっているのだった(17)。

汚染されたのは海辺だけではなかった。海の底も同様だった。チッソ水俣工場は水銀など重金属を含むヘドロを一五〇〇万トン以上、数十年にわたって不知火海に放流しつづけたという。海の底の生物が影響を受けないわけがない。海の底もまた生き物の生活空間だからである。そしてここをなおざりにしておけば、食物連鎖によって最後には人間の生命が侵されるのだ。

一九七八(昭和五三)年八月のことである。私たち不知火海総合学術調査団は三年目の夏の合宿調査を行っていた。この時は共同通信社のダイビングチームも加わり、地元の熊本ダイビングセンターの協力を得て、私もはじめて水銀の海に潜水した。

潜水観測地点は図のように全部で九ヵ所。ヘドロの量が最も多いのはチッソ工場の排水口のある百間水門から明神崎にかけてで、海底は真っ黒、竹棹をヘドロに突き刺すと、片手でするすると四メートルも入った。

潜水してみると視界は全くきかない。県公害部の測定では水銀濃度が今でも二五〇ＰＰＭあるという。一回わずか二〇分の潜水時間だったのに、舟に上ってみると新品の鉛の錘しが黒く変色している。なるほど外航船をここに一晩繋留しておくと、船底のかきがらなどが綺麗におちると船員たちがいうだけのことはある。相当な酸性、毒性である。患者激発地である月の浦の沖の海底では、足ヒレが底に触れると、ＳＬの煙のようにヘドロが舞い上る。まるでみそ汁の中を泳いでいるようだったと、ある人が言う。

私は恋路島のまわりを潜水してみた。かつては真珠貝の養殖も行われたというほどの水の綺麗なこの島の沖の岩礁に、死んで腐った貝の殻がたくさんついていたのにびっくりする。カキ、アワビ、ホタテなどの貝類は死滅したあと、白い砂状になって海底に降り積もり、まるで砂漠化した墓場のように見える。

この付近は県公害部の発表では、水銀濃度が安全基準値以下の安全地帯（一〇ＰＰＭ）といわれている所なのに、生命力の強いフジツボさえ、岩にしがみついて死に絶えている。ましてや豊かな海底ならあるはずの海藻類が全く姿を見せない。それでも水深一〇メートル位のところにはスズメダイ、アジ、ボラなどの小魚が波に揺れていた。背骨がＳ字状に曲ったカサゴを発見して水中カメラで撮影したダイバー（新藤健一記者）は、「死んでいると思って砂を叩いたら、のろのろ動いた」と報告している。陸だけではなく海の底も墓場だったのである。そして水俣病を病んでいるのは人間ばかりではなかった。

昭和三〇年前後をさかいとして、猫が狂い死んだ。かき、いびななどが死んだ。えび、がね（かに）、きすこ、よだくち、

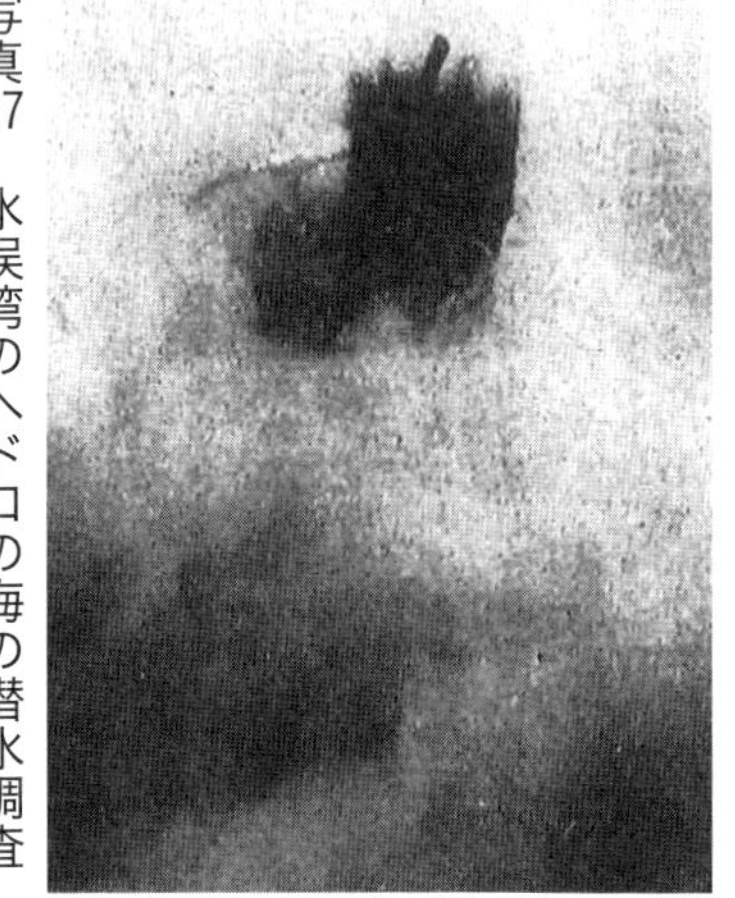

写真27　水俣湾のヘドロの海の潜水調査（新藤健一撮影）

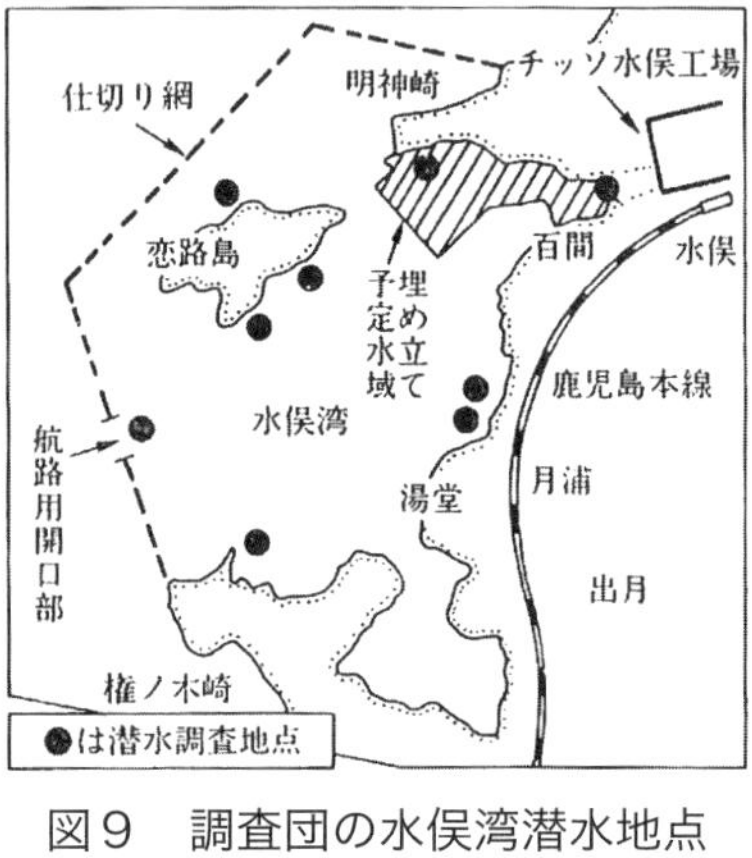

図９　調査団の水俣湾潜水地点

がらかぶなどが死んだ。そして養豚場の豚がやられた。最後に猫そっくりの症状をあらわして人間が殺された。

水俣の海は、明治、大正、そして昭和と、しのびよる死の影のように海底を覆い汚したどべ（ヘドロ）の歴史である。それは、チッソ企業が生きている人間をも片輪にして、陰惨に殺してゆく二〇世紀の公然たる犯罪であった。

海ばかりではない。煤煙、有毒ガスをまき散らすチッソ。付近一帯の人家の中といわず、屋根といわず、そして（ボロボロに崩れた）裏山の墓石を見よ。長年にわたって有毒ガス、粉塵、煤煙を放出し続けて自然を破壊したのである。（鬼塚巌（おにづかいわを）『おるが水俣』[18]）

鬼塚巌は水俣の「侍（さむれい）」という部落で育ち、チッソの会社行きになることを憧れ、小学校を卒えると、すぐ工員になった。「石にかじりついても勤めあげんば」と決心し、以来、昭和五八年に五五歳で定年退職するまで、会社のために勤勉に尽してきた。入社当時の気持を尋ねると――「親も姉妹（きょうだい）も、みんな『天皇陛下は生き神さん、会社は水俣の殿さん』ち言うとったもんな。私にも、会社は地球みたいな大きな存在に映っとったとはたしかです。『頼り甲斐のあるもん』ちゅうか『一生のすべてを託せるもの』と信じこんで」おりました、と答える。

その鬼塚さんにして右のような激しい弾劾の言葉がある。ちなみに鬼塚さんの昭和五一年（四八歳）時の基本給は一四万五九〇円、定年、五五歳の時の基本給が二〇万七四一〇円、勤続四〇年間分の退職金が一〇〇三万一三六八円であったという。今でも鬼塚さんは会社を深く愛している。一生を賭けたチッソ会社への情は断ち切れなかったのである。[19]

（3）恋路島と亀ノ首

不知火海に面した風光明媚な水俣の遊戯空間といったら、何といっても海を舞台としたものといわなくてはなるまい。八幡宮の渚（千鳥洲）や大廻りの塘はその一つであったが、恋路島と亀ノ首の海水浴場は浜辺でのピクニック、びな採りなど住民あげての楽しみとともに書き落すことができない。それに魚釣り、タコ突き、せり舟、海辺の温泉（湯の児）、花見や野草摘みの楽しみなど多くの生甲斐があった。古い『市勢要覧』を見ていると面白い記事にぶつかる。恋路島は戦国の世、島津方の若武者河上左京の新妻が夫を恋うて「一人淋しく散っていった」ところだという。

「この島には清水も湧き、二畝位の水田も耕作されている。夏季にはロマンスを秘めた、この優美な島にキャンプ場を開く。遠く北九州方面からの来客も多く、海水浴に、また豊富な魚は大公望に心ゆくまで釣の醍醐味を味わせ、夜はキャンプファイアで明るく賑っている」と（一九五六年版、『水俣市勢要覧』）。

この二畝位の水田を耕していた千々岩ツヤは重症の水俣病患者となる。この一九五六（昭和三一）年こそ月ノ浦地区に「類例のない奇病患者」が次々に発生し、五月、水俣保健所が公式に水俣病発生を確認し、十二月、市の奇病対策委員会が、患者五二人（内死亡一七人）と発表した年なのである。

それから五年間、水俣は「奇病さわぎ」で大揺れに揺れた。しかし、元兇のチッソ会社も、それをかばった県や市の行政当局も、自分たちの責任をいっさい認めようとしない。一九五九年、不知火海漁民三千の工場打入りの抗議行動にも、患者互助会の座り込みをも、わずかな補償（見舞金）で乗り切り、一九六〇年には早くも水俣病の終熄を宣言、水俣市長は翌一九六一年の『市勢要覧』に次のような挨拶を発表したのである。

海と山には風光に恵まれた二つの温泉を有し、豊富な林産資源と近代化学工業の粋を誇る新日本窒素肥料株式会社および新日本化学工業株式会社を擁し、健康な文化都市を目指して、産業、教育、文化等市民福祉の向上を図り、よりよき理想境への建設に不断の努力を傾けております。（傍点引用者）

水俣病の進行とチッソ内労資紛争の激化（翌年に大ストライキ勃発）という時限爆弾を抱えながら、よくもこのような楽観的な挨拶ができたと感心する。何という先の見えない市の理事者たちであろうか。その一九六一年版の『市勢要覧』にも、恋路島のことを、「過ぎし日の悲しい物語を秘めたこの島も、今では一大海上遊園地として着々と開発されつつある」と紹介する。やがて漁獲禁止（自粛）、遊泳禁止となり、夢のキャンプ場はおろか廃墟の無人島に化す条件をそのときすでに完全に備えていたのにである。

いま、この恋路島は明神崎とつながり、水俣湾埋立ての巨船の基地に使われている。

恋路島の海水浴場と共に、もう一つ失われたものに亀ノ首（がめんくび）の海水浴場がある。ここも一九五〇年代のはじめころまでは、県下でも一、二をきそう海浜であったという。飛込み台もあり、姿のよい松山の風景もあり、遠浅の浜で、あさり、はまぐり、たて貝なども沢山とれた。潮干狩には遠く薩摩の大口（おおぐち）方面からも貝採り（びな）の人がきたという。せり舟大会の

写真28　昭和初年の亀ノ首海水浴場
（花田俊雄画）

ための絶好の練習場でもあったらしい。このように四季を通じて愛された住民の憩いの場を、戦後、チッソはカーバイド残渣などを流して埋め立ててしまった。今では亀ノ首の残渣プールといわれて、近づく人もいない。美しい海に面した町水俣なのに、奇怪なことに安心して泳げる海がない。子供たちは市営プールや学校のプールを使って水泳をおぼえるのだという（こうして次々と水俣の海を放棄し、埋め立てさせた責任の一半は水俣漁業協同組合にもある。彼らはわずかな金で、水俣の住民全体のものである浜を次々とチッソに切り売りし、金とひき換えに消滅させていったからである）。

写真29　昭和24年までの亀ノ首海水浴場

写真30　昭和54年の亀ノ首の残渣プール
（鬼塚巌撮影）

写真31　昭和54年当時の埋め立てられた水俣の海
（手前は水俣川河口とチッソの送水管）

（4）村のクリスマス

この辺でもう一度町の中心部に話を戻そう。水俣に文明開化の波が及んだのは日露戦争後のこと。活動大写真（映画）がはじめて水俣で上演されたのは明治三九（一九〇六）年、浜町の日新館においてであった。そのころ、三井財閥の資金援助を受けた野口遵が水俣にあらわれる。そして前田永喜の誘致で古賀にカーバイド工場を建てる（一九〇七）。その前田永喜が水俣青年会を結成して会長になるのが明治四一年、曽木電気とカーバイド商会が合併して日本窒素肥料株式会社と改称した年である。そのころ、一〇歳になっていた永喜の妹の前田千百が「水俣のハイカラ」ぶりを次のように伝えている。

私が子供の頃は、クリスマスもやりよりましてね、私なんか仏さんでなんまんだぶつでしょ、それでも九つか十ぐらいの時からクリスマスに出してくれました。妙ですね。教会なんかは小さいときになかったもんですから、一ヵ月ばかり前から先輩の方が賛美歌を教えたり劇を教えたり、緒方惟則さんの妹さんがおられましてね、その方が教えてくれてけいこしました。女子大なんか出られて、二、三、そういう方がおられて水俣はハイカラでしたよ。

クリスマスはどこか大きな所を借りてしよりました。普通のお百姓の娘さんなんかはそういうときは、やっぱりなんでしたね。どこどこちゅうかぎられた家でした。百姓の人達はクリスマスちゅうと毛嫌いするでしょ、そういうことに加わりたくなかったかもしれましぇんし、また一方誘うこともせんだったんじゃなかでしょうかねぇ。私達は家で仏さん（仏教）でしょ、それがクリスマスの一ヵ月前からはウキウキしてですね、もうとっても楽しみでしたね。ときたま外人の方なんか来られて、たどたどしい日本語でおっしゃるでしょ、それがまたうれしくて。おかしですか？　おせんべか、何でしたかね。いまはねえ、何千円もするケーキなんかですけど、夢にも。それでもとっても楽しみで。そういう時の着物も縞のただ地味な、色彩のない娘時代でしたね。髪は牛若さんのようにに桃われ、髪さしをさしたり、あとはリボンですか。造花で作った小さな髪さしをよくさしました。珊瑚なんかあなた、豪華な品物ですからとてもとても。[20]

クリスマスは水俣の上流階級のハイカラさんの邸で行われた。妹を都会の大学に出していた水俣第三の地主で銀主である平野屋の当主緒方惟則（おがたこれのり）は、平（ひら）の屋敷の中に洋館を建てていた。そこで前田千百は劇を稽古したり、讃美歌をならったという。また会所の深水の邸では活人画をやったり、夜会を楽しんでいる。それは一般の町民とは違った暮しぶりに違いない。ましてや周縁の「百姓の人達」とは別世界の文化だったといってもよかろう。

後に水俣にもルーテル教会の建物ができ上り（一九二二年）、陣内の子弟らがその日曜学校に通うようになると、西欧の衝撃も底辺にひろがる。偶然、この年徳富蘇峰が帰郷し、水俣町に図書館設立の資金を寄附する。そのことも水俣の新しい知識世代への文化的な強い刺激の一つとなっている。この一九二二年の水俣は商工業者一〇三〇戸を有する活気のある町で、オール・ミナマタの強力な野球チームをすでに持っていた。

明治・大正には一部の上流層の楽しみであったクリスマスは、今では農漁村部落の青年層にまでひろく受けいれられている。最近、私たちが聞いて回った所でも、伝統的な年中行事や祭りは行わなくても、クリス

写真32　水俣の語り部・前田千百と聞き書『不知火記』の著者羽賀しげ子

マスのパーティを楽しんでいるという青年会がほとんどであった。昭和四〇年代以降、それは子供を持つ水俣の一般家庭にまで及び、すでに国民的な行事の一つといってよいものになりつつある。キリスト教とは関係なく、ただ、その華やかなハイカラな社交の雰囲気を楽しんでいるにすぎないのだが——。

今では陣内の会所深水はすっかり没落して旧邸は跡形も残っていないし、平野屋の洋館などは痕跡もない。今はただ平にわずかに庭の一廓だけが残されているのみ。そして当主の緒方惟則（将軍さん）は敗戦の翌年、猿郷山の鶏小舎の中で餓死して果てたのである。

浜町の殿さん、徳富本家（北酒屋）はどうなったか。日新町に邸宅を構えていた第一五代当主徳富長範は早々と没落して邸を売り払い、ついには日窒水俣旧工場の門番になるという落ちぶれ方であったが、その最後がどうであったかは聞いていない。ただ、町の人は「長範さんな、腰の低か」。「礼儀正しいおかたじゃった」と懐しんでいるだけである。今、その邸宅はある医師の手に渡って一部が保存されている。いかにも浜町の家らしい水害に備えた立派な石組の塀を持っている。そのそばにチッソの「浜倶楽部」の二階建があり、現在も使われている。

写真33　水俣ルーテル教会の日曜学校生徒一同（大正8年、水俣市立図書館蔵）

（5）競り舟大会の分析から――その今と昔

今の水俣市民が町をあげて熱狂する遊びに競せり舟大会がある。一九七六年に伝統行事として復活した。ところは水俣大橋の下流、八幡宮の渚なぎさのあったあたりである。水俣川河口の汚染地、八幡プールもこの時ばかりは見物人でいっぱいになる。私も一度見たことがある。競技は朝八時半に始まり、午後二時半まで延々とつづけられた。なにしろ出場チームが五四チームもあって、三艘が一組になり、勝ち抜きをくり返して優勝チームを決めるまで競うのだから、時間がかかる。

一九七九年の大会は正式には「第四回水俣市民競り舟大会」で、主催は市と商工会議所と青年団連絡会議で、それを市体育協会が後援する形となっていた。スポンサーともいうべき賞品提供者は水俣商工会議所とデパートの衣屋ころもや（この数年後に倒産）、チッソ系の地域生協の水光社、それに二つの私企業であった。

私がとくに興味を持ったのは、この大会に出場した五四チームの内訳である。あとで名簿をもらって分析してみたら次のような特徴を持っていることが分った。

第一群は最も多い企業のチームである。合計は二二、うち一五が民間の私企業、七が官公庁や農協などの公的組織である。いずれも新しい企業共同体的なチームを組んで参加したものと思われる。主なものは、チッソ・プラスチック、新栄合板、宮川ホンダ、江口建設、日本珪素、三和車体、若松建設、黒木酸素ポリバック、熊日クラブ、立尾防災、それに水俣市役所、湯の児病院、国鉄保線区、水俣消防署、電々水俣、水俣市農協などである。驚くべきことにチッソ会社水俣工場そのものの名がない。

第二群は伝統的な地域代表のチームである。合計は二一、うち町会、部落会単位のものが一五、区単位のものが六。主な部落名をあげると、大園（うぞの）、浜、湯出（ゆのつる）、丸島、日当（ひあて）、湯堂、石坂川、久木野（くぎの）、湯ノ児（ゆのこ）、市渡（いちわた）瀬（せ）、牧ノ内、南福寺、八幡、葛渡（くずわたり）、深川であり、一見して明らかなように陣内、旭町、古賀、平、昭和町、栄町などの中心部がない。浜と大園町を除けば、あとはすべて周縁の部落である。

チッソ工場のある野口町がないのは当然かもしれないが、月ノ浦、茂道（水俣病激発地）などの舟に強いはずの漁村地域が欠けているのは気にかかる。水俣の都市部の参加が少ないのは、昭和三〇年代以降、地域共同体の分解が進んで、結束する力が弱まり[21]（その分企業体に移行し）、チームを組めなかった事情によるものと思う。

第三群は明治・大正期にはなかった新しい同好グループや学校や会議所のチームである。合計は一一で、内クラブを名のるものが四つある。アマチュア・ラジオクラブ、水俣ライオンズ・クラブ、フォークダンス同好会、葛渡クラブ、それにドラゴン、さわやか、グリースといったチーム、残るは青年会議所、水俣高校、それにチッソの泰山寮と東八幡社宅である。

総じて何とチッソ関係の存在が小さくなったことであろう。あるいは、つましく参加しているというべきか。それにしてもクラブや同好会を名のるチームが、堂々たる部落代表チームと対等に競技できるところまで力をつけてきた所に、私たちは市民生活の変貌を見る。水俣がチッソ城下町から急速に脱却しつつある過程を、この市民競り舟大会の内容が示していると思う。この傾向は今後ますます強まってゆくであろう。水俣の内部からの近代化、多様化が、こうした人間の結合関係の新しい様式を（既成共同体からの離脱・自立化を）、ますます多彩に生みだしてゆくと思うからである。そして、この傾向はまだ現代日本の地方都市の一般的な方向でもあろう。

水俣に競り舟が始まったのは、それほど古いことではない。八幡の森田周蔵（もりたしゅうぞう）が、あるとき長崎に行って盛大なペーロンの競技を見、これをまねて、水俣でも試してみたのが始まりだという。明治三一年、一八九八年のことである。それ以来、旧水俣川を舞台に町をあげての行事となった。当時は今と違って、川が町の暮しの中心を占めていたため、いっそう多くの住民をひきつけ、熱狂させたともいえる。

そしてその特徴は、各部落対抗の競り合いであり、それにチッソ工場の各職場（部落に根ざしている）が強力に参加して競技を盛りあげていたところにあった。二枚の写真を見られたい。応援の群衆は橋からこぼれんばかりである。この競技が部落意識をいっそう高揚させると同時に、「会社行き」（チッソ従業員）が大挙それに参加することによって、両者を全体として水俣世界に融合させ一体化させていたに違いない。

写真34　昭和初年代のセリ舟を見る町民と永代橋での応援（水俣市立図書館蔵）

写真35　昭和７年以前の水俣川でのセリ舟大会（同上）

町民を熱狂させたこの水俣川競り舟大会は、昭和七年から始まった河川のつけかえ、埋立て工事によって一時姿を消し、そのあと永い中断を余儀なくされた。日本においては都市改造、いわゆるハードの「近代化」は、全住民の共楽の場を奪うことを通じて行われることが多いという一例である。それは八幡宮の奉納相撲への全員参加を不可能にしてしまった水俣の行政の発想にもあらわれている。

この相撲大会のにぎわいは、水俣の土着富裕層の没落と共に衰え、戦争による自粛によってやがて姿を消してゆく。これに代って盛大をきわめたのが、チッソの「会社運動会」である。これも全町民に開放された形で行われた。各職場チームは「部落」を吸収した形で編成され、一私企業のレクリエイション（生産意欲刺激のための行事）が、そのまま全町的行事になった。それに特徴がある。こうした視点から私は水俣における企業城下町の成立を見るのである。

（6）転換の画期

昭和六（一九三一）年は水俣にとっても日本にとっても画期的な年だった。九月一八日に満州事変が勃発し、日本敗戦までつづく十五年戦争が始まったからだけではない。この年の一月、チッソの技術者橋本彦七が酢酸（さくさん）合成法の特許を獲得、さらに一一月、橋本と井手繁の名でアセトアルデヒド抽出・触媒液の賦活方法の特許を得、水俣工場で第一期のアルデヒド・合成酢酸設備の稼動を可能にしたからである（稼動開始は翌昭和七年五月）。その工場廃水が百間港に無処理で放流され、これが水俣病の原因となった（水俣病が発見、公認されたのはそれから二四年後、皮肉にも元チッソ工場長の橋本彦七が水俣市長を勤めていた時である）。

その画期的な始まりの年、昭和六年一一月に、昭和天皇が水俣工場にやってきた。水俣は大騒ぎとなる。「ちっとでも精神異常な者は恋路島に島流し」、または外出禁止。当時の新工場のまわりは一面の田んぼで、水俣駅と工場との間には何もない、湿地（しっち）と水田ばかりという時代だった。

（その）田ん中に、ずうっと莚ば張ったもんな。竹ばタテに立ててしもつ、側の見えんごつしたわけですたい。その莚の庭にわらば敷いて、それいっぱいの人間な一般奉迎者として、一般の町民がぜんぶそれ出迎えたわけですたい。出水から大口から、天草、それこそ天皇陛下の来らるちとこっで相当出迎えたもんな。そんときは巡査でん何でん相当出よったが、もう警戒が厳重やったもんな。精神異常者なんか恋路島にやったですよ。ちっとでも精神異常者は島流しやったですよ。朝早くから田ん中に行ってな。あれは誰だったっじゃいろ、すうって通って行ったばかり、自動車で通ったっじゃがな。……そんな頃天皇陛下ち言や神様ですよ。それこそ大光栄たい。あぁた。[22]

天皇陛下が来て、満州国ができて、会社に有機水銀を垂れ流す合成酢酸工場ができた。新しい〝水俣の殿さん〟野口遵社長が、〝日本の神さま〟天皇陛下をしずしずと会社に案内する、これほど光栄なことがあろうかと水俣町民は感激した。そして昭和七年、五・一五事件が軍部ファシズムの時代をひらいた年、水俣は企業都市への大改造計画の実行に着手した。野口遵はこの水俣工場の力をバックに勇躍して大陸に進出する。そして軍部と一体化の関係をつくって、そこに水俣の五倍の規模をもつ東洋一の大工場朝鮮窒素を建設する。

矢城の山にさす光
不知火海にうつろえば
工場のいらかいやはえて
煙はこもる町の空
わが名は精鋭　水俣工場（中村安次作詞「日室水俣工場歌」）

子供たちは「膝ぎりの素袷の足を、高々と踏みあげて棒切れをかつぎ、行進曲風にうたいあるいた」「幼な心の記憶にさえ、何か晴々とさわやかな新興の気分が、煙はこもる町の空、という歌詞のあたりにあった」(23)(石牟礼道子)という。

当社が始めて採用したカザレー式合成法は当社の延岡工場に於て世界最初の成功を挙げ、空中窒素固定法の方法に於ける革命的成功を収め……一方では朝鮮咸鏡南道に従前の能力に五倍する大工場を一挙に建設し此大英断は見事適中して社運の隆盛に見るべきものあり、当社の地位は世界的大会社にまで上昇し……当社をして肥料工業の一角より全化学工業の大分野にまで展開せしめ……第二期に於いて当社資本金は昭和二年十一月に四千五百万円となり昭和六年に倍加して九千万円……

栄光の時代の社史(昭和十二年刊『日本窒素肥料事業大観』)は自画自賛して止まるところがない。それからわずか八年後に朝鮮の大工場は敗戦によってソ連

写真36　昭和12年ごろの水俣工場。手前が国鉄水俣駅
(水俣市立図書館蔵)

写真37　昭和62年の水俣工場(手前がＪＲ水俣駅)

軍に接収され、二〇年後には水俣病を激発させて汚名を歴史にとどめようとは、全く予見もできなかった、倨傲（おごり）の書となったのである。

この昭和六、七年ごろ、新工場の近く丸島から大園（うその）に通じる一本の往還に沿ってつくられた新興の町、栄（さかえ）町のなまなましい息吹きを紹介して、この章を切りあげることにしよう。ここには一九三〇年代の一地方都市の色どり豊かな生活史があざやかに描かれているからである。

町筋の人びとは、新しくできた栄町の往還道（おうかんどう）を可愛がり、毎朝箒目（ほうきめ）を立てて掃き清めるのがならいだった。夜が明けると八代女籠（めかご）を荷った女房たちが、縞（しま）や絣（かすり）のみじかい裾に赤い蹴出しをちらちら出して、パッパパッパとはたきあげるような、たくましい素足にゴム裏草履をつっかけ、飛ばすようにしてはしった足跡が、道の表に重なってついていた。この足音が通ってしまうと栄町の筋は表戸をくりあける。

先隣りの女郎屋「末広」、隣りは衣笠（きぬがさ）まんじゅうを置いて、焼酎も呑ませる「万十屋」、筋むかいの「渡辺飲食店」。この渡辺飲食店一軒をなぜ姓つきで称（よ）んだのかわからない。たぶん小母さんと小父さんがにぎやかな夫婦喧嘩をくり返し、すぐ仲直りして、とてもきっぷがよかったから並みの店より格を上にして称（よ）んだのかもしれぬ。

道のはたに出来てゆく店という店は、酒屋、女郎屋、お湯屋、紙屋、万十（まんじゅう）屋、米屋、野菜屋、豆腐屋、アンコ屋、竹輪（ちくわ）屋、石塔屋、こんにゃく屋、タドン屋、と商いの名をそのまま屋号にして、髪結いさんにはさんをつけ、髪結いの沢元さんと称んでいた。ほかに称びようもないそのものずばりの屋号を持ったちいさな店が、思いついたように点々とあらわれると、その間の空地に「会社ゆきさんの家」がぽつぽつと建った。わたしの家から下手（しもて）には、染屋、鍛冶屋、米屋、船員さんの家、学校の小使さん、タドン屋、花屋、煙草屋、学校の道具屋、第二小学校と続き、その先の田んぼと溝をへだてて、ひときわ広大な日本窒素株式会社があるのだった。そのような町並の、酒屋やカフェーも交り出した界隈を、深夜じゅう千鳥足で、ひょとひょとともつれながら往き来して、ゲロを吐いたり、取っ組み合ったりしていた男たちの、酔いどれ紋ともいうべき足跡も、朝の新しい往還道についていた。

土や泥がまだ生きていた頃の道の上には、そのような一日の人生の地紋が、まざまざに交わりながら残っていたのである。馬糞や、荷馬車や客馬車のわだちや、馬のひづめの跡や、医者の乗ってゆく人力車の跡がついていたりした（石牟礼道子作『椿の海の記』[24]）。

四、「花の三〇年代」その明暗

（１）わが世の春──「水俣は都」

「花の三〇年代」という言葉がある。大多数の水俣市民にとって昭和の三〇年代がもっとも良い時代だったという意味である。日本全体にとってもその時代は高度経済成長の前段階にあたる。この時期（一九五五〜一九六四）、日本は奇蹟の経済成長を示して、一九六八年までに西ドイツのＧＮＰを上回る「経済大国」に成長した。なかでもチッソ水俣工場はその全国的潮流に一歩先んじていたので、花のような栄華が早々と水俣市民に享受されたというのであろう[25]。

昭和三一年の神武景気を経過して、チッソの年間売上高は一〇〇億円を突破した。全国一世帯当りの平均支出、月額二万七千円の時代においてである。さらに、チッソはなべ底不況期も成長をつづけ、昭和三五（一九六〇）年三月には売上高一五〇億円に達する。なかでもアセトアルデヒドの生産は、この年四万五二四四トンというピークに達したのである。[26]

チッソはその工場廃水を無処理で大量に海に放流しつづけた。水俣湾はそのため「死の海」にと変ってゆく。漁獲高は三分の一以下に激減したばかりか、「水俣奇病」の報道によって市場に鮮魚不買のパニックが起り、漁民たちは直接生計の道を絶たれるにいたった。ついに昭和三四（一九五九）年一一月、不知火海漁民約三千人が、交渉を求めて水俣工場に殺到、チッソに面会を拒否されるや工場に乱入、事務棟など二二棟を破壊するという決起におよんだ。これは世間に大きな反響を喚び起した。[27]

このとき、はしなくもチッソ城下町の守りの堅さが証明された。それまで気づかれなかったのだが、工場のまわりは広い濠でかこまれ、数少ない橋の出入口で侵入者

写真38　不知火海漁民のチッソ工場乱入
(1959. 11. 2)

写真39　チッソ工場の外濠

を防禦できるようにつくられていた。この写真を見てほしい。「企業城下町」という呼び名が伊達（だて）や酔興でないことがよく分る。その上、城の堅固さは全市民あげての人の守り（人垣（ひとがき））によっても保障されていたことが明らかになった。漁民大衆の「暴力」に対して「おらが会社を守れ」「チッソを守れ」の大合唱が、チッソ労働者はもちろんのこと、商工業者、議会、一般市民すべてからまき起った。とりわけチッソ労働組合は警察に協力を求めて「被害民」（漁民）の排除の先頭に立ったのである。

チッソ会社はこの漁民による襲撃と、正門前に座りこんだ水俣病患者の要求を、雀の涙ほどの見舞金を出して収拾し、なおも生産拡大の道を突き進んだ。水俣市民もまた嬉々としてその後に従った。

「花の三〇年代」、それを享受した者はチッソの従業員やその関連会社、商店、その家族の者たちであろう。チッソ会社の大もうけのおこぼれにありついた人びとのことであろう、とひがんで考えるのはあたらない。

昭和三三（一九五八）年時点におけるチッソの出荷額のシェアは水俣全体の九二％にも達しており、昭和三五年の市民一人あたりの市内純生産額は県平均の二倍以上に達していた。その収益の一部が間接的に市民生活面に還流していたことはまちがいない。

昭和二八年という早い時期から始まる社員用鉄筋アパートの建設は（昭和四一年までに七棟、一一八戸分を建てる。その一戸当り面積は八幡アパートが平均四五・九㎡、陣内アパートが八八・六㎡と階層差を示しているが）、他社より一歩先んじた例である[28]。また、昭和三五（一九六〇）年度の水俣の市税収入総額二億二八〇〇万円中の四八％、一億九〇〇〇万円がチッソの納税額である。

国勢調査のデータから見ると、その町の活力を示す産業別就業者数の増加のうち、顕著なのは建設業の急伸で、昭和三〇年の九七九人が四〇年には一六三三人となり、設備投資の拡大や好況ぶりを反映している。チッソを中心とした製造業就業者は同三〇年の四四三一人から三五年には四六八九人へと増え、そこでピークに達して減少に転じている。昭和三一年度のチッソの一人当り所得は年三八万円で、全産業平均二七万八千円の一・四倍に達していた。水俣市民の平均一人当り収入にすると、芦北町のそれより二五％ほど多い。〝豊かさ〟という感覚は比較の問題だから、昔よりは、あるいは隣りよりは豊かになったと水俣市民が実感して当然であろう。(29)

チッソ会社が急成長をつづけているかぎり、労働者たちは金回りはよく、したがって町の飲食店や商店街も活況を呈していた。私たちが面接した人びとの多くが、「あのころの水俣はよかったですたい」とか、「活気がありましたな」と証言する。

その上チッソは文化面やスポーツ面にも力を入れ、この地方の中心的な役割を果していた。チッソの尚和会による文化サークル活動や文化講演会などは住民にも開放されていたし、また、東京・大阪などとのビジネス上の緊密な情報網を生かして、都会文化をいち早く水俣に紹介する役割をチッソははたしていた。

「花の三〇年代」、そのころ町のダンスホールは仕事を終えた若い男女ではなやかににぎわっていた。ギターやマンドリンを楽しむ若者たちの音楽サークルも生まれた。東京のファッションを追う青年男女が軽自動車を買って海岸ドライブを始める。夜ともなれば町のネオンが七色の光を輝かせ、ジャズやロックを流して夜の通りに嬌声が遅くまで絶えない。水俣市民は好んでモダニズムを追い求め、まるでわが世の春を謳歌しているようであったという。中でも伝統的にスポーツは盛んで、水俣市長橋本彦七までが聖火の先頭を走っている。水俣で県体育大会が行われたときである。

なるほど、昭和二五年国勢調査の時から三五年の同調査時までの水俣市民生活の変化はまことに大きい。二五年当時は、娯楽といえば三軒に一台の割のラジオと、年八回ほどの映画鑑賞、あとは手作りの祭りや年中行事、それに盛んなスポーツ位であった。それが一〇年後になると、テレビが中心を占めている。四世帯に一台というテレビの普及である。

水俣駅がコンクリートの駅舎として新造されたのが昭和二七（一九五二）年六月、そのころは車といえばわずかなタクシーとトラックばかり（昭和二五年の調査では水俣の乗用自動車（今のバス）はたったの八台、トラック一〇台、小型三輪車が二三台、あとはリヤカー一三一二台）。それが、昭和三五年になると小型車六六台、トラック一二七台のほか新しい軽自動車が三九九台も登録されていた。[30] マイカー時代が始まっていたのである。

昭和二五年の生活とくらべたら三五年はたしかにリッチとなった。もちろんそのリッチは、今日のそれとくらべたら東南アジアの水準程度であろうが、実感としてリッチであったことには違いない。しかも、日本全体から見て、比較的早く訪れたリッチなるが故に、不知火海対岸の天草の人々や離島の海民の目からは、「水俣は都のごたる」と羨望視されていたのである。

「水俣はミヤコ」に違いない。部落と部落の間を結ぶ道路さえなかった対岸の御所ノ浦島や獅子島の人たちにいわせたら、水俣は文明都会であり、地上天国ですらあった。彼らの眼には水俣の町の灯は暗い不知火海の夜空にかがやく不夜城のように映じていたに違いない。「水俣に行きたか。水俣に行って会社の仕事につきたか（つきたい）」とねがうのが人情であったろう。

そのころ、一九五六年、水俣は国際貿易港として政府の公認を受け、「港まつり」を始め、久木野村を合併して人口は五万人を越えた。

写真40　聖火の先頭を走る橋本市長（元工場長）とマラソン翁（1951年 水俣市立図書館蔵）

そして、これから大躍進というところで、奇病が発生し、出鼻を叩かれたのである（この奇病は同年一二月、「水俣病」と命名される）。しかし、水俣はこの程度のことで沈没しなかった。なぜなら、それは「たかが漁師風情（ふぜい）の病気」にすぎなかったから。水俣では漁師は賤民視されていたし、昭和三五（一九六〇）年度の就業者人口比率をみても、彼らは全体のわずか〇・八％を占めているにすぎない。取るに足らない一パーセント以下の存在と思えたからである。

（２）空白の八年

図10を見ているかぎり[31]、なるほど漁民が一人残らず死に絶えても、水俣の経済には何の影響もないという印象を与える。九九％の水俣市民には「厄介者（やっかいもの）」と思えるかもしれない。民主主義は多数こそ正義なのだと主張するなら市民は倫理的にも苦しまなくてすむであろう。だが、少数にも価値がある。たとえば、一人の天皇の前に一億の日本人が跪拝（きはい）してきたではないか。一人の質が一億の量（数）より勝（まさ）ることがあると認めたからであろう。その論法に従えば水俣のマイノリティ（少数派）の受難の質が、「花の三〇年代」を謳歌する水俣のマジョリティ（多数派）より無価値だとはいえないだろう。その証拠に水俣はその後、このマイノリティの質によって否応なく動かされてゆく。それどころか、高度成長を誇る日本の経済全体が、水俣のその質の示すものによって根底から照射されるようになるのである。

昭和三〇年代の水俣の被害民の孤立の深さ、その生活の惨状については石牟礼道子の『苦海浄土』をはじめ幾多の著作や写真や映画やマスコミ報道によって、今では広く知られている。しかし、昭和三四年（一九五九）一一月、一二月の不知火海漁民暴動と水俣病患者家庭互助会に対するチッソの見舞金供与以降は、企業・行

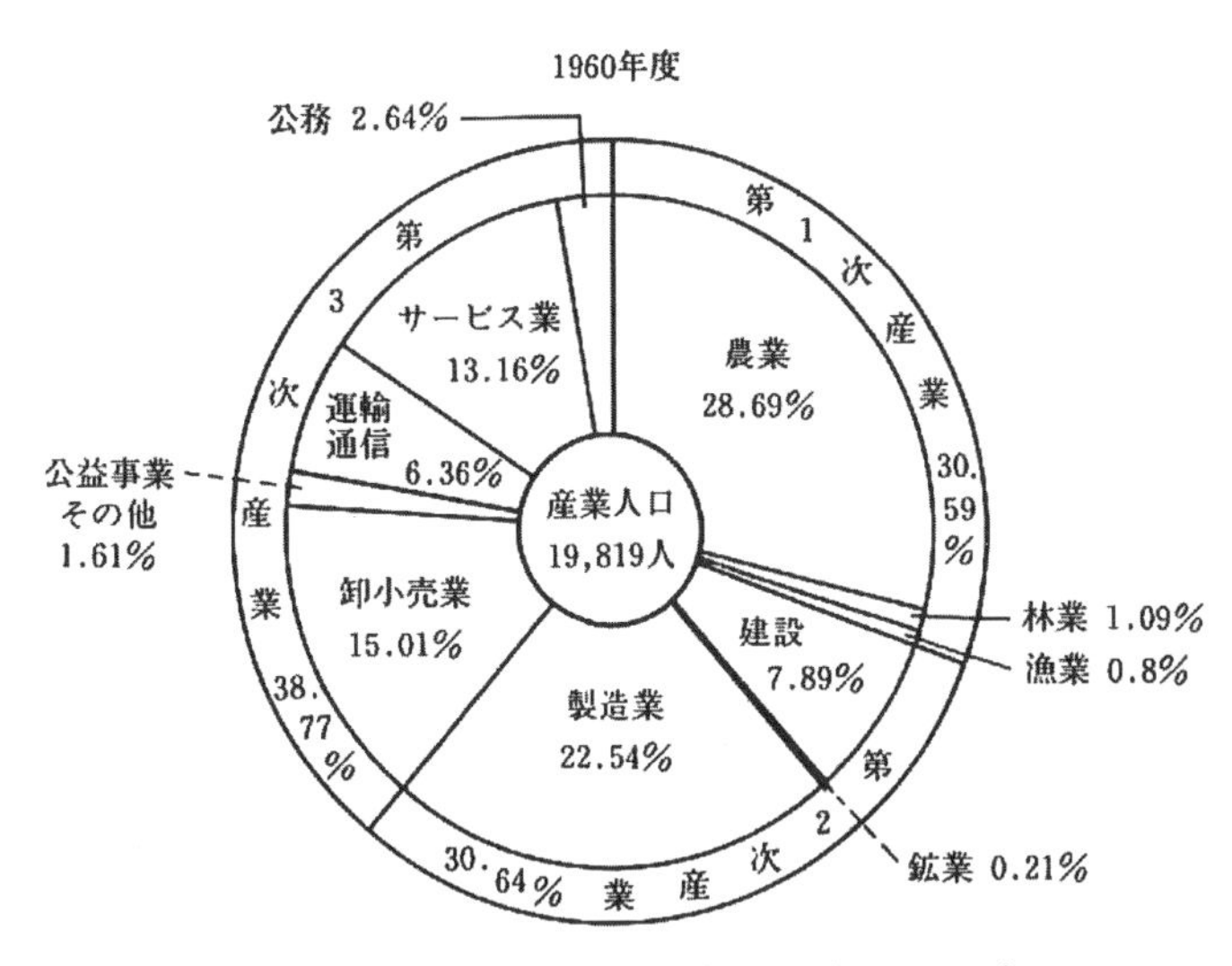

図10　昭和35年水俣市就業者人口比率

政・医学・新聞、こぞって「水俣病は終熄した」として封じこめた。そのため患者たちは部落の片隅に世をはばかって逼息して暮すような疎外状況に追いこまれたのである。この年から政府による「水俣病の原因はチッソ工場にある」との公式認定がなされる、一九六八年までの「空白の一〇年」間こそ、水俣病患者はどこからの救援もなく、文字通り生き地獄の日々を過さなければならなかったのである。

「空白の一〇年」は厳密には「空白の八年」（一九六〇－一九六八）である。一九六二年に安賃闘争という水俣市民を深刻な対立と分裂に陥れたチッソ工場最大の争議（スト

写真41　昭和30年代の患者の家

期間二〇〇余日）があり、「花の三〇年代」はこの時に終る。だが、水俣病患者の苦悩は大争議にも関係なく、この前後、八年間にもわたって続いたのであった。

一方に未曽有のチッソの繁栄と大衆モダニズムを謳歌する市民たちの華やかな生活があり、他方に絶望と苦悩の日々を余儀なくされた患者とその家族の生活があり、それが同じ企業に対する恩讐を伴って同時平行しながら進んでいた。水俣の一九六〇年代、一つの都市に、これほどきわだった明と闇の空間が併在していた例も少ない。

この時代の水俣の闇に生きる患者の生活の素顔（すがお）を長期にわたって、執拗に、誠実に映像として記録したのが土本典昭監督と高木隆太郎ら青林舎の映画スタッフである。彼らは一九七〇年から毎年のように水俣に関する記録作品を発表しつづけた。これらの映画は水俣に定着してカメラを押しつづけた桑原史成や塩田武史やユージン・スミスらの写真集と共に、国の内外にひろく受けいれられ、反公害の世論を高める上で大いに役立った[32]。これらの芸術活動によるアピールを受けとめて、どれだけの数の若者が水俣の支援に立ち上ったか計り知れない。その影響力を過小評価することはできない。

この時期の問題や裁判提訴後の運動史については、私は「水俣民衆史」の続篇「不知火海民衆史」において十分に叙述したいと思っている[33]。そこで本稿では、この時期の運動史は省略して、一九七三年、熊本地裁判決以降、水俣にどんな現象が生じたか、その中でも特異な事例とみられる二つの問題に限定して、以下に簡単に紹介してみたい。

五、水俣病センター相思社――「もう一つのこの世」を

（1）生活の地に闘いの基盤

一九七〇年代に入って水俣には全く新しい質を持った生活空間が生まれた。それは町の中心部にではなく、周辺部に、水俣病事件を機縁にして生まれた。その一つが水俣病センター相思社である。

相思社を生みだす基になった水俣病闘争は、一九六八（昭和四三）年から七三年にかけて空前の激しさとスケールで展開された。一九六八年一月の水俣病対策市民会議の結成、九月の政府正式見解の発表（水俣病の原因はチッソ工場排水中のメチル水銀と断定して初めて公害病に認定）をきっかけとした水俣病患者互助会の立上り、そして一九六九年四月、熊本地裁への提訴決定に踏みきってからというもの、訴訟派と自主交渉派患者による独自な運動を支援する動きは全国にひろがり、わが国の公害闘争としては最大規模の深く激しい運動が展開された。それが一応の終結を見るのは、一九七三年三月の熊本における原告勝訴の判決と、チッソ東京本社での直接交渉の妥結を見る七月においてであった。この六年間にわたる波乱にみちた熾烈な水俣病闘争史は別に一巻の本に記録されなくてはならないものだと思う。

この闘いに終始患者を前面に立て、その意に従って支援を貫き通してきた水俣病を告発する会（代表本田啓吉）の「裁判支援ニュース『告発』」は、その終刊号で松浦豊敏署名の「水俣病闘争総括」を発表している（一九七三・八・二五）。その中に次のような啓示的な部分がある。

自主交渉闘争は裁判闘争を越えるものと評価された。しかし、（中略）自主交渉闘争は、それが東京

へ打って出た時点からすでに終戦への見越しを引きずっていたともいえる。水俣がチッソ城下町であったにしろ、そこはまた患者生活の地であったのである。生活者がその生活の地において闘いの基盤を築き得ない時、その闘いは究極的には敗退せざるを得ない。いうなれば、自主交渉東京闘争は根拠地を離れた遊撃戦でしかなかったのである。遊戯戦自体の語るに余る程の成果は積み重ねられたが、自主交渉はその成果を、生活の根拠地水俣にはね返すことは出来なかった。

生活の根拠地水俣では患者は依然、孤立していた。水俣市民たちは「おるが会社」チッソに痛打を浴びせた者らへの怨恨と、予想外に多額の補償金を奪いとったことへの嫉妬と、「流れの漁師風情の患者ども」への差別意識を一段とつのらせ、いらいらしながら待っていたのである。そこに闘い疲れた患者たちが帰ってくる。患者たちの拠り所は「家族」しかない。そのため今後のその人びとの長い人生を支えてゆく拠り所をつくらなくてはならなかった。

「台風の避難場所みたいな所」(田上義春)、「共同作業を通して働く楽しみ、生きる喜びをみつけられるような所」(佐藤武春)、「胎児性の子も喜んで身を寄せられる所、そして健康相談、巡回医療などもしてもらえる所」(坂本フジエ)、「みんなで寄って気軽におしゃべりできる所があればと思います」(山田ハル) などと闘った患者たちは願っていた。[34]

「水俣病センター(仮称)をつくろう」という呼びかけがなされたのは裁判の結審も近い一九七二年九月のこと、本田啓吉、石牟礼道子、松浦豊敏、川本輝夫、田上義春、それに水俣出身の民俗学者谷川健一氏らの間で話し合われた結果であったという。その人びとに日高六郎、日吉フミコ、宇井純、原田正純、高木隆太郎、松田道雄、篠山豊、木下順二氏らも加わって一二名による設立委員会がつくられ、一〇月一五日『告発』の号外に「水俣病センターをつくるために」とのアピールが発表された。

不思議なことにこの一二名の設立委員の中から患者は除外されていた。そればかりか二〇〇名をこえる賛同者の中にも患者の名は見当らない。設立の主体は全国の水俣病に対する理解者、文化人、市民運動家などであり、この場合、患者は「つくってもらう」側、つまり受益者として客体視されていたといえる。今から思うと、この判断には当時の患者心理に対する深い読みや思いやりと同時に、偏った思慮があったように思われる。「水俣病センター」は患者外のものがつくって患者にさしあげるのではなく、やはり患者にも主体的な参加を求めて共につくるべきものであったと私は思う。当時、患者がおしなべて貧窮のどん底にあったとしても（補償金を得たあとは事情が変るのだから）、原理としてはこの道をあけておくべきだったと思う。

（2）誰がために相思社はある

水俣病センター相思社という呼称は川本輝夫氏が記しているように「水俣病を告発する会の代表本田啓吉先生が、先生御自身の優しさと想いをこめられて、患者や支援者があるいは来訪者が、相思い相助け合う所ということで『相思社』と名付けられた」という[35]。

それではその相思社はどんな活動をする計画であったか。四つの目標があげられている。

㈠つは、すべての患者家族のあらゆる情報を集約し、一切の日常的な世話活動を行う場、患者の簡易な機

写真42　水俣病センター相思社活動報告

能回復訓練、屋内軽作業、患者家族や地域の人びととの休息、入浴、娯楽などの場としての「集会所」をつくり、また援農などの支援者を宿泊させ手伝わせるということ。

㈡つは、すべての患者を定期的に検診し、巡回治療もする「検診治療車」をおき、医療相談所を開設する。そして「潜在患者を発掘しつつ、全ての水俣病患者の医療と養護にあたる、血の通った施設」にしたいということであった。

㈢つは、ひろく水俣病関係の資料を集め、利用者に開放する。つまり内外の来訪者の窓口となり、情報センターとなって社会教育的役割を果すということであった。

㈣つは、共同作業場を設けて患者との共同作業を行い、「近い将来に患者の生活自立をめざし、殖産事業として拡大する」。また、患者家庭での農作物（みかん他）の加工、販売を扱うなど、さまざまな事業をも考えていたのであった(36)。

そして、その結果として、このセンターが「水俣病のたたかいの根拠地」となることが期待されていたのであって、当初から闘争拠点をつくることを目的としたものではなかった。

とにかく、この一九七二年一〇月一五日のアピールによって、全国から二千万円を越す寄附金が集まったのであり、それを基に一九七三年秋に着工、七四年四月に財団法人水俣病センター相思社（初代理事長田上義春）として竣工したのである。同年一一月、念願の共同作業所（キノコ工場）が稼動開始した。

水俣に活動拠点ができたと聞いて、多くの若い支援運動家たちが続々として集まってきた。そして住みつき、潜在患者の発掘、新しい裁判の応援、九州の住民運動家との交流、援農や抗議の座り込み行動、認定申請事務の引受けなど八面六臂（はちめんろっぴ）の活動を始めたのである。ただ、センターが目標の一つとしていた医療施設は容易につくることができず、出月（でづき）に小さな養生所が開設されるのは五年も後の一九七九年であった。この間に相思社は早くも権力の弾圧を受ける。

一九八四年四月、水俣病センター相思社創立一〇周年の挨拶で川本輝夫理事長はこう振返っている。

> この一〇年の相思社の歩みは、言葉通りの試行錯誤、暗中模索の連続でした。補償協定が成立した後も、新しい問題が次々と起り、センターの要員は休む暇もなかった。相思社で立ち居振舞う若者らにとって、この一〇年の裁判闘争、対国・県との交渉、患者家族の世話や集会などに潤滑油たるべく動きまわることで精一杯だったようです。……患者らの集いと安息の場、共に生きる場としてあるべき相思社に、様々な批判や問題提起がなされていることも事実です。患者らの利用が限られていることや、相思社内で日常暮らす者らの生きざまのことや、考え方の相違なども時には不協和音として受けとられることもあります。そこで、〝誰がために鐘は鳴る〟ではないが、誰がために相思社はあるという原点に私達が立ち帰り、ねばり強い努力と誠意と忍耐で、そうした批判に応えたい[37]。

この頃、相思社は運営部（専従二名）、殖産部（専従一二）、生活部（専従二）、出月（でづき）養生所（専従二）、生活学校（専従三）の五部門二一名で、次のような活動をしていた。

運営部は集会所を管理し、水俣病関係のさまざまな運動を他のボランティアと共に日常的に支えていた。一九八三（昭和五八）年の相思社利用者は、宿泊者七五九、来訪者六五四、会議

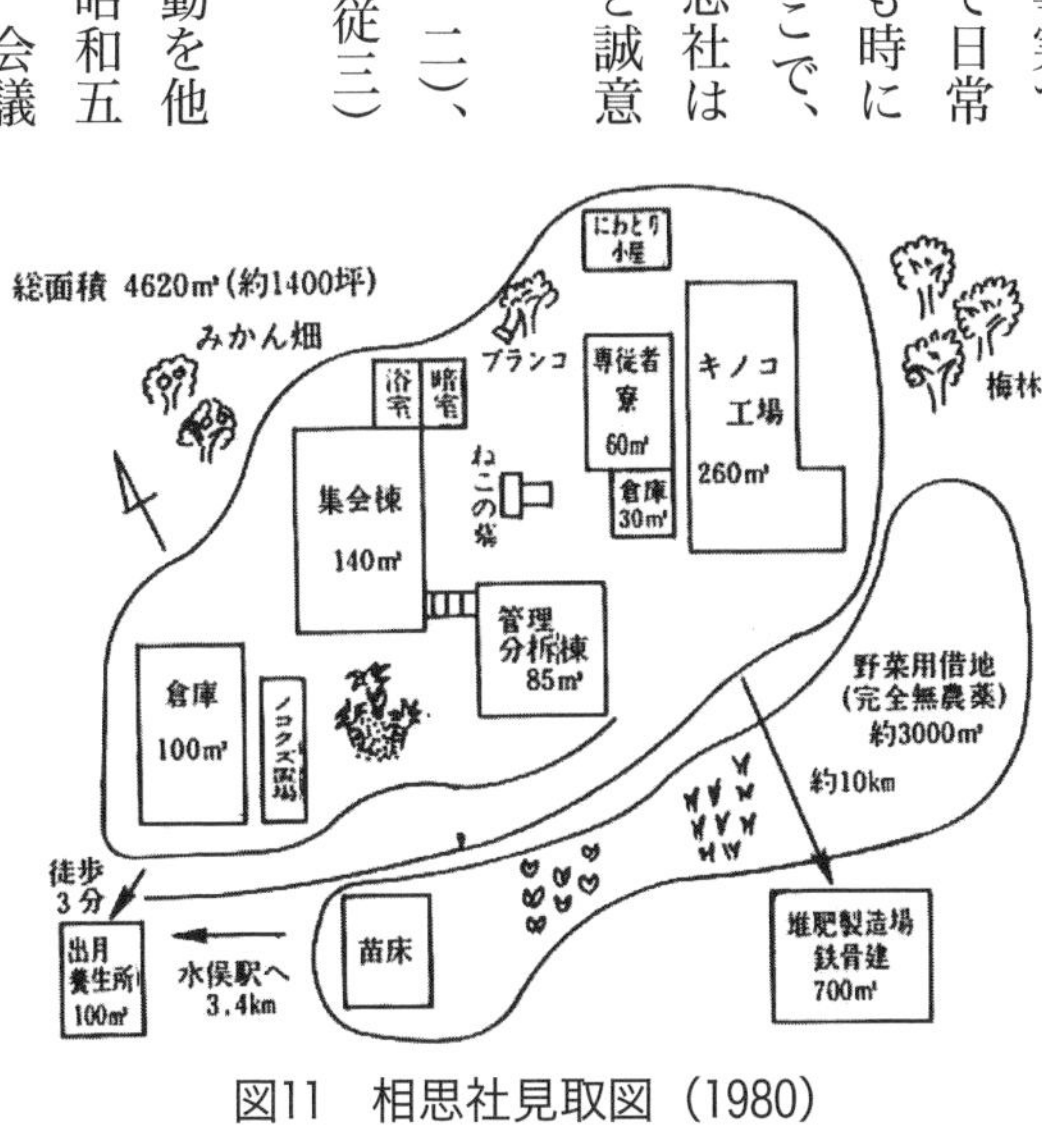

図11　相思社見取図（1980）
現在はキノコ工場跡に水俣病歴史考証館がある

等集会利用者一七三二、合計三一四五名であった。この運営部収入一二三万円余。

殖産部は無農薬、有機栽培のみかん生産組合「水俣病患者家庭果樹同志会」の事務局をになって産直販売（一九八四年には八〇〇トン扱い）、堆肥の製造販売（約四〇〇トン）等をし、経済的自立をめざして奮闘していた。

生活部は合成洗剤追放のための石けん販売や、健康食品の流通に努力して水俣市民の間に定着するようになった。また、養生所は鍼灸治療（出張施術も行う）や薬草つくり、食事指導なども行い、患者との信頼関係を深めることに貢献した。一九八三年度の利用者は一七五六人に増え、独立採算に近づいていたのである。

水俣生活学校は、毎年夏に一〇日間ほど開いている水俣実践学校（第一回は一九七七年、その後七年間で延べ三二〇人が全国から参加）を一年間に延長してみたらということで一九八二年に開校した。この建設費でも全国の理解者が協力した。生徒定員二〇人、専従職員三人、入学金二五万円、月謝、生活費不要、一四〇〇坪の敷地に一〇〇坪の校舎兼母屋を建て、昼は農作業など、夜は

写真43　相思社に学びに集う全国の人びと

写真44　殖産部の堆肥作り

学習会や患者訪問にあて、一期生から一〇人、二期生から六人もの水俣残留者を生みだした。[38]その他、「原点から教育を考える水俣合宿」(一九八三〜)も毎年夏、相思社に五〇名近い教師や関係者を集めて講座をひらき、実地見学や実践活動をして参加者から好評を得ている。

現在は右の活動の他に環境調査部が海水や魚の水銀分析をしたりして環境汚染に監視の目を光らせ、そのデータを市民に発表している。また旧キノコ工場を建て直して水俣病関係資料を展示、公開する常設の「水俣病歴史考証館」をオープンさせ、注目を浴びている(一九八八年九月開館)。このような多面的な地道な活動は水俣を訪れる人びとに役立つだけでなく、確実に水俣現地に深い根をおろしつつあるように思える。川本理事長は水俣市議会議員に当選し、現在通算二期目をつとめている。

(3) 弾圧・孤立の空間

相思社という優しい呼称と、人間的な深い想いをこめて水俣病センターは開設されたにもかかわらず、それを迎えた一般の水俣市民、行政関係者や地元の住民は執拗な疑いの目をもって見守っていた。テレビなどで大きく報道された東京チッソ本社での患者や支援者の激しい抗議ぶりが住民の目には「過激」な印象として焼付いており、その者らが勝利の旗を巻いて引揚げてきて、部落の一隅に「砦(とりで)」を構えたものと相思社をみなしていた。

闘いと病いに疲れた水俣病患者を表面に立て、その背後に身を隠しているが、本音は暴力行為をも辞さぬ(何かの企みを持つ)〝過激派〟的存在ではないかと疑っていたのである。県や市の行政、チッソや水俣経済界などの保守層もそうした流説に同調し、積極的にそのデマなどを利用していた。また運動方針を異にする熊本県や水俣地区の共産党員が「告発する会」や相思社を、「過激派集団・トロツキスト・暴力分子」として非難していたから、ますます疑惑は深まり、孤立を強いられていたのである。

そうした四面楚歌のなかで相思社は一日も早く住民に親しまれるよう、一般患者にも受け入れられるようにつとめなければならなかった。ところが、そうした努力を重ねていた矢先、相思社は予想もしなかった権力からの直接の弾圧を受けることになる。機動隊の急襲である。その破壊的なダメージは、水俣に生まれたこの新しい「共同体」を抹殺しかねない強力なものであった。そのいきさつを当事者である相思社の世話人柳田耕一氏に代弁してもらおう。

> 事件は一九七五年八月七日、環境庁陳情の際二人の県議がなした暴言に端を発する。下劣な発言主は、当時の熊本県議会公害対策特別委員会委員長の杉村国夫（自民党松野派）と、同委員で水俣出身の斉所市郎である。二人は「今の水俣病認定申請者の中には、金目当てのニセ患者がいる。魚喰っていない婆さんまで申請している。もはや金銭亡者だ」などと、悪口雑言の限りを並べた。
>
> 当然患者は怒り、県議会に抗議につめかけたが、権力の豹狼共は罠をはりめぐらし、くだんのごとく警察沙汰に仕立てた。警察沙汰は派手でなければ効果がない。そこで県警本部の指揮の下、熊本東・熊本北・芦北・水俣署から百四十名の大部隊が編成され、大仕掛の逮捕劇が演じられた。部落全員を怯え上がらせ、家族の血をも凍らせるため、手錠をかけ、腰縄をうち、引き回しのうえ連行した。悪魔もかくはあるまい。（中略）
>
> 残念乍ら、ダメージは大きかった。一連の事件は七三年の判決以降二年半にわたって、悶々と苛立っいた地元勢力に反撃の火を点火させ（頂点に市長が立つ）、中央の悪漢達にまきかえしのための時間を与えてしまった。患者の内部にさえ対立が生まれた。支配層は一番狡智な策を弄した。それは民意の扇

動である。水俣市民の精神の暗部に巣喰う生き物に、栄養豊富なエサをまいた。

チッソの八十年に及ぶ地域一元支配の下で形成されてきた市民の精神の暗部は、ずっと患者差別に動員されて来た。しかし、七三年判決前後の全国的な同情と関心の昂まりによって、それは混乱をきたし、同情も拡がっていった。ところが、判決が示され、補償金が具体的な姿で見えはじめ、復権の要求の力が強まると、患者に寄せる心は脆いものとなり、同情はねたみに、ねたみはやがて蔑(さげす)みに戻っていった。「ニセ患者」のひとことは、当時の市民感情に見事に呼応していた。肝腎なことは、市民自らの心理と生理だけでそうなったのではなく、権力側の総力を挙げての様々な仕掛けが、市民をそこに引きもどしていったと言うことである。仕掛人は国であり、県であり、市である。自民党であり、警察であり、御用学者であり、そしてチッソである。[39]

この相思社と水俣住民との間に打ちこまれたクサビの痛手から立直るために、彼らはどれだけの労力を要したことであろう。少なくとも一九八三年四月、川本理事長が唯一の患者議員として水俣市会議員に当選し(一度は惨敗)、翌年相思社一〇周年の記念法要会が催される頃まで恢復できなかったように思う。丁度その間、不知火海総合学術調査団員として水俣に約一〇年(一九七六―八五)、二〇回余り往復した私は、その直接の体験、見聞からこのことをはっきりと証言できる。

(4) 財政自立への道

新しい都市空間としての水俣病センター相思社が曲りなりにも十余年間維持されてきたもう一つの力は全国の志ある人びと(維持社員など)からの継続的な支援・カンパ(寄付)であった。その絶対額は年々減少してきているが（一九七四年の一三三八万円から一九八三年の三六〇万円へ）、この一〇年間で合計六六八四万円に達している。建設資金などのカンパを加えると軽く一億円を越えていよう。これは当時の水俣の給与水準、物価水準を考えると決して小さい額ではなかった。

相思社が作成した会計報告の面から三年ごとの動向を見ると、創立三年後の昭和五二年、一九七七年度決算では、収入一一一三万の大半七七〇万円が寄附で、運営収入は一〇八万円にすぎない（寄附の内訳は熊本相思会五〇〇、東京相思会二五〇、その他二〇万円＝色川の個人寄付）。昭和五四年決算では寄附五八一万円（熊本三三六、東京一七六、水俣六四、他）、運営収入は七九万円、繰越二〇九万円で、殖産部などの特別会計は赤字となっている（一時期は年間一七〇〇万円の売上げに達したキノコ生産も昭和五六年頃から経営が悪化し、苦闘を強いられる）。

支出面を見ると、昭和五二年度一般会計七八九万円中運営部は五三四万円、その内給料一四四万円（月額六万円の二人分）と食費一二四万円で半ばを占め、後は車輌関係四六万、光熱費等四二万、電話三五万である。他に医療部門二一四万、殖産部補助に一六八万、患者担当分に六三万円と報告されている。昭和五四年でも運営部の支出は五八一万円で、物価の値上りを加えただけでほとんど変りはない。ただ、新設された養生所への補助三二二万、患者担当分九六万が大きな出費となっているが、それはこの年度の新しい活動の証明にすぎない。しかし、殖産部門などの特別会計分を除いたセンターの総支出が一千万円余りとは、その働きの大きさに比較して経費が驚くほど少なく、いかにもつつましい。

さらに三年後の一九八二年、昭和五七年決算を見ると、寄附が二七八万円、運営収入が一四二万に対し、他事業部門からの繰入額が四〇八万円に達し、相思社自立化への努力の成果が顕著になっている。しかし、昭和五〇年の一般会計支出が九〇一万円だったのに、五七年の支出が七〇〇万とはいかにも少なく、会計上

表1　相思社会計報告（創立より10年間の決算）

収　入

昭和(年)	前年度繰越	寄付金(維持社員他)	運営収入(映画貸出,宿料)	殖産部等の他部門より繰入	合　計
49	0	13,380,000	230,000	0	13,610,000
50	4,850,000	10,260,000	360,000	0	15,470,000
51	3,410,000	8,290,000	470,000	0	12,170,000
52	2,350,000	7,700,000	1,080,000	0	11,130,000
53	1,550,000	7,420,000	850,000	1,200,000	11,020,000
54	2,090,000	5,810,000	790,000	2,800,000	11,490,000
55	1,260,000	3,790,000	820,000	3,090,000	8,960,000
56	620,000	3,810,000	1,030,000	3,400,000	8,860,000
57	160,000	2,780,000	1,420,000	4,080,000	8,440,000
58	60,000	3,600,000	1,230,000	3,900,000	8,790,000

支　出

昭和(年)	一般会計	特別会計*への補助	合　計
49	7,310,000	1,450,000	8,760,000
50	9,010,000	3,050,000	12,060,000
51	7,480,000	2,340,000	9,820,000
52	7,890,000	1,690,000	9,580,000
53	8,930,000	0	8,930,000
54	6,810,000	3,220,000	10,030,000
55	6,220,000	2,370,000	8,590,000
56	6,280,000	2,420,000	8,700,000
57	7,000,000	1,380,000	8,380,000
58	7,170,000	1,420,000	8,590,000

＊特別会計――殖産部，養生所，生活学校，生活部
水俣病センター相思社　活動報告第３号・第４号より
（1980.6，1984.7発行）

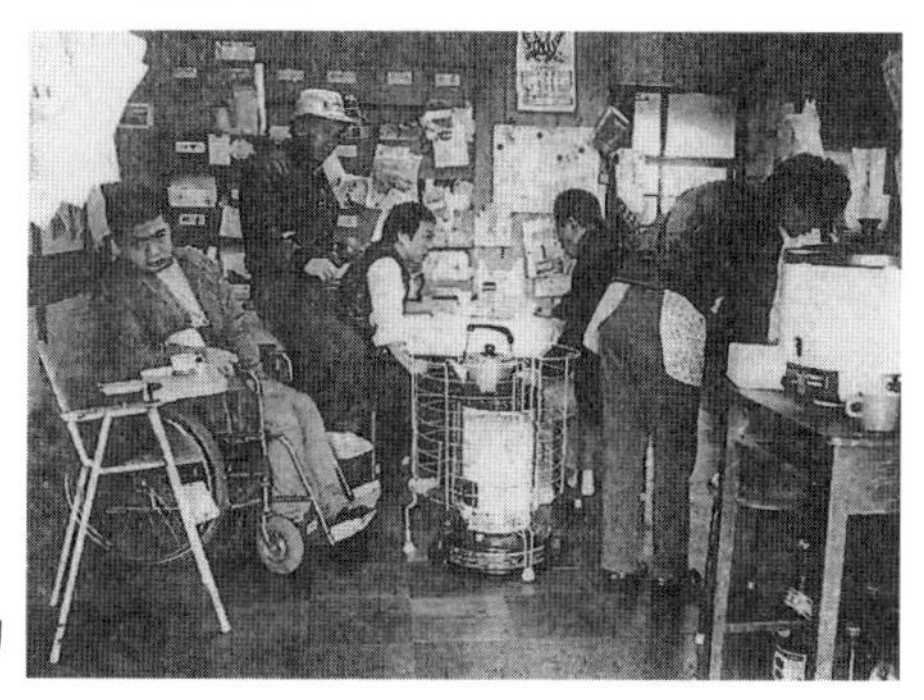

写真45　相思社運営部の活動

の分離があったとはいえ、相思社職員に対していかに大きな犠牲を強いた財政事情であったかが手にとるように分るのである。(40)

それでも創立十三年目にして相思社理事会は維持社員制度を終了させることを決定した（昭和六二年度の寄附は三四三万円、運営収入は約二六五万円に対し、殖産部と生活部の収入が大幅に増加している）。一九八八年（昭和六三年）三月を期して自立する決意を表明しているが、前維持社員にはなお協力会員として継続的な援助を賜わるよう要請している。水俣病センター相思社員一同の名で、一九八七年三月三一日に発せられた手紙の内容は、苦渋にみちた屈折したアピールといえる。

思い起こせば、この十三年間はまさに試行錯誤の連続でした。にわか百姓の、有機農業を中心として経営を安定させようとした一時期。患者さんとの共同作業として定着しかかりながら、経営センスの甘さのために失敗したエノキ栽培。買い取りの約束を破られ、二百万匹を抱え込んで途方に暮れたミミズの養殖（梅雨時のきゃつらの大脱走は今でも目に浮んできます）。

何がどうなっているのかよく分らないうちに始まり、雪の降りしきるなか、深夜におよんでの荷造りで最初のトラックを送り出した甘夏ミカンの初出荷。まさかこの甘夏がその後の自分たちを支える大きな力となろうとは、ちぢかむ手を丸めて息を吹き込みながら、その時、誰が想像できたでしょう。

何回かの刑事弾圧も受けました。家宅捜索、患者さんと仲間の逮捕は、内部的には団結を強めるものではあっても、心ない人たちからは暴力集団よばわりされ、この地に根づこうとする努力が水泡に帰すかのようにも思われ、悩んだこともありました。しかし、人間として当然のことを主張し、非暴力直接行動にうってでる患者さんの運動を支えるとき、小競り合いが公務執行妨害罪に当り、肩が触れれば暴力行為になるといわれるのならば、今後も私たちは「過激派」と呼ばれることを厭いません。水俣に根づくとは、単なる同化ではなく、この地の日常とは異質のものとしてみられようとも、人々に正面から向かい合い、心を開くことこそであろうと、今ようやくにして悟り始めています。

もっとも、こうして振り返ってみると、私たちはいったい何を「支援」し得てきたのかと疑問にも思えてきます。支援という言葉自体が、本当は気恥かしく声高に言えるものではなかったことに気づかされもします。……患者運動を支えてきたという自負は大切なことだと思いますが、この「支援」は、「患者さんに支えられてきた」といって等価でありましょう。想思社は、水俣病患者とともにあり続ける以外に、存在の価値もなければ存続の方法もありません。今ここにあらためてその認識を深くし、心に刻んでいます。[41]（後略）

（5）相思社のあゆみ

そこで、この手紙の内容を裏づける「相思社のあゆみ」を簡単に年表風にまとめてみることにしよう。

一九七二・10　熊本と東京で同時に水俣病センター設立構想が発表され、募金活動開始。

一九七三・3　熊本水俣病民事裁判（第一次）判決。

5～6　第三水俣病事件発生、全国に水銀パニック起る。

7　チッソ本社での東京交渉妥結。

12　起工式

写真46　闘う相思社員

一九七四・4　センター相思社竣工式。初代理事長田上義春。
8　水俣病認定申請患者協議会結成、第一回九州住民闘争交流団結合宿（四回まで相思社で開催）。
11　共同作業場（キノコ工場）稼動。
12　認定申請患者協議会（申請協）を中心に患者四〇六人、熊本県知事を相手に行政不作為違法確認訴訟を提訴。その裁判活動を支える。

一九七五・1　川本輝夫刑事裁判第一審有罪判決、患者有志、チッソ幹部を殺人傷害罪で告訴。
7　カナダ・インディアン一行（水俣病被害者）来水、歓迎。
9　水俣からも患者代表、カナダ・インディアン地区を訪問。
10　「ニセ患者」発言問題で県庁に抗議、その報復として機動隊による家宅捜索を受け、患者一名、職員二名逮捕、連行さる。
11　相思社職員ら従業員組合を結成、水俣地区労協に加盟。
12　水銀分析開始。

一九七六・4　新理事長に浜元二徳。不知火海総合学術調査団（団長色川大吉）を歓迎。
12　みかん等の産地直売開始、不作為違法裁判（熊本）の勝訴の判決。

写真47　水俣生活学校の田植え

一九七七・2　自主医療研修サークル「竹の子塾」始まる、水俣病患者家庭果樹同志会（大沢忠夫方）発足。
4　相思社の経済自立四ヵ年計画開始、ミミズを養殖。
6　川本輝夫刑事裁判控訴審（東京高裁）判決、一審判決を破棄して「公訴棄却」と決定、勝訴。
8　第一回水俣実践学校。
9　殖産部の堆肥製造本格化、倉庫建設。水俣病患者連盟と申請協の事務局を相思社が引き継ぐ。
12　水俣湾へドロ処理工事差止メ仮処分申請。
一九七八・2　患者、早期救済を要求して熊本県庁に座り込み開始。
3　環境庁に座り込み、機動隊、患者を排除。
4　新理事長に川本輝夫。
一九七九・4　出月に養生所を開設。生活部、企画部を設置、合成洗剤の追放運動に取組む。
7　国立水俣病センター開所式を患者団体と共にボイコット。
8　第三回水俣実践学校。
一九八〇・3　謀圧裁判第一審判決、有罪、被告控訴。
4　川本理事長と職員の高倉史朗逮捕。

写真48　患者連盟の人々と花見会
（相思社集会室にて）

10　芥川仁写真集『水俣・厳存する風景』を自費出版。

11　申請者（未認定患者）総数一万人を越える。

一九八一・5　患者団体、委員の辞任と解散を要求して県や認定審査会と交渉。キノコ工場経営悪化。水俣病歴史考証館の構想出る。第一段として生活学校を計画、建設資金（出資金）の募集開始。

一九八二・3　水俣生活学校開校。申請協の代表、認定問題で県庁に泊りこみ。

8　校舎完成。高校生実践学校。

10　関西水俣病患者、国家賠償等を要求して提訴。

11　第一回収穫祭。

一九八三・3　水俣湾ヘドロ処理工事、試験浚渫を開始。

4　川本輝夫、市会議員に初当選、水俣市政研究会をセンター敷地内に置く。第四回日本環境会議、水俣で開催。キノコ工場生産停止、分析部門を環境調査部門に変更、患者の厚意で資料室を建設。

7　待たせ賃裁判判決、原告勝訴。

8　第一回「原点から教育を考える水俣合宿」。

一九八四・1　映画「水俣の甘夏」完成。

3　熊本県「待たせ賃請求書」（患者一八〇〇人）に拒否を回答。

写真49　相思社員一同

4　相思社設立十周年記念行事で法要を営む。

一九八五・3　カトリックのシスター達水俣合宿。

5　『公害の政治学』を復刊・販売。

8　地元の若手教師による初の水俣病学習自主合宿。

一九八六・7　「水俣病三十年」で講演会や実践学校等、多彩な行事。「水俣大学をつくる会」等活動。

10　相思社環境調査部、チッソ工場の排出汚泥及び湾内の魚から高濃度の水銀を検出、市民に警告。

一九八七・1　水俣病裁判記録等を集成、縮刷版『水俣』を出版。

2　ベトナムへ検診車を送る会、代表派遣。

3　水俣病第三次訴訟、原告勝訴。

6　県による大量検診（大量棄却のため）の横暴に抗議。

一九八八・3　維持社員制を廃止。

9　政府公式見解発表二〇年の記念法要、水俣病歴史考証館開館。

写真50　歴史考証館のデザイン

（6）〝水俣の灯台〟――情報発信基地

最後に中間評価をしてみたい。相思社が誕生したとき、四つの主な目標が設定されたが、この十余年をふりかえって成果はどうであったろうか。

㈠水俣病センター相思社をすべての患者家族の連絡の中心、休息と娯楽とリハビリの場としたいという目標は、その後の患者数の激増（一〇〇人台から認定患者だけでも二二〇〇人台へ、未認定患者を含めると約二万人に達する）、患者団体の分裂と対立、支援者の合宿場化と九州住民闘争の拠点化などによって実現しなかった。つまり「センターは患者のものではなく、支援者中心のものとなった」という内外からの批判は、そう的（まと）をはずれていなかった。それは先述したセンターの設立事情と支援者の体質からもきている。

しかし、その反面、患者浜元二徳氏の指摘も本質を突いている。

「あの若者たちがいなかったら、未認定の患者をあれほど救うことができたろうか」。「本当は認定された患者も、後の人のために一緒になって、より以上に、話し合いや（未救済の患者の）発掘をすべき性質のものだった。それが出来なかった（それを患者がしなかった）のに支援者だけを責めることはできない」と。[42] いわゆる「訴訟派」の認定患者（浜元氏もその一人だった）が裁判終了後、次第に運動から遠ざかり、ともすれば外部から相思社を批判するようになってゆくが、その人たちも浜元氏の指摘通り、後の人のために応分の力を尽くすべきであったように私も思う。

㈡センターに巡回検診のできる治療車を置き、相談所を設け、患者の切実にのぞむ血の通った医療と養護にあたるという目標は達成できたろうか。それはできなかった。創立五年後にようやく鍼灸（はりきゅう）やあんま療法などの出月（でづき）養生所を開設したが、それで精一杯だった。

この目標を実現するためには何よりも資格を備えた医者の専従が必要だった。その肝心の医者が、「行く」と約束していた若い医者の卵さえも、いざとなると尻込みしてやって来なかった。水俣病がうつるとでも思っていたのだろうか。その上、検診車の維持や医療施設には多額の資金がいる。それは相思社の賛助者の寄附だけでは到底まかないきれるものではなかった。センター発足時に患者の主体的な参加を求めなかったこと（「患者共済」理念の欠落）の限界が、ここにもはっきりとあらわれている。

一九七三年の判決と補償協定の成立によって、水俣では一家で一億円近い補償金を得た患者家庭もあらわれた。しかし、それらの人びとはその後、家族を守ることに専念して、〝御殿〟のような自家の〝砦〟を築いて、そこに閉籠（とじこも）るという傾向を示した。それは様々な事情によって認定を受けられないままで貧窮に苦しんでいた後の患者の目からは、先行者の利己主義的な姿勢と見えたし、周囲の住民からは嫉妬の対象とされ、中傷の的（まと）ともされた。そうした情況になったとき、運動の中心に在った人びとが、〝一緒に医療の基地や共済の組織をつくろう！　未救済の人のために力を貸そう〟と、言いにくい言葉を発し、説得にあたろうとしなかったのはなぜか。後に土本典昭氏が遠慮勝ちに触れた次の言葉に私は注目する。

「患者さんひとりひとりがお堂を建てた。相思社の大浴場や仏間や広い縁側より更にこまやかな思いを托して家をつくった。それを世間は白い眼で見る。患者も〝御殿〟のなかから白い眼で見返した。……ニセ患者の合唱の中で、申請者の闘いに背を向けて黙した旧訴訟派……そもそもこの十年の大きな水俣のうねりを誰が予想し、相思社の設立の原点洗いまでできただろうか。患者は患者、申請者も認定されれば、また〝心変り〟し、〝御殿〟をたてるひとりになる。あとの生のよるべは、しかし、相思社しかない」(43)と。

この点、おなじ水俣でも全く違う道を歩んだグループがあった。藤野糺（ただす）医師ら水俣診療所のグループである。この人たちは民医連の医師として一九七〇年代の初めから潜在患者の発掘に努力し、その救済と認定申請を助ける運動をつづけていた。一九七四年一月、相思社より一足早く七人のスタッフで水俣診療所をつくり、水俣病患者たちを積極的に迎えいれ、診療にあたった。また、それ以前に結成されていた「水俣病被害者の会」を支援して、たちまちのうちに最大の患者組織にと発展させていった。

このグループの特徴は全員が認定されて補償金をかちとったとき、共同の医療基金としてその一部を拠出させたこと（拠出するように説得したこと）で、その患者たちの基金と診療所の資金を糾合して一九七八年三月に水俣の一等地に市最大の本格的な水俣病対策病院、その名も「水俣協立病院」を開設させた。

開院当時のスタッフ四三人（内、医師と看護婦二三人）、院長の藤野氏は三六歳、五階建のビルには診察室、治療室、入院患者用の病室はもちろん、リハビリ室（理学療法室）、鉱泥浴室（温泉治療室）、鍼灸室、生理検査室、聴力室、脳波室、末梢神経測定室、X線室、中央材料室、蒸気滅菌室などが備わっていた。これからもいっそう最新医療機器を充実させてゆくと院長は私に語っていた(44)。

写真51　水俣協立病院
（松田寿生撮影）

相思社がねがっていたすべての水俣病患者の医療基地をつくるという目標は、この水俣協立病院と被害者の会によって達成されたといえるだろう。このグループが民医連や日本共産党との協力関係にあったからといって、その業績を過小評価することは公平でないと私は思う。この病院は現在水俣病患者に対する最も新しい総合的な診療能力を持つ民間機関として幅広い患者の信頼を得ている。しかも、その位置がJ・R水俣駅の斜め前、チッソ水俣工場の正門と向い合う所にあり、その象徴的な意味からしても水俣に新しい都市空間を創り出したものとして積極的に評価できる。決して書き落すわけにはゆかない。

㈢相思社は水俣病関係の資料を集め、利用者に開放することを目標としてきた。そのための努力はここ数年相思社員吉永利夫氏を中心につづけられてきたが、今、ようやく各方面の民間の協力者の応援を得て、立派に水俣病歴史考証館として実現されるにいたった（一九八八年九月二五日に開館）。このことの意義は大きい。

この他にも相思社は広い意味での社会教育的な仕事を重視している。一九七七年夏から水俣実践学校を開いて、すでに一〇年になる。また、一九八二年からはユニークな性格を持つ水俣生活学校

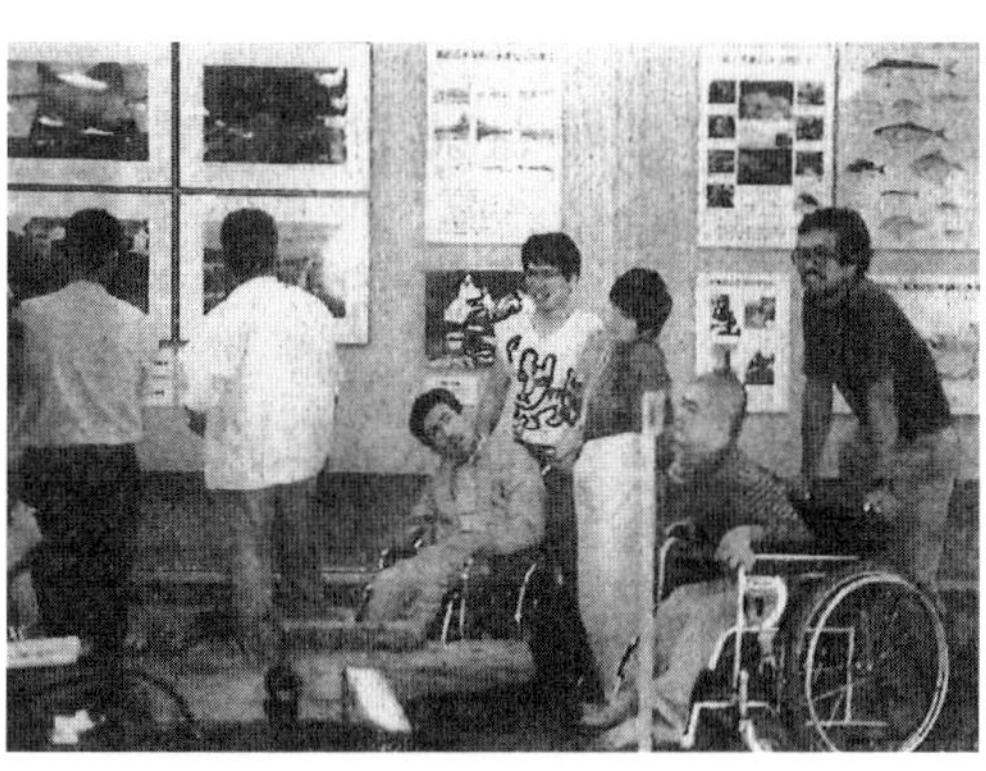

写真52　水俣病歴史考証館オープン（1988. 9. 26）

写真53　歴史考証館前に勢揃いした開館祝いの人々（宮本成美撮影）

を開設、翌八三年には「原点から教育を考える水俣合宿」を開いて全国からの参加者を集め、きわめて好評である。

それに近年、相思社世話人の柳田耕一氏が推進者の一人となってセンターとは別に水俣大学を創る市民運動も展開されている。今や相思社は水俣から、水俣に、新しい文化の衝撃波を送りつづける情報発信基地、一文化センターになっていることは疑いない。相思社をぬきにして水俣を語ることはできなくなった。もう四年前の発言であるが、土本典昭氏の言葉を引こう。

相思社は水俣のなかの水俣にすでになっている。社を訪れた外国人は四十数ヵ国、二百数十名になっているはずだ。また天草・離島の人びとに『水俣病センター』の呼称はそのままの響きで親しまれていくであろう。最近、アメリカ人女性研究者を電話一本で相思社につなげた。彼女は環境法上ヘドロ処理をテーマにしていた。だが、その礼状に〝現地の若い人の親切と的確な対応は私にとって洪水がおおいかぶさるover whelmほどのものでした〟とあった。相思社（支援者）以外に水俣のどこにこうした灯台があろうか。[45]

(四)相思社に共同作業場をつくり、患者の生活自立を助け、また患者家庭での農作物の集荷や販売をするという目標はどうか。相思社専従社員の奮闘により、後段の方はかなりの程度実現されているように私は思う。前段のキノコ工場は失敗したが、反農薬有機農法による水俣病患者家庭果樹同志会との協業は着実に成果を拡大している。このためには同志会との連携のカナメとなった高橋昇氏らの力が大きい[46]が、相思社の産直販売による各地生活クラブ生協や全国の協力会員との交流という陰の力も無視できない。

また、同志会とは別に早くから活動していた大沢忠夫氏が「反農薬水俣袋地区生産者連合」（反農連）を結成した直後に発した、次のメッセージを私は思い起す。

水俣をとりまく状況は、生産、生産基盤の崩壊を伴い、残されたわずかの畑を死守してゆくため、弱い者同志が連合してゆく以外にはありません。水俣病の被害状況が重くのしかかる中で、可能な限り生産者同志の絆を深め、農協の流通機構に抵抗できる砦を水俣の内から創出していきたいと思っているのです。また、消費者である一人々々とのかかわりあいも大切にしてゆき、大きな輪をつくりあげたいと思います。それぞれの立場から、それぞれの考え方で参加して、いっしょにやってゆきましょう。(一九七八年三月、通信)

他に、患者自身による生活自立の企てとしては、田上義春氏が神ノ川に拓いた田上農場(次の章で取り上げる「乙女塚農園」)の経営が県の農林当局からも表彰されるような好成績をあげている。しかし、こうした殖産面での展望は、決して楽観できるものではない。アメリカ等による農産物輸入の完全自由化要求という国際的な圧力の悪影響が、すでにこの地にまで迫っているからである。この意味でも今の水俣は世界のミナマタとなっている。

なお、水俣病被害者の会の運動について、公平な立場から詳しくその組織活動と患者救済の業績の意義を述べなくてはならないのであるが、今の私は全くの不勉強、資料不足で、その能力を欠いているので、次の機会にこのことを果したいと思う。今の水俣の大きな不幸は、患者組織の二大グループが対立し、指導者同士が、反目していることにあると、私も確信している一人だからである。

六、新しい祭祀空間の試み――〝呪術〟を創造できるか

（1）芸能を通しての共同体の賦活

私が発病した昭和三十年ごろ、この袋の二部落で、月の浦で、江添で、浜で、たくさんの人が苦しみ、歎き、狂い回っていました。

誰も助けてくれず、病苦の上に、貧しさと迫害と屈辱が加わりました。そんな中で、ものも言えずに死んでいったあの人、この人のことをおもうと、私の胸は今でもはりさけそうです。

幸い私は一命をとりとめ、一歩、一歩、工夫し努力して、今日まで生きてこれましたので、これからは、長年の夢であったこの自給農園でみなさまのみたままつりをしながら、生命の尊さをかみしめてゆきたいと思っております。

もうすぐ塚守の砂田さんが、秋までには私の一家もここに移り住み、みんなで協力しながら清らかでいきいきとした乙女塚農園をつくり上げ、水俣病で死んだ生類の犠牲の意味が、孫子の代まで伝わるよう努めます。

どうか末長く見守っていてください。

乙女塚農園々主　田　上　義　春

これは昭和五四年（一九七九）の春、所は水俣市の南端、神ノ川の丘につくられた合祀塚の慰霊祭での田上氏の祭文である。(47) 田上義春は熊本水俣病裁判の原告として、またチッソ本社での東京交渉団の団長とし

て、水俣病事件史に名を留めた患者である。その人が自分の補償金をはたいて一ヘクタールほどのミカン園と畑を入手した。そして、砂田明夫妻と協力して水俣病犠牲者——とくに死んだ少女たちの霊を祭る塚（乙女塚）を築いたのである。

そこは眼下に鹿児島県境の神ノ川の鉄橋と国道を眺めおろし、その向うに落日にきらめく不知火海が見渡せる景勝の丘である。一九七九年三月二二日、故上村智子の父上村好男と、故坂本真由美の妹で胎児性患者である坂本しのぶの手で鍬入れがされた。また、入魂の祝詞は最も伝統のある水俣八幡宮の神官によって行われた。

自立農園経営の発想は月ノ浦の患者の田上義春氏。合祀塚、乙女塚を築く着想は、新移住民である砂田明氏。砂田氏はみずから「塚守」を名乗りでて、この地に骨を埋めるべく居宅を湯堂から移した。

砂田明は都から来た人であり演劇人である。一九七〇年、石牟礼道子『苦海浄土』に感動して水俣巡礼を思い立ち、さらに母親と妻恵美子の一家をあげて水俣に移住した。

> 私こと、水俣巡礼以来十年の共闘交誼の上に立って、患者田上義春氏とともに水俣市袋の神ノ川丘陵に「乙女塚農園」を拓くべく昨春よりとりかかっております。命名の由来は、農園の一角に上村智子さんや荒木秀子さん坂本福次郎氏らの水俣病による死者を、認定というふるい分けにかかわりなく祀る塚を築くことによります（塚守通信[48]）。

この生類合祀の「乙女塚」という発想は、水俣原住民を当惑させ、支援の活動家たちの眉をしかめさせた。だが、砂田明氏の断固たる決意と実行力はそうした違和の声に挫けることなく、つらぬかれていった。土俗の伝統や呪術から質的に離れたこの砂田氏の新しい祝祭空間づくりは、水俣病患者の象徴的存在たる田上義春（相思社初代理事長）に支えられていただけではなく、次のような彼個人の思想的、演劇的な野心によって支えられていたと私は考える。
彼が一九七九年四月二二日、乙女塚祭場ではじめて死者たちへの誓詞を述べたころ寄稿したエッセイには、「乙女塚農園と新演劇」というタイトルがつけられており、その中に芸能を通しての共同体の賦活が期待されていた。つまり、「かつての農の共同体が、天神地祇へのまつりを必要とし、まつりが芸能へ展開し、芸能が人生を賦活し、かつ共同体の絆をつよめた――という関係を、牧歌的ながら夢とみなすのは現代の偏見なのではなかろうか(49)」と。

あえかに美しい響きをもつ乙女塚の名とはうらはらに、私はここを、刑事罰をもってしても補償金によっても鎮まらぬ死者たちの無念の声々のとどろきわたる場にしたいと念じているからである。沖縄戦や原爆や公害病の、数知れぬ死者たちの犠牲のうえに生きながらえながら、むなしく物欲地獄につながれて、集中管理されつつある現代人の魂を賦活し起ち上がらせる呪術的秘儀を、私は求める。鬼道に仕えた巫女卑弥呼のむかしを、いやもっと古く、水田に足跡残した縄文農耕の自然信仰をこそ、とらえ返して、沖縄久高島に今ものこるイザイホーの神事さながら、演劇の始源のかたちをも内包するほんものの「まつり」を求めている。(49)

砂田明氏が「呪術的秘儀を求める」というとき、それは芸能の根源への無条件な信頼を前提としていた。沖縄や水俣や広島のことをあげながら(やがて彼はそれを一つの共同の「まつり」の場に束ねようと試みる)、彼の目は次のような光景を幻視していたに違いない。「たとえば月待ちの闇夜、かがり火焚いて新穀を捧げ、塚前の饗庭に芝居する(芝の上に座す)患者・遺族・村人や遠来の参列者にむけて巫術をおこなう。落日に正対する乙女塚では、日も月も塚の背後から躍り上がる」(一九七九・四「西日本新聞」寄稿)と。
だが、巫術を誰が行なうのか。巫術とは神に憑依されて初めて出来るもので、尋常の芸能では真似事しか演じられない。

砂田明氏の特徴は、「個」としての強烈な実行力にある。田上農場のほかは何もなく、徒手空拳（としゅくうけん）に近い状況から、彼は立上る。長い間温めてきた『苦海浄土』の一章「天の魚」を劇化し、それを携えて乙女塚建立資金の勧進（かんじん）の旅に出発する。

（2）勧進芝居の足跡

一九七九年一一月、砂田明の一人芝居はその凄愴な捨て身の迫力をもって九州各地に感動の渦を捲き起す。彼が上京したのは一九八〇年二月のことで、浅草木馬亭を借り切っての勧進興行は、連日超満員となる。

私もそれを見にいった。彼はその舞台で「黒」に統一された古典様式の演技を見せ、演じ終ってこの収益金を「乙女塚基金」として生かすと観客に誓約した。たしかにそれは久々に見るミナマタの魂の噴出であった。しかし、この演技が砂田氏の期待したような力、すなわち「むなしく物欲地獄につながれ、集中管理されつつある現代人の魂を賦活し起ち上らせる呪術」の効果を持ったかどうか、私には疑問であった。

もし、真にそれを果そうとするなら、演技者は

写真54　砂田明の一人芝居「天の魚」
（宮本成美撮影）

おのれの「個我」を越え、「集合魂」の世界に没入し、そこから他者に浸透するという表現を一般的にはしなくてはならないだろう。その上、それを持続する「祀り」の場までつくりだすことが求められよう。砂田氏個人にそうした重い負荷が可能だろうか？　だが、彼は追い求める。この夏から恵美子夫人も加わって夫婦(めおと)勧進(かんじん)になり、九月から舞台監督も従う三人旅となる。

一九八一年一月、とつぜん早すぎる賞讃が降ってきた。紀国屋演劇賞の受賞である。それは呪術者には妨げとなる俗世の招きであったのに、拒むことなくこれを享け、俳優砂田明はふたたび俗世の有名人となり、水俣でいう「勧進」（流浪する乞食）の座から滑り落ちる。その後も彼は巡業をつづけ、この年五月一日乙女塚落慶供養、八月二九日第一回例祭の施行にこぎつける。

一九八二年四月、沖縄の読谷村(よみたん)で金城実(みのる)の「海の母子像」にめぐりあい、水俣の胎児性患者の母子とスパークするものを感じとり、彼は感動。これを水俣へ請来(しょうらい)しようと決心し、八三年には母子像キャンペーンの巡演を続行する。八月、フィリピンで開かれたアジア青年の演劇合宿に参加後、九月の第三回例祭で念願の「海の母子像」の除幕と、広島の被爆瓦の乙女塚奉納を果した。

一九八四年八月の第四回例祭では長崎の被爆瓦を被爆者の手で納めてもらうことができた。こうして着々と祭りの「聖域」作りを充実させてゆく。この年一一月、満五年を経過、勧進芝居は三〇〇回を越え、乙女塚基金の名で得た収入は合計二四八七万三二〇〇円に達した。[50] この間、ベラウ共和国より三人の婦人を招待、さらにスリランカ他アジア四ヵ国の青年や、インドネシア水俣視察団を迎えて交流している。

二千万円をこえる基金によって、乙女塚の整備はもちろん、「みんなの家」「塚守(つかもり)の家」「海の母子像」、祭祀や演劇の用具、舞台その他が整えられた。運動としての乙女塚勧進興行は一応成功したというべきであろう。

一九八五年、被爆四〇年の春から夏にかけて、沖縄―広島―長崎―水俣を非核太平洋につなぐ〝海の母子像運動〟を展開し、詩劇「鎮魂歌」を各地で上演した。このころの砂田明氏は水俣を拠点としながら全国を駆けめぐる平和運動家としての役割を果すようになる。その山口県下の勧進口上の中で彼はこう言っている。

> もし、あなたが、私に届いたミナマタの教えに共感して下さるのであれば、被爆詩人原民喜の遺した「自分のために生きるな、死んだ人たちの嘆きのためにだけ生きよ」のことばが、じつは、現代世界と人間とに差し出されたもっとも美しい逆説であり、励ましであったことに気づかれるのではないでしょうか……。(51)

砂田氏がここでいう「ミナマタの教え」とは、人間本位の考えと経済合理主義の価値を最優先させる現代文明への根底的な批判である。〝人間以外の生類〟の立場を考え、他界とこの世の人間をも包みこんだ〝いのちの連帯〟の思想をさす。言うは易くして行うは至難のわざである。〝そのような連帯の中に位置づけられてこそ、人間一人ひとりの「生」は本来のかがやきを放つのだと、ミナマタが私に教えてくれた〟と、彼はいう。

だからこそ乙女塚にはさまざまな過去、現在、未来にわたる〝生類〟のかたみ（礼拝の対象としての聖物）が合祀されたのであろう。彼はこの塚の性質をこう解説する。

船形の自然石に寛文の石仏（水子供養の仏像）、その左側の

写真55　乙女塚第１回火まつりと塚の前の砂田明（宮本成美撮影）

丸い植生はツゲの木で地球のシンボル。玉砂利の庭を海に見立ててありますので、ここは地球を浮べている海、つまり大生命系である〝宇宙という名の海〟です。

塚の中には、水俣の大崎の〝竜神さんの白玉〟、爆心地百間（ひゃくけん）のマテガタが貝の宝庫であったころのネコ貝（食べたあとはおハジキとして少女たちに愛玩されていた）、上村智子さん遺品、縄文貝塚の貝、八幡地先で猛毒と化した貝（中村末義さん遺品）、遠くベラウから届けられた祖貝（おやがい）などが、広島・長崎の爆心地の瓦や礫とともに納められています。[52]

これは砂田氏の目にだけ見えているマンダラ宇宙であって、他人にはその関連は見えにくいのであろう。また、それらの聖物は、それが生じた場と、その場の「土民の思い」から引離されるとき、ほとんど聖性を失うものであることを氏は思わないのであろうか。

（3）共生の祀り

砂田明はかつて青年時代、共産主義的な〝新劇青年〟グループの中にいた〝進歩的な思想〟の持主であった。その人が今や新宗教の教祖まがいに〝イコン〟を礼拝し、呪術的秘儀によって共同体を賦活したり、病める現代人の魂の救済にあたろうという。その行動は演劇を通してであっても、そのよびかけの本質は宗教に属する。

かりに「宗教」であるとするなら、砂田氏にとって「神」とは何か。彼が暗黙のうちにその教義を借りている釈迦牟尼（むに）の仏陀のことか、あるいは遍在する充たされぬ死霊（しりょう）のことか。それとも自然（その真理性）の美的表象の意味か。壮大な演劇的虚構なのか。

彼はみずからを乙女塚の「塚守」という。だが「塚守」以上の存在になっていることは、次の合祀塚の「共生の祀り」の発案からしても分る。彼が選びとったまつりは年に四度行われている。

「水まつり」、一月七草の日、寛文石仏の水子地蔵にちなんで、水銀禍のため、この世に人として生れえなかった幾百、幾千の水俣の水子たちを供養する。また、この水俣の土俗のカミ、竜神も祭る。この竜神こそ日本列島でもっとも古い原住民の深層の信仰で、水俣でも雨の神、海の神として祀られているからだ、と(しかし、水子と竜神とをどうして一緒にするのだろう)。

「草まつり」、五月の八十八夜、茶摘みの季節、乙女塚建立の記念の日に献茶を行い、霊を祀る。

「火まつり」、旧暦八月一日の夜(八朔)に行う。この火まつりでは犠牲者の追悼と水俣の再生が祈念される(通例の日本の「火祭り」とは内容がまるで違う)。この折、一部の患者家族や全国からたくさんの活動家などが招かれ、郷土ごとの芸能の宴が催される。数日にわたって乙女塚の「みんなの家」はにぎわう。神ノ川は祝祭の劇場となる。

この他八月一五日、終戦記念日に、アジア・太平洋地域の戦争犠牲者を心に刻む催しが行われる。何よりもこの開拓者にして演出者、思想者の砂田明が、乙女塚とその公演で何をめざしているかは右の行事によってほぼあきらかであろう。そして、これがチッソ水俣病事件で荒廃したミナマタに、たとえ未熟なものであれ、新しい祭祀空間、祝祭空間を創りだしたことも事実である。その年中行事のタイム・スケジュールとまつりの舞台装置は整えられた。果してここから水俣は再生への端緒をつかめるのか。ここで疑問が生まれる。この新しい「共生の祀り」は水俣の「まつり」にならなければならないはずなのに、いまだにそうなれないでいるのは何故だろうか。

一つの地域に、新しい「まつり」を創りだすということは至難のわざである。それが町の観光協会などがするような薄手のイベントや表層の風俗にとどまるものではなく、住民の魂の拠り所としての「まつり」になると容易ではない。それを承知の上で、あえて言いたい。水俣ほど悲惨を耐えた土地だからこそ、水俣に新しい質の祀りが、宗教が、思想運動が生れてよいに違いない。乙女塚の実験はたしかにその線上にある一つのものだと私も思う。そうであるなら、創造の主体は悲惨に耐えた患者それ自身であり、その代行者になしうるものではないであろう。

右の乙女塚の三つのまつりが、果して水俣病患者の内部から発想されたものだろうか。それらの受難者が欣求するものとして、これらの祀りが生起したとするなら、「時」を待てばかならず根づくにちがいない。歳月を経ていつかは深層で土俗神ともつながるにちがいない。しかし、「塚守」が「時」の熟するのを待てず、主役を代行してしまったとするなら（内なる力の充溢してくるのを待てず、外からの「連帯」の力などで埋め合わせようとするなら）、この土着化は危うい。つまり砂田氏がこの世を去ったあとも、この〝祀り〟が続くかということを私は考えるのである。

（4）乙女塚――土着化して普遍へ

砂田さんは「みなまた乙女塚縁起―その二」（一九八五年）でこう書いている。

あまつ風雲のかよひ路吹きとじよ
乙女の姿しばし止どめむ
（僧正遍照）

塚上部の土盛りは、ふくらみ初めた（受胎準備完了を告げる）乙女の胸を象どる。水俣病公式発見の一九五六年当時、婚期を迎えていた乙女たちがとりわけ激烈に病み悶死した。又、幼時発症で意識を奪われたまま美しい乙女になった者もある。乙女塚命名の由来は、これらに加えて、胎内発症の苛烈な生を存え（ながら）、多くの人々に衝撃とともに勇気を与え、おしめをしたまま成人式を迎えたあと、間もなく死亡した上村智子さんを記念するところにもある。(53)

この乙女塚の初心（しょしん）が、「共生」「合祀」という美しい観念にとらわれすぎて、拡散の過程をたどりはしなかったろうか。あまりにさまざまな異質の起源を持つ祀りを寄せ集めすぎて、乙女塚の精髄たるものの思想的な衝撃力を弱めはしなかったか。ただ「塚守」の頭脳のなかで体系化されているだけで、一般の共同理解になっていないものまで儀礼化したりしなかったろうか。

「塚守」が演技者であるだけに大きな落し穴もある。舞台に立てば彼は修練をつんだ芸術家として「天の魚」の水俣病受苦者になり代って〝生きる〟ことができるからである。つまり演じきっている

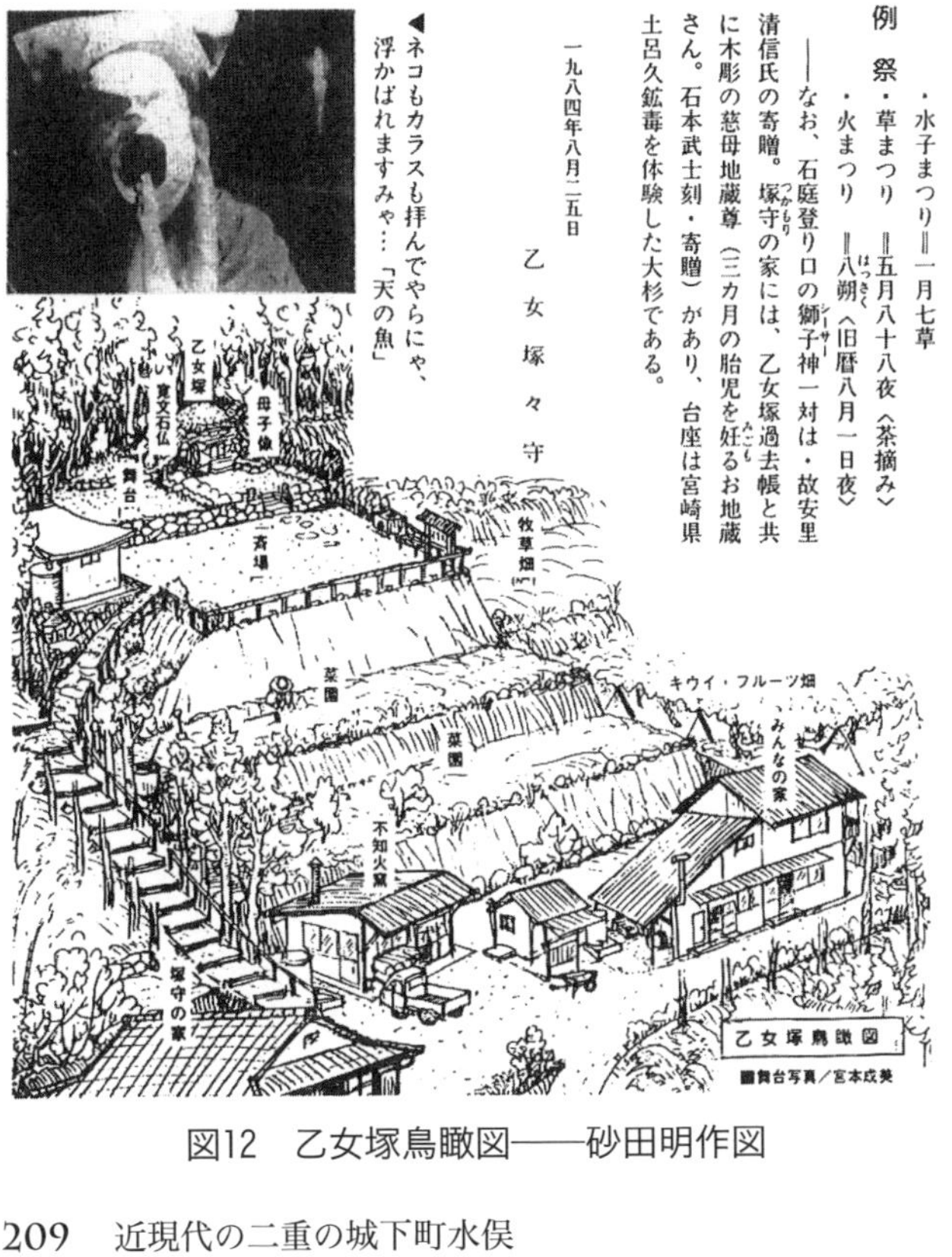

例祭・水子まつり＝一月七草
・草まつり＝五月八十八夜〈茶摘み〉
・火まつり＝八朔（はっさく）〈旧暦八月一日夜〉
――なお、石庭登り口の獅子神（シーサー）一対は・故安里清信氏の寄贈。塚守（つかもり）の家には、乙女塚過去帳と共に木彫の慈母地蔵尊（三カ月の胎児を妊る（みごもる）お地蔵さん。石本武士刻・寄贈）があり、台座は宮崎県土呂久鉱毒を体験した大杉である。
一九八四年八月二五日
乙女塚々守
◀ネコもカラスも拝んでやらにゃ、浮かばれますみゃ…「天の魚」
母子像
乙女塚
寛文石仏
舞台
斎場
牧草畑
菜園
菜園
キウイ・フルーツ畑
みんなの家
不知火窯
塚守の家
乙女塚鳥瞰図
舞台写真／宮本成美

図12　乙女塚鳥瞰図――砂田明作図

間だけ、彼は乙女塚の主体たり得る。しかし、それ以外の砂田氏は本来「塚守」としての分を越えられない存在なのである。

そのけじめが自他ともにつきかねるために、砂田氏は所詮「他所者（よそもん）」か「ナグレ（流れ者）」のようにみなされ、二足のわらじをはいているようにも見られた。彼は「漂泊」の境涯を捨て、水俣に家族をあげて移住し、乙女塚の「塚守」として骨を埋めようとしているのに、水俣の「地の者（じもん）」は容易にそれを信ぜず、心を開こうとしない。「田上義春は自らの身内（みうち）だが、砂田さんは別だ」という囁き（ささや）を、どれほど私は耳にして憤った（いきどお）ことか。

民衆は新しい試みをするものに対し、まことに苛酷である。殉教の悲痛を経ない教祖は教祖とみなさず、みずからの苦悩を経て生みだしたもの以外は教義（思想）と認めず、そこに親和できる感覚を持ちえないものは「まつり」とも認めない。そのくせ、おのれ自身は矛盾と混濁した現実のなかで、沸騰する私的エネルギーをもてあまし、方向を見失っているのだと私は思う。

「砂田さんは文化人好みの患者崇拝、患者聖化の感傷におちこんでいるため、ほんとうの土俗の変革力をつかみ得ていない」

「砂田氏は、なお、五千人をこえる未救済の水俣病申請患者のいる現実に手をこまねいて、ひたすら冥界にばかり顔を向けている」

「砂田明は田上義春を表（おもて）に立てているが、乙女塚のまつりに集まる他所（よそ）からきた旅の者（トビコミモン）か文化人、運動家のたぐいにすぎない。そこへゆく一部の患者も砂田個人に義理のあるものにかぎられ、一般は無関心か、うさん臭い目で眺めている」

など、私には不当と思える非難や批評の声も聞く。それらの多くは砂田氏の真の意図を正当に理解しない苛酷な言い分だと私は思うのだが、一方で絶大な讃辞が寄せられている反面、冷淡な声も決して少なくない。それは創始者の宿命なのであろうか。

水俣のような社会では突出した個として在るだけで後ろ指をさされる。まして、新しい試みをするものに茨の道はつきものである。したがってその成果を期待するものは、長い目で見守る必要があろう。

思えば遠くマルチン・ルターも親鸞も出口ナオも、最初は異端として迫害され、流離の旅を強いられ、苦しい孤独の闘いをつづけた人たちであった。彼らはその試練を通して、ひたすら「神」（絶対者）を思案しつづけ、衆生の希求するものを、わが身をさしだして追い求めていった。そして、彼らがある回心に達し、大衆をひきつけ、新しい生への道を提示できたのは、彼らの天才によってだけではない。彼らを背後から衝迫した歴史と民衆が強く働きかけたためであり、時代がそれを要求していたからでもあった。

水俣における新たな祭祀も、これらの条件なしには成立しないと私は思う。そして、それは今、たしかにある。時代もそれを要求している。そう見るなら、後はそれを成し遂げる主体の問題が残っているだけである。

新しい未知の試みというのは、その先行者が歩んだあとに形ができるものだという。意味づけはその後にくる。先に「道」があるのではない。人の歩いた跡が道となる。

水俣は文字通り啓示にみちた磁場である。患者たちの存在といい、相

写真56　チッソ交渉団座り込み中——水俣病は終わっていない（1988. 9. 26）

思社といい、乙女塚といい、水俣以外にこのような重い信号を放つ四次元の空間は稀である。これらは単なる企業城下町の鬼子(おにご)ではない。近代化への反措定(アンチテーゼ)や「反近代」の象徴でもない。未だかつて人類が知らなかった水俣病という大環境汚染による痛苦にみちた経験に根ざした共通の運動であり、近代日本が求めつづけてきた〝より高い共同体へ〟の模索の過程でもあろう。(54) 私たちは二十一世紀を前にして、この危機の黙示録の逆説をどう読み解いてゆくか、腰を据えて見守りたいと思う。

(一九八八年一月稿、九月補筆)

註

(1) 原田正純『水俣病にまなぶ旅』一二ページ、日本評論社、一九八五年。
(2) 土本典昭監督『水俣病——その30年』シナリオ、一九八六年。
(3) 色川大吉編『水俣の啓示——不知火海総合調査報告』(下)筑摩書房、一九八三年。
(4) 水俣市史編集委員会編『水俣市史』一九六六年、森田誠一『熊本県の歴史』山川出版社、一九七二年。
(5) 久場五九郎『水俣工場労働者史』(合化労連機関誌『合化』一九七二―七六年、十二回連載)第三回、六二、六四、七一ページ。
(6) 羽賀しげ子『不知火記——海辺の聞書』新曜社、一九八五年、採話は一九八〇年四月。
(7) 前掲『水俣市史』Ⅱ、三三八ページ。
(8) 前掲『水俣工場労働者史』第一一回、五八、五九ページ『合化』一九七六年。
(9) 砂田明編『季刊・不知火——いま水俣は』(2)、四四ページ、一九七五年九月。
(10) 前掲『水俣工場労働者史』第一一回、六一ページ、谷川健一「不知火海の巫女」『古代史ノオト』大和書房、一九七五年。
(11) 同右、第九回、七八ページ、『合化』一九七五年。
(12) 舟場正富論文「チッソと地域社会」、宮本憲一編『公害都市の再生・水俣』筑摩書房、一九七七年所収、小島麗逸論文「地域経済循環の崩壊」、前掲『水俣の啓示』(上)所収、一九八三年。
(13) 前田千百「明治大正の水俣」、前掲『不知火記』所収。
(14) 石牟礼道子『草のことづて』八八ページ、筑摩書房、一九七七年。

(15) 同右、二〇ページ。
(16) 塩田武史『水俣68－72、深き淵より』西日本新聞社、一九七三年、及び宗像巌論文「水俣の内的世界の構造と変容」前掲『水俣の啓示』(上) 所収。
(17) 石牟礼道子『椿の海の記』一六六ページ、朝日新聞社、一九七六年。
(18) 鬼塚巌『おるが水俣』二四〇ページ、現代書館、一九八六年。
(19) 同右、二五二ページ。
(20) 前掲「明治大正の水俣」『不知火記』一一ページ。
(21) 石田雄論文「水俣における抑圧と差別の構造」前掲げ『水俣の啓示』(上)。
(22) 新日本窒素水俣工場労働組合機関誌『さいれん』「一労働者の思い出」、鬼塚『前掲書』所収。
(23) 石牟礼道子『苦海浄土』九八ページ、講談社、一九六九年。
(24) 前掲『椿の海の記』七四、五ページ。
(25) 吉田司『夜の食国』にはこの時代の興味ある逸話や市民たちの座談が、虚構の形式を使って述べられている。白水社、一九八七年。
(26) 有馬澄雄論文「工場の運転実態からみた水俣病」、有馬編『水俣病――二〇年の研究と今日の課題』所収、青林舎、一九七九年。
(27) 色川大吉論文「不知火海漁民暴動」(1)(2)、『東京経済大学会誌』所収、一九八〇年九月、一九八一年一月。
(28) 日本建築学会秋季大会資料『九州の企業都市』一九八一、一〇、五、内田雄造報告データ及び内田雄造歴博共同研究報告「水俣・佐敷の変容過程の比較考察」一九八五年八月二一日。また、この問題に関しては深井純一論文「水俣病問題の行政責任」前掲『公害都市の再生・水俣』所収。
(29)(30)『昭和二五年国勢調査報告』第七巻四三冊、及び同年以降の水俣市『市勢要覧』参照。
(31) 水俣市『市勢要覧』(昭和三六年版) 及び『昭和三五年国勢調査報告』及び色川大吉「不知火漁民衆史」『水俣の啓示』下一一四ページ。
(32) 水俣病事件史の表現として最も大きな影響を与えたものは石牟礼道子の『苦海浄土』四部作と土本典昭監督ら青林舎による十数本におよぶ記録映画であろう。なかでも『水俣――患者さんとその世界』『水俣一揆』『医学としての水俣病――資料・証言篇、病理・病像篇、臨床・疫学篇(三部作)』『不知火海』『水俣病その二〇年』『水俣病その三〇年』及び桑原史成、塩田武史、ユージン・スミス、芥川仁氏らの記録写真集等は貴重である。

(33)色川大吉「不知火海民衆史――水俣病事件史序説」前掲『水俣の啓示』下、四ページから一六四ページまで所収、一九八三年。

(34)水俣病患者座談会「ふくらんだ〝水俣病センター像〟」『告発』40号、水俣病を告発する会発行、一九七二・九・二五。

(35)『相思社活動報告』第4号、水俣病センター発行、一九八四・七。

(36)「水俣病センターは当面どんな活動をするのか」『告発』号外リフレット『水俣病センター(仮称)をつくるために』一九七二・一〇・一五。縮刷版続編『告発』東京・水俣病を告発する会編、所収、一九七四年。

(37)川本輝夫「相思う旅路のこの十年」前掲『相思社活動報告』4号所収。

(38)『水俣生活学校活動報告』第一号、水俣生活学校発行、一九八三・一一。

(39)柳田耕一解説「被告の座」『水俣・厳存する風景・芥川仁写真集一九八〇』相思社企画部刊、所収、一四四ページ。

(40)相思社の専従社員は大体二〇名前後で、いちばんの古参は柳田耕一世話人である。創立以来十五年、相思社の運営部をになってきた。同期の他の多くの同志は去っていったが、水俣在住十年を越える古参組が、まだ相思社には専従として残留し、重きをなしている。高橋昇、高倉史朗、中村雄幸、藤本壽子、吉永利夫、柳田裕子、鈴木元太、平石一子、それに出月養生所の近沢一実、遠藤壽子さんらである。

(41)水俣病センター相思社一同からの手紙、一九八七・三・三一。「『水俣』患者とともに」号外ふろく、一九八七・七・七。

(42)「浜元二徳さんに聞く――相思社の十年」『水俣』112号、水俣病を告発する会発行、一九八四・五・五。

(43)(45)土本典昭「水俣の輝きを!――相思社の十年」『水俣』114号、一九八四・七・五。

(44)水俣診療所『四年間の記録――医療の原点をめざして』一九七八年。なお、この年の四月三日、私達は開院直後の水俣協立病院を訪ね、藤野糺院長より全館の案内を受け、また活動の内容を詳しく聞くことができた。

(46)大沢忠夫「さあ、これからだ困難を乗りこえ村興しを」『かづら』24号参照、反農薬水俣袋地区生産者連合(事務局大沢忠夫気付)発行、一九八五・六。今ではこの「反農連」は「同志会」と共にみかんを通して全国と水俣をつなげる有力な運動体になっている。

(47)砂田明「乙女塚農園――神は細部に宿りたまふ」『季刊・不知火――いま水俣は』終刊号、一九七九年三月。

(48) 水俣・乙女塚農園「塚守通信」創刊準備号、砂田明発行、一九七九年一〇月。
(49) 砂田明「乙女塚農園と新演劇」『西日本新聞』に掲載、一九七九年四月。
(50) 「詩劇・鎮魂歌——ひびき合え平和の声」砂田明制作ポスター裏の記事、一九八五年五月。
(51) 同右・ポスターのアピール。砂田明のこうした現実への挑戦の姿勢を低く評価する批判は全く公正ではない。砂田が乙女塚を作り、一見、呪術的で幻想的な勧進興行を始めたときにも、彼の志は内に深く沈潜するばかりでなく、外に積極的に働きかける志向性を持っていた。次に紹介する「いま、なぜ、祭祀演劇か」という文章の一節がそれを明確に示している。「(演劇は古来、濃厚に祭祀性を持っていた、と述べたあとで) しかし、いま私が、乙女塚勧進で『——あの水俣から、わざおぎである役者として、転生を果たしたい』というとき、私は単に前近代への復帰を志向しているわけではない。むしろ、家庭環境-社会環境-自然環境の全面にわたる人間疎外に、一大勇猛心を発揮してたちむかう多様な個性たちと積極的に共同するなかから、いま求められているわざおぎ像を発見したいと願っているのだ」「塚守通信」一・二合併号、一九八〇年一二月。
(52) 「塚守通信レター版」一九八三年八月二七日。
(53) 前掲「詩劇・鎮魂歌」ポスター。砂田明『祖(おや)さまの郷土・水俣から』講談社、一九七五年。同『海よ母よ子どもらよ』樹心社、一九八三年。同『鎮魂歌・女の平和』不知火選書、一九八八年刊を参照。

ヒロシマのデルタに　青葉したたれ
ナガサキの野山に　若葉うづまけ
オキナワの島々に　いのちの声みちよ
死の炎の記憶に　よき祈りよ　こもれ
アジアの国ぐにに　青葉したたれ
ミナマタの海辺に　いのちの声みちよ　ああ
(『鎮魂歌』コロスの二部合唱)

(54) 鶴見和子論文「多発部落の構造変化と人間群像——自然破壊から内発的発展へ」の最終章「萌芽——乙女塚農園」以下を参照。前掲『水俣の啓示』(上) 二一三ページから二三六ページまで。一九八三年。

（附録）

都市共同研究班の水俣調査日誌

1984．3．13～16

（1）水俣の都市景観を見、明水園に患者を訪ねる

朝、九時四〇分の東亜国内航空で熊本に向け、羽田を出発。小木新造、宮田登、倉石忠彦の三氏と一緒である。川村善二郎、内田雄造、高桑守の三氏は新幹線で先発している。国立歴史民俗博物館の「都市」近現代共同研究グループの在京メンバーの全員である。

熊本駅で列車との接続が悪かったため午後三時に水俣到着、そのまま私の定宿（じょうやど）にしていた大和屋旅館へ。そこは水俣港のそばにある古風な船宿である。川村善二郎氏らは先着していた。しばらく休んで町の大観を得ようと出かける。さいわい天気がよかったので、昔の水俣の中心、陣内（じんない）から浜町（はまちょう）にかけて私と内田さんで急所になる場所を案内して歩く。

陣内の有力者深水（ふかみ）吉彦邸前までタクシーで行き、そこからすぐ近くの水俣城址や西南戦争の戦跡、今のチッソ株式会社の陣内社宅、上級社員たちの若葉寮という陣内クラブなどを見て、市長の実兄の浮池正基（ふけまさもと）邸の裏にまわる。浮池の屋敷は長い白壁の築地の塀をまわした古風な邸宅で、旧支配層の町陣内の風格を残している。邸の裏にまわると小さな清流を庭の中に通していて、いかにも風情がある。

それからは徒歩で浜町へ。浜町は商人町で、徳富一族の邸跡やチッソの「浜倶楽部（くらぶ）」などがある。戦前、チッソ会社の社長野口遵が水俣を見回りにくると、よくこのクラブで、徳富一族の一人前田永喜（えいき）（チッソを

水俣に誘致した人）と碁を楽しんだという。かつて浜町は二本の川に囲まれていたので、永代橋跡が残っている（今は川が埋め立てられたので記念碑のみ）。また、薩摩の隠れ門徒をかくまったという「薩摩屋敷」のある真宗の古刹（こさつ）源光寺などを見る。そのころから雨が降りだしたのでタクシーで宿に帰る。

晩飯を喰べていると、チッソの労働者で郷土史に詳しい鬼塚巌（いわお）さんが訪ねてくる。広間で鬼塚さん持参の大作『わが水俣・鬼塚巌記録集』という画文集（写真と絵と文章の手作りの大冊）を見せられ、一同、その表現の緻密さに驚嘆する。第一夜なので一一時ごろまで調査プランを話しあい、早目に部屋に分れて眠る。

翌三月一四日、曇り日。寒い。ぽつぽつ雨が来そうだが何とか保っている。八

空から見た水俣市街と水俣川

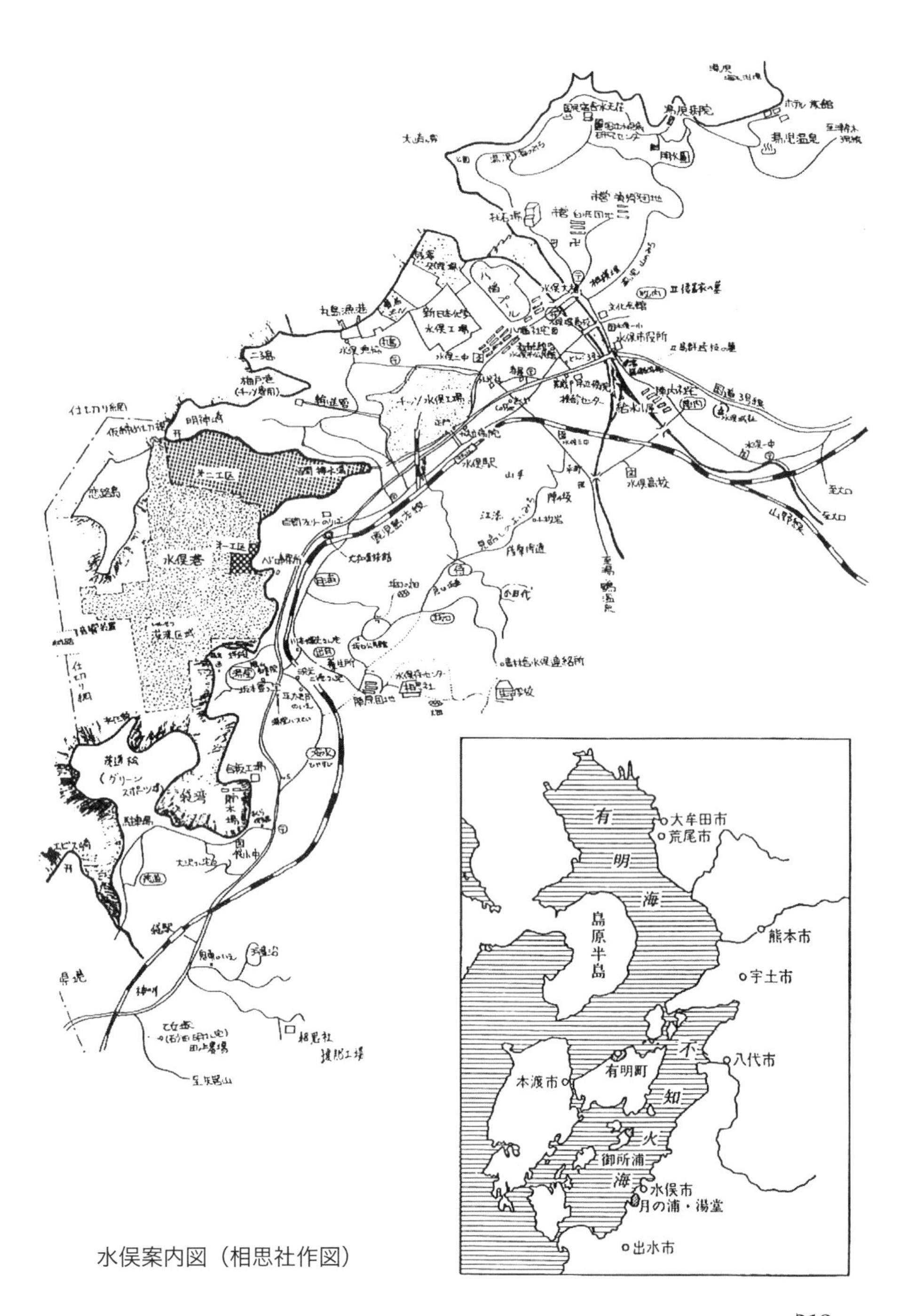

水俣湾
恋路島
明神崎
八幡プール
新日本化学
水俣工場
水俣市役所
水俣駅
国道3号線
有
明
海
大牟田市
荒尾市
島原半島
熊本市
宇土市
不
知
火
海
八代市
有明町
本渡市
御所浦
水俣市
月の浦・湯堂
出水市

水俣案内図（相思社作図）

時起床。今日は予告してある三機関をまわるつもり。午前中明水園、午後国立水俣病研究センターと水俣市役所の政策審議室。

明水園（めいすいえん）へは私は何度も行っていて患者に顔見知りも多い。事務職の福田真澄さんが三嶋功（みしまいさお）園長の代りに全館を案内してくれる。三嶋園長は水俣病の認定審査会のため熊本へ行ったという。福田さんは市役所の衛生課員だったが、明水園創立のときから携わって、この道十余年、行政と患者団体の間に立ってずいぶん苦労してこられた。市の職員でありながら管理することを嫌い、患者の気持を思いやり、園を明るくしようと努めてきた人だ。

今ここにある六〇人の水俣病認定患者の大半は老人で、八〇代の人もおり、全治して退院できる見込みは全くない。つまり、ここでできるかぎり楽しく暮して、命を終えようという人が多いのだという。重症で寝たきりの人は面会とテレビを楽しみにしている。それを役人がきては管理者の立場から規則を楯に制限しようとしているのだと憤慨していた。

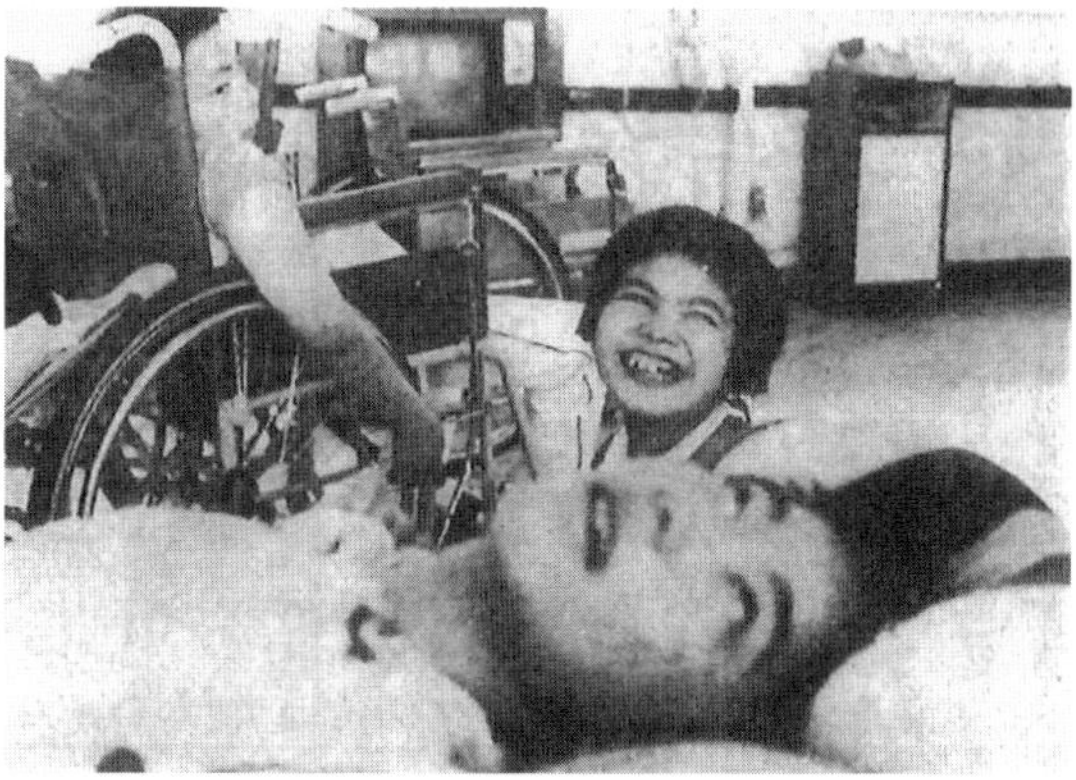

福田さんは最近二冊目の詩集を出した人ですと、後で石牟礼道子さんから聞く。ふくよかな印象を与える中老年で、私に対し「宮本憲一先生でしたか」と挨拶した。最初に案内されたリハビリ室で「歴博」の一同は早くもたちすくんでしまう。ちょうど半永一光（はんながかずみつ）君が手動車で入ってきたので私が話しかけ、雰囲気を和らげるが、みんなは胎児性患者の半永君のねじれた腕や、あお向けにそりかえってしまって戻らない顔や体にびっくりしている。

明水園の患者たち
（開園10周年記念誌『めいすい』より）

それでも半永君は精いっぱいの笑いを浮べて歓迎してくれた。だが、ひどい斜視の目はするどく光っていて、一瞬にしてすべてを見透してしまったような目つきである。発病以来二五年、すでに彼も二八、九歳になっていると思う。作業室では金子雄治君（胎児性水俣病患者）にも会ったが、彼も二八歳。雄治君の手芸や写真はたいそうな腕前になったが、自立できるまでには道は遠いと、福田さんは苦しそうに話された。

明水園は不知火海の美しい景色と海光にめぐまれ、リハビリ士や看護婦たちの笑顔に包まれ、表面的にはあかるい印象である。しかし、大勢の無惨な患者たちの姿を見て宮田登さんや小木新造さんはことのほか苦悩の色を浮かべていた。

患者たちにお見舞の言葉を残して園を出る。私たちのためにわざわざ送迎のバスを出してくれた明水園の方たちに心からお礼を述べる。外は小雨になっていた。

午後の研究センター訪問まで時間があったので、近くの水天荘に寄って温泉に入ることにする。国民宿舎の浴場だが、不知火海を一望できる丘の上にあって、景色のよさは水俣一である。一同大喜び。そのあと食堂でまずいランチをすませ、歩いて国立水俣病研究センターへと向う。

（2）国立の水俣病研究機関を訪ねる

あらかじめこの日の訪問のことは、「歴博」の館長からこちらの所長へ依頼状を出し、諒解を得ていたので、若い総務課長がスリッパを七足、玄関にそろえて待っていた。ここは水天荘より高い、人里離れた湯の児温泉の背後の丘に上にある。絶景である。まるでグランドホテルのような外観なので、観光客がまちがえてよくやってくるという。名刺をだすと、すぐに四階の会議室へと招じられる。

研究センター所長の黒子武道博士ら部長、室長クラスが六、七人、ずらりと着席している。向い合って座り、相互に紹介。歴博館員の高桑・宮田氏らが来訪の趣旨を説明するが、医学者ばかりの所員たちにはなぜ私たちが来たのか、よく分らないらしい。だが、グループの中に水俣調査九年の私がいることが、彼らを幾分緊張させている（私と内田雄造氏が不知火海総合学術調査団員である）。

黒子所長は家族を東京において単身赴任だという。開所以来もう二年半になる。温厚な紳士風の人で、一徹な医学者という風貌はない。私の編著『水俣の啓示——不知火海総合調査報告』（上・下）なども見ているらしく、終始附添ってくれて、私には鄭重である。しかし、私たち民間の調査団（不知火海総合学術調査団）と何らかの協力関係をつくりたいと積極的に思っている様子は全くなさそう。今日は「歴博」という国の機関からの視察に対する礼を失しない応待なのであろう。とにかく、研究センターの全施設の案内および作業内容の説明にフルコースで二時間半もかけてくれた。

臨床研究部の室長吉田義弘という人はまだ四〇歳以前の方であろうか。水俣の怖さ知らず、世間の苦労知らずといった感じの自信家で、さかんに学問的とか、客観的診断法とかいっているが、私の目からはたいそう危っかしい。研究者としては駈けだしの人らしいが、自分の専門に誇りを持っているだけに、「こういう人が頑固になると困るな」という印象をうける。

概況説明のあと、私の「患者自身による治療の努力から何か学ぶ必要はないですか」との婉曲な批判を含んだ質問に対して、彼はその真意が分らないらしく、きっぱりとした口調で「ノー」と答える。またそのあと、研究室での説明を聞いても、彼の水俣病診断のための研究なるものの方向性が、認定申請患者の機械的な処理、切り捨てにつながりかねない可能性を持っていることに気がつく。この人の研究方法（私にはひどくプリミティブなものに見えたのだが）と〝科学信仰〟と見える思想については、いつか批判しなくてはならぬ時がくるなと思いながらも、その場では儀礼を守っていた。

この臨床研究部の人とくらべると、疫学研究部の柴田義貞室長の態度は違っていた。柴田氏は工学博士だという。駒場（東大）で最首悟氏（第二不知火海総合学術調査団長）と同級であったらしく、私たちの調査団についても理解があり、幾らか親近感をも示していた。昨年（一九八三年）四月の日本環境会議の水俣集会・全体会での私の特別発言も聞いていたという。あのとき私は自信過剰な環境学者や医学者たちの「専門馬鹿的な思いあがり」を批判し、「水俣に来たのだから、水俣のことは、まず水俣病患者から学ぶべきであろう」といったのである。

最後の基礎研究部の室長は慇懃な人であったが、すこし頼りない感じを与える研究者だった。この人もコンピューター依存型の傾向を持つ人のようにお見受けした。「データを分類することが研究である」と思いこむような風潮には困ったものだ。分類は研究のほんの出発点であるにすぎないのに。その前に生きたデータを収集する努力が（何が信頼できるデータかを洗い直し、みずから検証する過程が）学問には不可欠であるはずなのに。

この国立水俣病研究センターは折角五〇〇〇人からの水俣病患者のいる現地にありながら、その利点をまだ少しも生かしていない。この白亜の御殿に来る患者は月に五、六人しかいないという。閉鎖的な現状である。その他は、近くのリハビリ病院に出向いたときに患者に接触するだけだという。この機関の研究者は、なぜ、みずから進んで患者家族を一軒々々訪ね歩き、水俣病の生きた現実に触れようとしないのか。開設以来まだ日が浅いので、本格的な研究はこれからであろうが、手始めに法務局など行政のデータを基礎にして何かを言おうというような安易な研究態度をとることは感心できない。

しかし、私が初めて見るいろいろな検査機械なるものは面白かった。先の臨床研究部に理学診療科（吉田室長）が誇る声紋測定器、歩行失調測定器（歩行解析装置）、末梢神経反応測定器などの説明を聞いているうち、こんな単純な機械で個々の複雑な病歴を背負った水俣病患者の診断をされたのではたまらないなと思った。

行政は「ニセ患者」をはねのけるための「客観評価」を必要としているであろうが、医学者がこのような要請に安易にこたえる必要は全くない。研究者ならば、どんな要請があっても非学問的な結果を出してはならないと思う。水俣病の病像についてもハンター・ラッセル症候群の古い枠組（フレーム）を頑固に保守している態度は問題であろう。私はこのままで進行したら患者運動とこの国立の研究センターが水俣病の認定問題をめぐって激突する日がくるのではないかという危惧を持つ。ちなみに、今年の予算は四億二〇〇〇万円だという。国立研究センターで少し予定時間を超過したので、タクシーで水俣市役所へ急ぐ。都市計画課と政策審議室の二人の吉本氏が会場を設け、資料をととのえて待っていてくれる。その人たちと歴博グループは五時半まで質疑応答をくりかえす。

（3）水俣の都市づくりの現況と将来構想を聞く

途中から政策審議室の小島憲二氏が参加。小島さんは例によって物静かな淡々とした口調と、疲れ果てたような小声で、しかし能弁に語る。そのため都市計画課の吉本哲郎氏などもその鋭鋒を示すタイミングがない。

社会教育課の方からも来ていたので、陣内地区の歴史景観保存などについて注文しておく。とにかく今日の三機関の訪問は、正式に「歴博」から文書で要請していたことが利いていて、格別の所遇であった。夕方、大和屋に帰ったら、若主人がビール一箱を持ってきて市長さんからの贈り物だという。たしかに「水俣市長」とのしに書いてある。これには驚いた、小島室長の采配であろう。

小島政策審議室長（現企画部長）は九州大学を出て故郷にUターンしてきた逸才である。水俣市長の懐ろ刀といわれるブレイン故に、この人の話を聞くと、市政が今どんな方向にむいているか見当がつく。私は水俣に来るたびに彼を訪ねて、水俣における行政の現況と将来を測っていた。今日の小島氏の話もその枠を出ず、概況報告が多くて、突っ込んだ問題点を開示するまでには到らなかった。

かつて水俣は人口六万規模の「工業観光都市」をめざしていた。それがチッソ企業の分散と水俣病事件の影響もあり、市の人口は三万六七〇〇人程度に減少したが、今少しずつ増えているという。最大の事業は水俣病対策事業で、ヘドロ処理・水俣湾埋立て工事を含めて一三五〇億円、これは現在遅ればせながら進行している。しかし、なお五〇〇〇人あまりの未処分の水俣病認定申請者がおり、この人びとの救済問題を解決しないかぎり事件を終らない。この際、市は被害者の立場に立って国や県にお願いしている、という。

この問題を別格とすれば、公共下水事業と都市計画事業が今の水俣の二本の柱である。最近、町の若い層に新しい「町づくり」を考える動きが出てきて期待している。青年会議所とか水俣商工会議所とか労組などの若い層が市街地改造や商店街振興のプランづくりに乗りだしてきた。その動きを行政も大事にしてゆきたい。水俣振興計画の第二次基本構想はいま議会に提案中だが、目標としては、水俣版テクノポリスを建設し、昭和七〇年までに人口五万人規模のバランスのとれた工業観光都市をつくりたい。

水俣版テクノポリスとは、チッソの技術を生かした太陽発電のシリコン事業、原精機（はらせいき）や川村電機などのIC（アイシー）部門への進出など、地場産業の振興をベースとしたい。水俣湾の埋立てによって生まれる五八ヘクタールという広大な土地と新港湾を、これらの発展に役立てたい。水俣病資料館については、いま公害課に専従者を一人おいて文献収集などをやっているが、ヘドロ埋立地の公園内に建てるという案がある。できれば県立資料館ぐらいのものにして充実させたい（最近、県知事もそれを言明）。着工は昭和六四年以降となろう。

社会党の馬場昇代議士が昭和五三年九月に提案した国立国際環境大学設置案は、市民に大きな反響をよび、〝大学をつくる市民運動の会〟も動きだしたが、完成は一〇年後でも一五年後でもよいと思う。市民に希望を持たせることが大事である。このように最近、明るい動きが出てきた。「文化的な、うるおいのある町づくり」に市民の活力をひきだしてゆくことが今年の目標である……と。

小島さんたちは、こうした構想が実現できそうな条件を幾つか挙げてくれたが、できそうでない条件については言及しなかった。水俣市民はこれまで何度も虹のように美しい夢を与えられたが、そのつど虹のように消えてしまった。そのことを私も憶えている。歴史的な「負」の遺産と市の内外の阻碍条件は山ほどある。このマイナスを克服するには市民の下からの活力が決定的に重要なのだが、これをひきだすということが水俣ではどんなにむずかしいか、小島さんも分っているだろう。そんなことを思いながら別れを告げた。

（4）歴史的な貴重フィルムを見る――チッソ労働者の家で

夜は侍部落に鬼塚巌さんを訪ねる。鬼塚さんは新日窒（チッソ株式会社）8ミリ映画グループの有力メンバーである。このグループ〝8〟は昭和三七年の安定賃金闘争の中で第一労組の記録班として結成された。彼らが昭和四三年に水俣病を撮りだすのは新潟からの交流団が水俣を訪れた時からだという。

私たちはその歴史的な第一作から見せてもらった。一九六八（昭和四三）年一月、水俣病闘争史第二幕の第一ページは新潟水俣病の代表と、それを迎えるべく急遽結成された水俣病対策市民会議が患者を中にはさんで市内を行進する所から始まっている。その行進の中に若き日の宇井純氏の姿も見える。一行はカメラと共に初めてチッソの工場内に入り、問題の醋酸工場やサイクレーターを映し出す。

作品としてよくできているのは、胎児性水俣病の子供たちを記録した『怒れない世界』である。これは市民会議と患者互助会の協力があって一九七〇年七月に完成した。四人の胎児性患者とその家庭の凄まじい貧困と病苦とが薄暗いモノクロの映像として映しだされている。私たちはこれには息を呑んだ。そこには今は亡き上村智子（かみむらともこ）の幼な姿もある。この少女はやがてユージン・スミスの名作〝入浴する母と子〟の写真によつて、ミナマタの不滅の象徴となる。

また石牟礼（いしむれ）道子『苦海浄土』の最初にところに、盲目の野球少年として描かれた松田富次（とみじ）の姿もある。この少年の父と姉も水俣病であいついで死んだ。さらに渕上一二枝（ふちがみふみえ）や坂本しのぶの美しい少女時代の姿を生（なま）フィルムで見せられるのは衝撃であった。このころ胎児性の患者は二三名も確認されていた。（原田正純教授）

水俣病のほかに鬼塚さんが力をこめて語るのは、チッソ工場における安賃闘争時の実況であった。これは組合つぶしをねらった会社提案（安定賃銀制）に対して、二〇〇日を越えるストライキによって抵抗するという大闘争であった。会社側は職制中心に第二組合をつくらせ、右派暴力団と数百（最盛時一千名）の警察部隊の力を借りて就労を強行した。第一組合はまた総評オルグ団数

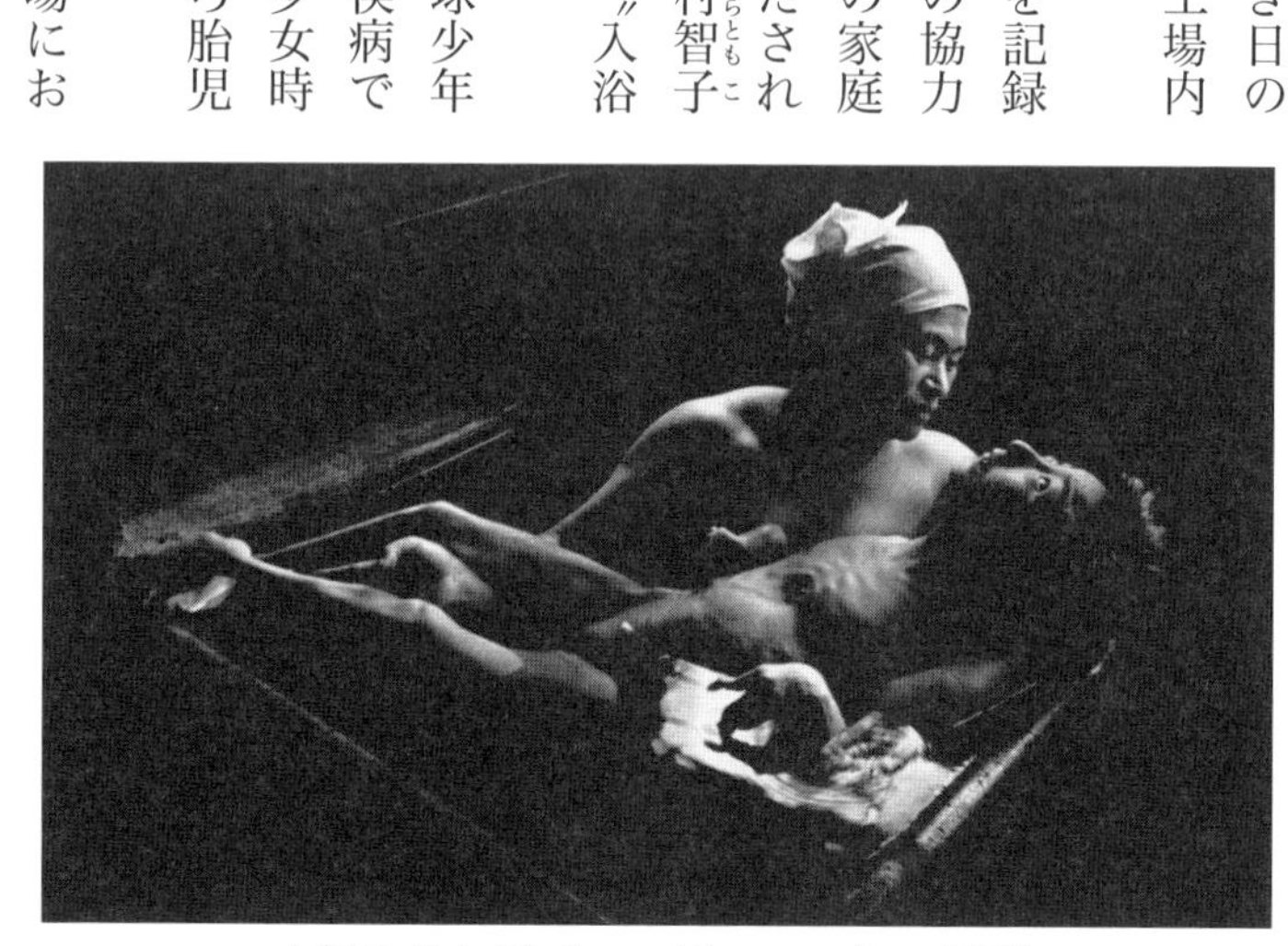

水俣の母と子（ユージン・スミス撮影）

百人を導入して徹底的に対抗し、海と陸から工場を封鎖するという水俣はじまって以来の騒乱となった。このため水俣はまっ二つに割れ、住民意識も深刻な分裂を体験した。一九二〇年以来、水俣を安定的に支配し、チッソ城下町をつくりあげて君臨してきた城主たちに対する、これは土民（地元の労働者・農民）が起した一大叛乱だったともいわれている。

この事件によって「俺（おる）が会社」神話が崩壊する。会社に対しては体を張ってもそれを守ろうとした絶対忠誠心の持主だった鬼塚さんでさえ、会社の実態をはっきりと見ぬき、これを境に水俣病患者と共に手を組んで会社と戦おうという〝正常な〟労働者に生れかわった。その自己変革の過程を、小学校卒の鬼塚さんは尨大な記録写真と画文集とによって私たちに伝えようとしたのである。

安賃闘争が水俣市民にどんなに深い傷を残したかは、西日本新聞が、闘争一五年後に実施した市民の意識調査で、「安賃闘争をきっかけに水俣市がとげとげしい町に変ったか」との質問に、賛成四〇・八％、反対一五・一％、不明その他と答えていることでも分る（一九七七年四月三日付、同紙）。

その夜遅く私たちは大和屋に帰って、深夜まで興奮さめやらぬ思いで酒をくみかわす。そして、「水俣には何という凄い庶民がいることか」というのが、一同の感想でもあった。

水俣第三日目の三月一五日、この日も肌寒い。だが市内を一巡して、小高い丘からチッソ工場の位置や企業城下町の名残りの都市空間を視察する。その後、水俣病多発地域といわれる郊外の半農半漁部落に出て、地域差別構造が作られた跡を回ってみる。チッソが水俣を支配できた理由が、もう一つ実地に解けたような気持である。

（5）想思社の活動と歴史考証館

この日、〝もう一つの水俣病センター〟相思社を訪れる。

こちらのセンターは今から一〇年前（一九七四年）に、全国の有志の浄財によって、水俣病患者の恢復と憩いの場と、活動拠点として建てられた。この建物はその後、次々と起された訴訟の事務局や支援の活動家たちの溜り場ともなって、今では九州地区の住民運動団体の重要な拠り所とみなされている。

当時の相思社の専従者は二一人、内患者七人、支援者一四人である。このセンターは七四年四月、財団法人として承認された。水俣郊外の袋地区の小高い斜面地に集会棟を中心に幾つもの建物を持っている。二一人の専従者は運営二、殖産部一〇、生活部二、環境調査一、養生所（医療部門）三、生活学校三と、それぞれ分担している。多くが水俣病闘争を経験した若き闘士かボランティアである。

相思社世話人の柳田耕一氏から概況を聞く。今、ここに事務局を置いている患者団体は、チッソ水俣病患者連盟（委員長川本輝夫）二〇〇人、水俣病認定申請患者協議会約五〇〇人で、今、三つの裁判を進行させており、ここがその事務局を兼ねているという。

その他に夏期の水俣実践学校、および「原点から教育を考える水俣合宿」（主として教育関係者の講習）を毎年つづけ、全国から多くの参加者を迎えている。このセンターはこの十年間で延べ八万人の人が利用した。来訪した外国人も四十数ヵ国、二百数十名になっているという。まさにミナマタを世界に開いている〝灯台〟であり、文字通りの水俣病患者センターになることを期待されている。

また柳田氏によれば、今、水俣は交際費のインフレで困っているという。一九七三年、熊本水俣病裁判の判決で患者に多額の補償金が支払われてから、患者がこれまでの不義理を償うために多額の包み金を出した。そのため、それが一般の交際費をつりあげる結果をまねいた。結婚式の御祝儀は一万五〇〇〇円から三万円になり、葬式の香典も祭礼の寄附も二倍にはね上ってしまった。今では交際費が家計の三、四割を占めることもあり、あらたな生活問題をひき起している。また、伝統的な風祭りとか水祭りとかは農漁村でも全くすたれて、代ってクリスマスのパーティなどが盛大に行われているという、驚くべき話もあった。

次に吉永利夫氏から水俣病歴史考証館の抱負を聞いた。吉永氏や柳田氏は、水俣病の激発地帯そのものが歴史的な想像力を喚起する歴史考証村だと考えているが、さらにその中心に歴史考証館をつくって、外から水俣を訪れる人々に直接目で見、体で感じることのできる情報を伝えたいという。そのためには病像や患者についての資料はもちろん、水俣の多面的な被害の状況や運動史についての資料、海外との交流資料、不知火海の民俗資料や記録写真なども展示したいということであった。

これについては、歴史民俗博物館の知恵を借りたいというので、とくに高桑、倉石、宮田氏らが乗り気になり、協力してゆきたい旨を伝える。こうした話の途中で雨が降りだし、終りごろには豪雨となった。午後四時、一同底冷えのするセンターを辞去する。それにしてもこの日の相思社の集会室は、ごみだらけでまことに不潔で、予告のあった客人を迎える時の配慮に欠けていると私は思った。

(6) 不知火海百年の会と交流

雨で濡れたものを着がえ、休むまもなく次の会場にと移動する。相思社は水俣の町の南端の丘にあるが、夜の会場の石牟礼(いしむれ)さんのお宅は町の北側にある。水俣川の向い側、むかし猿郷(さるごう)、いま白浜町といわれているところ。昭和の初年、道子さん一家がここに移ってきたときは人家もまばらで、下層民の集落として差別されていたというが、今は水俣でも中流サラリーマンの住宅地にと変貌している。

この夜は水俣の問題を百年の尺度で考える〝不知火海百年の会〟と歴博グループとの交流会、懇親会として石牟礼家の方々と百年の会の有志が設営してくれた。顔ぶれは、百年の会の会長である鬼塚巌、同事務局長の西弘、会員の石牟礼弘・道子、西妙子、角田豊子、水俣病患者の杉本雄(たけし)・栄子、それに対岸の御所浦島(ごしょのうら)からわざわざブリを五キロも持参してこられた島田義昌・ユキエ、それに市内の島田宗三、大井博一、なお患者連盟の委員長で水俣市議の川本輝夫氏が吉永利夫氏とゲストとして来られた。

それぞれの紹介があってから型通りの代表の挨拶、百年の会は鬼塚さんが、歴博グループは宮田さんが挨拶した。石牟礼道子さんが水俣の人たちを一人ずつていねいに紹介してくれる。ひとまわり回って乾杯のあと、テーブルいっぱいに並べられた海の幸の豊かさに歴博の一同は目を見はる。この料理は石牟礼家と西家の人びとが角田さんや飯尾都子さんらの協力を得てつくってくれたものであろう。それに島田夫人が手持のブリを刺身にこしらえて下さった。まさに不知火海の豪華な宴(うたげ)である。

この夜のハイライトは茂道部落の患者で網元の杉本夫妻がこもごも語る漁師の心意気の話、舟だま様の話、タコ釣りの話などで、漁村民俗専門の高桑氏などたいそう面白がる。宮田登氏も二、三質問していたが、後でもっと時間をとって話を聞きたかったと悔やむ。

御所浦島についても同様である。何十年も島の役場の吏員をつとめていた島田義昌さん、嵐口(あらくち)部落で水俣病とたたかいながら釣り宿(やど)を営んできた島田ユキエさんから、ホント話やウソ話をたくさん聞きたかった。また水俣漁協の参事を長くつとめて組合の内情を知悉している島田宗三(そうぞう)さんからは漁協の秘話を聞きたかったた。しかし、酒が入ると宴会がにぎわってしまい、そうした話を聞く雰囲気でなくなったのはまことに残念であった。

ただ、杉本栄子さんだけは別格だった。栄子さん夫妻は茂道（もどう）部落の中でひとり第一次水俣病訴訟を戦った人だ。父を水俣病で奪われ、母も発病し、自分も倒れて、四人の幼な子を抱えながら苦闘した栄子さんの必死の生き方と、それを支えつづけた雄（たけし）さんの真率な語り口は、私たちの胸に沁みた。

栄子・雄夫妻が漁をすることができなくなって、小さな食堂を開いたときのこと。ある日、ビールを一口のんでそっと出ていった部落の人がいた。あとで気づいてみたら、ビンの下に一万円札がおいてあった。釣り銭を返しにいったら、その人が小声で、「ごめんね」と詫びたという。「私たちが裁判をはじめたときは、肥（こい）をぶっかけたり、水をかけたりした部落の人であったのに。私は涙が出た。それから部落の人をありがたいと思うようになった。『ごめんね』という思いで、あの人も私たちを見ていてくれたのだなと、食堂をやってはじめて教えられた」と。

水俣ではそんな話が日常的に出る。はじめて逢った人にもすぐ心を開いて、こうした物語を聞かせてくれる。そうした患者さんたちの心に触れて、歴博グループはしみじみとした感動を味わい、心からの謝辞を述べて石牟礼家を辞去した。

三月一六日、三泊四日の充実していた水俣調査を一応きりあげ、この日いったん現地で解散して、それぞれはまた別の調査地に向うことにした。私は特急列車で熊本駅に下車し、史料蒐集のため、熊本日日新聞社が最近完成させた「情報資料センター」を訪ねることにした。熊日論説委員長の平野敏也さんが玄関までにこやかに迎えてくれた。彼は四〇年来の旧制高校（彼は熊本の五高、私は仙台の二高）の級友（クラスメート）である。私たちの水俣訪問を心からねぎらってくれる。しかし、思いかえせば、今回も、ずっしりと充実した調査行であった。（一九八四年三月の調査日誌に一部加筆して作成）

（「国立歴史民俗博物館研究報告」第二十四集（一九八九年三月）所載）

公害都市水俣における人間と自然の共生の問題
――汚染海域の環境復元と患者の現況及び環境教育について――

Ⅰ．患者の現況

今から24年度程前の逸話である。大阪で万国博覧会が開かれ、６４００万人もの入場者があって大成功をおさめたとき、その「万国博覧会」の会長石坂泰三（元経団連の会長）が毎日新聞の記者とこんなやりとりをしている（毎日新聞１９７０年8月18日）。

記者「これからの経営は公害問題で大変でしょう」
石坂「お江戸の中に80年住んでいるが、公害なんて感じたことはない。公害のために死んだ者はないよ。産業をつぶしても公害を防げというのはおかしいね。どちらを選ぶかといえば、ぼくは産業を選ぶ」
記者「それにしても最近の公害はひど過ぎると思いませんか」
石坂「ちっとも思わないね」

この財界ナンバーワンの自信にみちた本音と、同じような考えを、政界トップの佐藤栄作総理大臣も表明していた。全国都道府県議会議長会での発言である。

佐藤「公害が発生したからといって経済成長をゆるめるわけにはいかない」（朝日新聞、１９７０年７月30日）

１９７０（昭和45）年といえばわが国は高度経済成長の真只中であった。１９６８、69年と続いた学園紛争も下火になり、人びとは「昭和元禄」の最後の繁栄を楽しんでいた。しかし、すでに公害は全国にひろがり、水俣病やイタイイタイ病、四日市ぜんそくなどは社会問題になろうとしていた。東京や大阪などでは車の排気ガスによる大気の汚染がひどく、万博の年の夏、光化学スモッグで高校生が校庭で倒れるという被害があい次いだ。おなじ70年夏、静岡県田子ノ浦港で製紙工場から流れこむ汚水へドロ追放の住民大会が開かれたり、スモン病の原因のキノホルムが告発されて大きくとりあげられたりしていたのである。

こうしたことを石坂会長が知らなかったわけではあるまい。だが、あえて挑戦的にあのようにいうのは、彼らが環境か経済（成長）かと問われたら、経済をとると思い定めていたことを示している。佐藤首相の方はもっと意識的だ。この年の12月の国会で、公害対策基本法の改正など公害関係14法を成立させている、その前の発言なのである。[1]

このころ水俣は29世帯１１２名の患者による訴訟が提訴され、チッソ会社をあいてに裁判闘争中であった。この年の認定患者は１１６人、内30人が劇症で死亡していた。「公害のために死んだ者はないよ」どころではなかった。それから10年もしないうちに水俣病認定患者は10倍をこえる（１９７９年７月現在、認定患者１、５８３人、内死亡３２４人）。[2]これは政・財界トップの言明と無関係なことではない。日本の指導者たちが人名や環境よりも経済や開発を政策として選びとった以上、その末端である行政は指針に従わざるを得ず、結局、経済成長を優先させることによって被害民の拡大を黙認することになったのである。

１９９４年６月30日現在の「患者の現況」は表１の通りであるが、この熊本県の発表数と鹿児島県の患者

表１　水俣病患者の「処分状況」

熊本県発表患者処分状況　　94年６月30日現在

処理区分	熊本県							鹿児島県	新潟県
	平成６年６月30日							6.6.30	6.6.30
	旧法	新法	小計	臨時措置法			合計	新旧計	新旧計
				旧法	新法	小計			
申請総数	3,192	10,888	14,080	0	8	8	14,413	4,071	2,138
取り下げ取り消し	68	1,093	1,161	120	213	333	1,169	152	131
申請実数	3,124	9,795	12,919	120	205	325	13,244	3,919	1,997
処分済数	3,036	8,557	11,593	108	50	158	11,751	3,768	1,993
認定数	(772) 1,463	(153) 274	(925) 1,737	(12) 30	(0) 2	(12) 32	(937) 1,769	(201) 487	(284) 690
棄却数	1,573	8,283	9,856	78	48	126	9,982	3,281	1,303
未処分数	(35) 88	(308) 1,238	(343) 1,326	(8) 12	(93) 155	(101) 167	(444) 1,493	(25) 151	(　) 4
未審査数	(6) 16	(254) 1,000	(260) 1,016	(2) 2	(64) 113	(66) 115	(326) 1,131	(24) 129	
答申保留数	(28) 71	(52) 236	(80) 307	(6) 10	(29) 42	(35) 52	(115) 359	(1) 22	
処分保留数	(1) 1	(2) 2	(3) 3	(0) 0	(0) 0	(0) 0	(0) 3		
検診に応じない者再掲	17	290	307				307		

備考

１．旧法には、旧法施行前の44人を含む。
２．（　）は、死亡数再掲。
３．未処分数には、受診勧告拒否者117名を含む。
４．再申請の状況。

総数	認定	棄却	保留	未審査	処分保留
4,157	41	3,498	88	529	1

判決期日	訴訟名	裁判所	行政責任
昭和62・３	熊本３次訴訟１陣	熊本地裁	○
平成４・２	東京訴訟	東京地裁	×
４・３	新潟２次訴訟	新潟地裁	×
５・３	熊本３次訴訟２陣	熊本地裁	○
５・11	京都訴訟	京都地裁	○
６・７	関西訴訟	大阪地裁	×

行政責任が争われた主な水俣病訴訟判決(3)

数を合計するとこうなる。水俣病患者としての申請者総数は、18、484人、取り下げ分を除いた申請実数は17、163人（内死亡者2、076人）である。その内認定された患者は2、255人、13パーセントにすぎない。大部分は棄却されている。（棄却者数13、263人、全体の77パーセント）。残りは未処分者である。棄却された者でそれを不服として再申請した者は4、157人だが、その中で認定された者はわずか41人にすぎない。いかに今の認定制度がきびしいか、この100人に1人という数字からも明らかであろう。

この患者の現況を見るかぎり、水俣病は公式発表から40年経過したいまなお、解決に至っていないと言わざるを得ない。この40年間にわたる水俣病被害の発生、拡大の防止を怠った国や県の過失責任を追及した水俣病関西訴訟も、過日、94年7月11日、大阪地裁判決によって患者側の敗訴となった。中田昭孝裁判長は「国、県に行政責任なし」として原告患者の12年間にわたる悲願をしりぞけた。その日、岩本夏義原告団長は「こんなみじめな姿では皆さんに合わせる顔がない。水俣裁判史上、最悪の判決だ。しかし、一度立ち上がった以上、命ある限り、この闘いは続けていく。亡くなった仲間たちのためにも頑張りたい」との決意を述べている[3]。

これまで患者とチッソ、県、国は15件の訴訟を起こして争ってきた。そのうち決着がついたのは8件にすぎない。国と県を被告にしたその判決が可、否、ばらばらで、3対3という現状である。これは疾患に苦しむ患者やその家族にとっては悲劇的なことで、国や県は患者が死に絶える日を、判決を楯に待っているのかと指弾されている。

Ⅱ．環境復元と行政の演出

新日本チッソ株式会社（チッソ）水俣工場が水俣湾に毒性の強い水銀やマンガンを垂れ流したのは、昭和7年（1932）から43年（1968）の36年間にわたっている。その工場排水による水銀汚泥（ヘドロ）が数メートルも海底に堆積したため水俣港への船舶の出入りが妨げられることさえあった。それを熊本県港湾部が乱暴に浚渫（しゅんせつ）している。そのたびに水銀ヘドロがかきまわされて不知火海に拡散したと私などは思っている。今からではその加害の程度を測定することはできないが、昭和30年代の県の文書にはそれを何度も実施した事実が記されている。

昭和30年代に入って、水俣湾沿岸に大量に死んだ魚が打ちあげられ（一時は不知火海沿岸の全域にも死魚が流れついた）、猫が狂死し、海鳥（うみどり）も姿を消し、ついに人間にまで奇病がひろがったとき、人びとは海をおそれ、いつしか水俣の海は「死んだ海」といわれた。その「死んだ海」をよみがえらせるためには、汚染源を断（た）つしかない。昭和43年（1968）、園田厚生大臣による水俣病の原因についての公式発表によって、チッソ会社はその汚染源となっていた酢酸工場を閉鎖した。だが、それだけでは海は生きかえらない。いったん死んだ海域を埋め立てて根源を断つしかない。

熊本県が、この高濃度に汚染された海域の汚泥処理の基本計画を作成したのは1975年、昭和50年であった。そのころの水俣湾周辺の水銀濃度分布図（図1）は、それがいかに広域かを示している。25ppm以上の危険水域だけでも200ヘクタール以上になる。そんな広大な海をいちどに埋め立てることは日本の土木技術の力では不可能だとされた。そこで立案されたのが、図2の汚泥処理計画である。工事対象である危険水域を埋立地域と浚渫地域に分けて処理する。そして、二次公害を起こさないように一般水域との境界に仕切り網をつくって魚の出入を防ぎ、また工事水域外に浚渫したヘドロが流出しないような工法を採用するというものであった。

仕切り網には音響装置をとりつけて、魚を威嚇し、近づけないようにしたと聞いた。しかし、私は調査のため、その場所に潜水してみて、その仕切り網の穴から多くの小魚が自由に出入りしているのを確認している。汚染魚が自由に出たり入ったりしていたのである。この工事の難しさと危うさを思った。

工事は運輸大臣の認可が出て（１９７７年）、着工できるようになった。そして二次公害防止のための監視委員会を設けて厳重な監視を約束したが、一部市民や患者から工事差し止めの訴訟を突きつけられた。そのため、いったん工事を中断し、その判決が出た１９８０年４月に再出発する。それから約10年、新工法を用い、わが国の土木史上にも前例のない大事業をすすめ、護岸工事、浚渫（しゅんせつ）と埋立工事、整地工事などを積みあげて、１９９０年、ようやく終わりにこぎつけた。埋立面積だけで58ヘクタールに

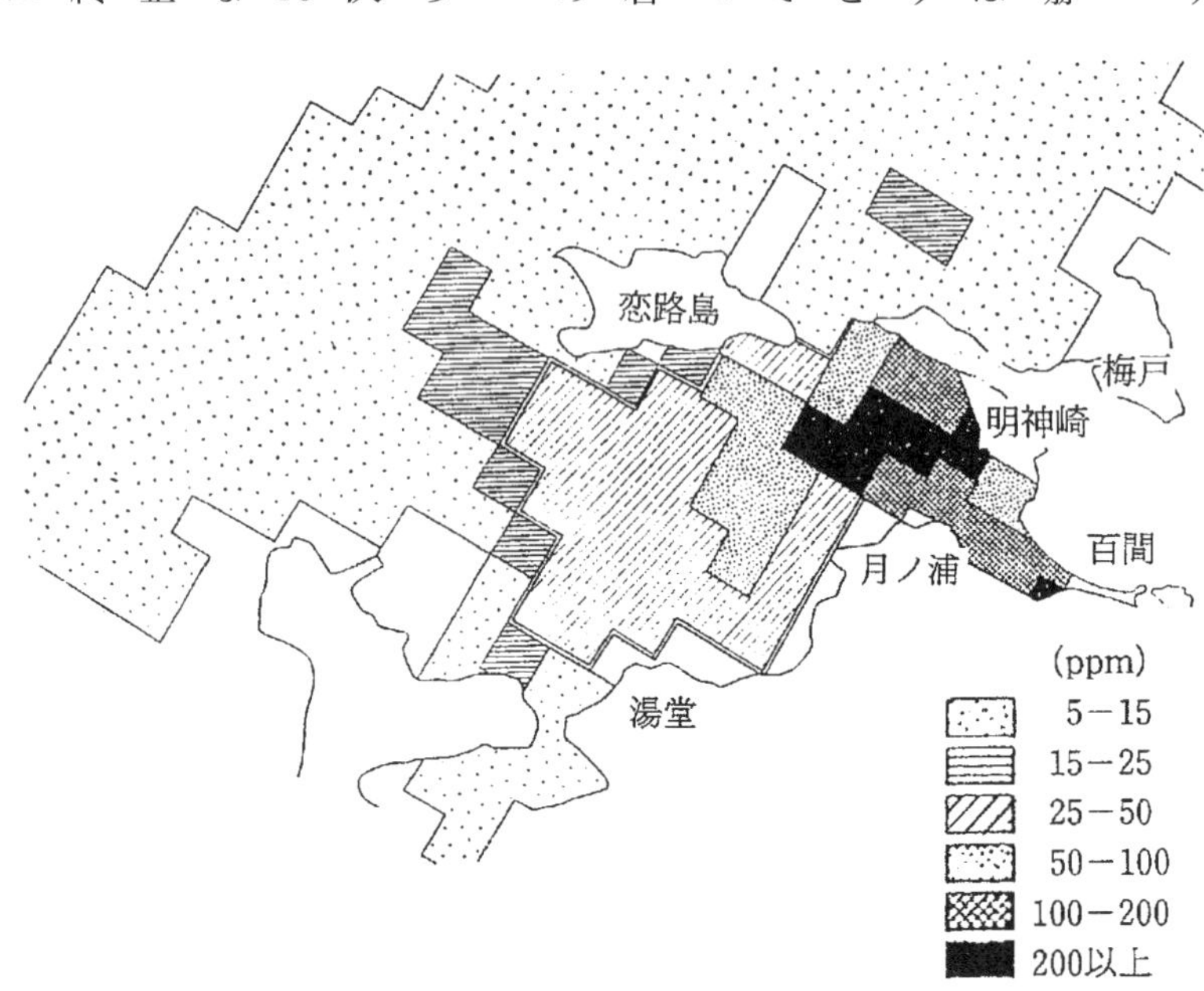

図１　水俣湾周辺の水銀濃度分布図

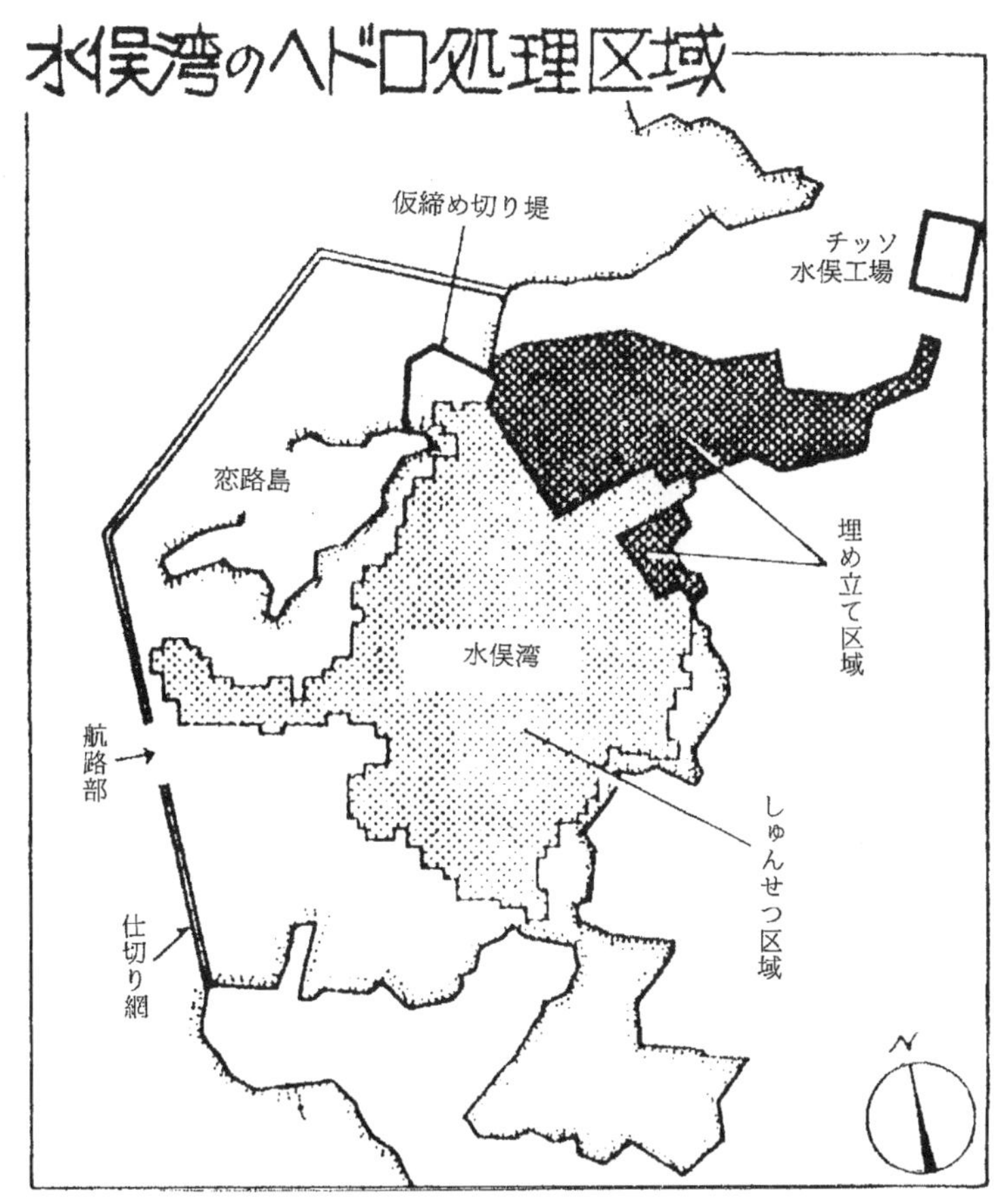

水俣湾のヘドロ処理区域
仮締め切り堤
チッソ
水俣工場
恋路島
埋め立て区域
水俣湾
航路部
しゅんせつ区域
仕切り網
N

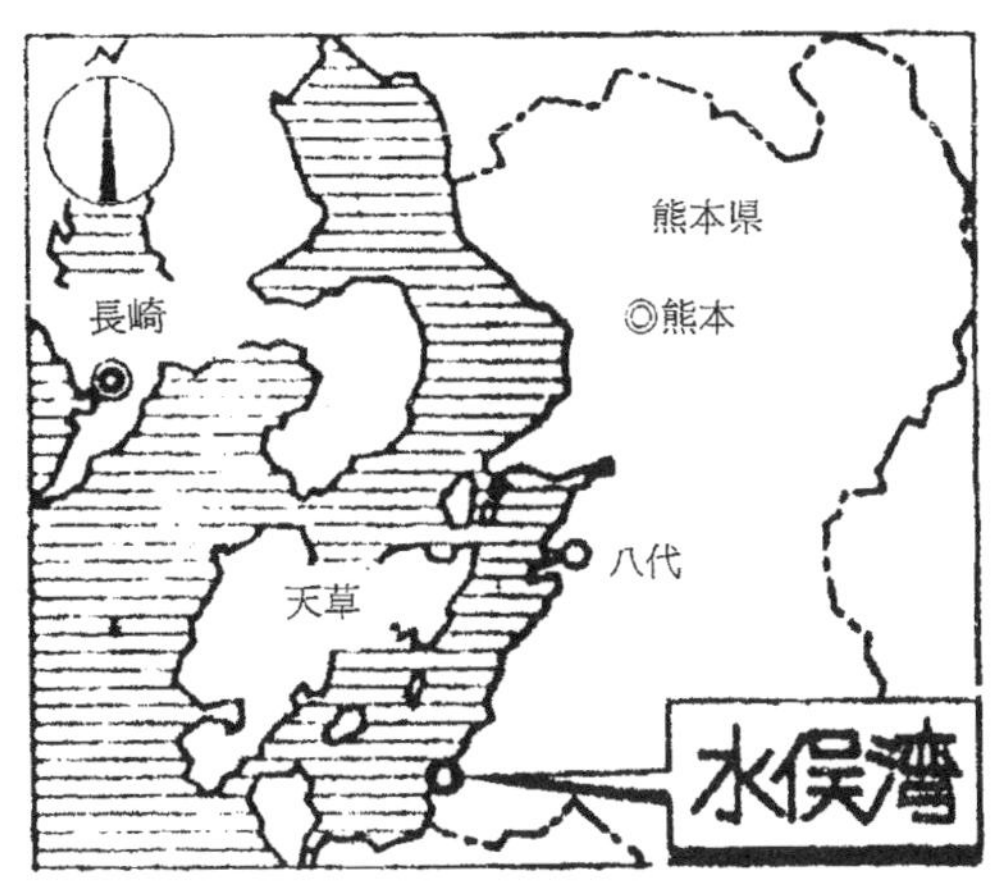

N
熊本県
◎熊本
長崎
八代
天草
水俣湾

図2　汚泥処理図

およんでいる。

私はこの工事中も毎年のように行って、その進行を見守っていた。工事が終了したという年の夏、水俣湾をみおろす丘の上に立って埋立地を眺めたとき、そこにはもう青い海がなく、水平線までつづく広漠とした荒地に変わっていた。これで環境が復元したということになるのだろうか。豊かな生命にみたされていた水俣の海はもう永遠に戻らない。その結果、埋め残った海が安全なきれいな海にうまれかわったとも思えない。なぜなら図1を見て分かるように、恋路島の外側には、まだ10－25ppm前後の汚染された海域が数百ヘクタールも残存しており、それが安全だという保障はないからである。私は1978年に、この海底にも潜水してみて、その底が砂漠化している状態を見ている。少なくともそのころ海の生物は死に絶えていた。水俣の海はこれからも、しばらく時間をかけて監視しつづけなくてはならないのだ。

埋め立てによって新しく造成された土地をどう利用するかをめぐっては、行政と市民、患者のあいだで、異論があった。はじめ熊本県は、この地域の利用計画案づくりを住民の声に聞くこともなく、「熊本開発研究センター」という関連業者に委託した。「水俣のこころ」を全く理解しない彼らのつくりあげたプランが「水俣・芦北地域振興計画」（1978）である。そこには水俣地域の振興のためとして埋立地に火力発電所や液化ガスの蓄蔵基地、石油備蓄基地などをつくるという提言まであった。さすがにこの案は批判を浴び、後に「環境創造みなまた」の構想にとって代わられる。そして、作成された「水俣湾埋立地一帯の整備計画」が図3である。

ここには市立水俣病資料館や県立環境センター、親水護岸や遊歩道、竹林公園、多目的芝生広場などが私たちのために図示されており、それらは1993年にほぼ完成している。これからはフラワーランド、生活の森、健康の森、自然観察生態園、屋外展示場などが造られてゆくのであろう。つまり、水俣病や環境問題

図３　水俣湾埋立地一帯の整備計画

を学ぶ施設と、市民の憩いの公園、あるいは文化イベントのための広場づくりが主題になっている。これが水俣の「死んだ海」の環境復元の現況である。

総額５００億円もの資金を投じたこの土地には厚さ６・５メートル、１５０万立方メートルの水銀ヘドロが埋まっているという。その大きさは東京ドームが12も入るような広大さだ。そこに行政は上記の施設をつくり、環境をテーマとしたメッセージの発信基地に変えようとしている。彼らは「環境復元から環境創造へ」という概念を用いている。復元などできない相談だから、創造を考えたのであろうか。熊本県と水俣市が委員会をつくって作りあげたという「環境創造ＭＩＮＡＭＡＴＡ・アクションプログラム」案という計画表[4]を見ると、行政の演出の内容がよくわかる。

「企画の趣旨」は、この文書によると、「水俣は今、環境をテーマとした地域の創造を目指し、新しく生まれ変わろうとしています。……その再生への水俣の動きを強く内外にアピールしながら、水俣から地球環境に関するメッセージを全世界に向けて発信しようというものです」そして、その「展開コンセプト」は次の三つだという。

１．「環境復元から環境創造へ」、２．「地球環境問題への貢献」、３．「人類と環境との共生」。

今どきはやりの美しい目標でそれ自体には異議をさしはさむ余地がない。しかし、この資料全体を精読してみるかぎり、本稿に初めにとりあげた「水俣病患者の現況」についての認識は稀薄なように思われる。つまり水俣病患者のおかれている苛酷な現実や係争中の事件はさしおいて、その先に問題を進めようとしているように受けとれるのである。

それでは、過去をきちんと総括し、そのあやまりの責任を反省し、解決することをしないで、問題を先送りしてゆく行政のこれまでのやり方を思わせる。そのため、問題解決に多年、取りくんできた指導的な患者のあいだから、「行政は環境創造という名目で、水俣病事件の幕引きをはかっているのではないか」という疑惑を投げつけられても仕方ないであろう。

「いま、世界各地で環境の危機が叫ばれている。いま、我々にできることは何か。……いま、大切なことは環境にどう関わるかである。MINAMATAの悲劇は教えている。失われた自然を蘇らせることが、いかに困難なことかを……いま我々は世界にアピールする、MINAMATAに来て、MINAMATAの海を見つめてほしい」(「コンセプト・コピー」と。[4](ただし、この巨額な投資をした主体は国家であり、チッソではない。)

このコピーライターは水俣病に侵された人間の「身体」も「環境」であることを認識しているのであろうか。「自然」だけが環境なのではあるまい。汚染された海を埋め立てたから自然が蘇るものでもなかろう。その程度の環境認識ではせっかくの「コンセプト・コピー」が美辞麗句として浮わついてしまう。[5]そのためか、この「案」に書きこまれた「環境創造MINAMATA・アクションプログラム」(図4)の「水俣行動プログラム」を見ても、患者の問題、侵された人間の再生の問題がとりあげられていない。水の再生や緑の再生、水俣クリーンやエコーライフ、有機農業や畜産振興、観光漁業の推進などで「環境創造」ができると考え、「環境との共生」が残るとほんとうに思っているのだろうか。もちろん、この計画には国連大学と共催の環境国際会議とか患者をもくわえた環境シンポジウムとかよいことも沢山ある。石油備蓄基地を考えた案などとは格段の違いを認める。その上での批判である。

この「環境創造MINAMATA・アクションプログラム」というのは1990年に作られた素案だったのであろう。私が次に入手した「環境創造みなまた'92」という資料では大いに改められていた。

ともかく実施過程を大観してみよう。

・環境復元から環境創造へ
・地球環境問題への貢献
・人類と環境の共生

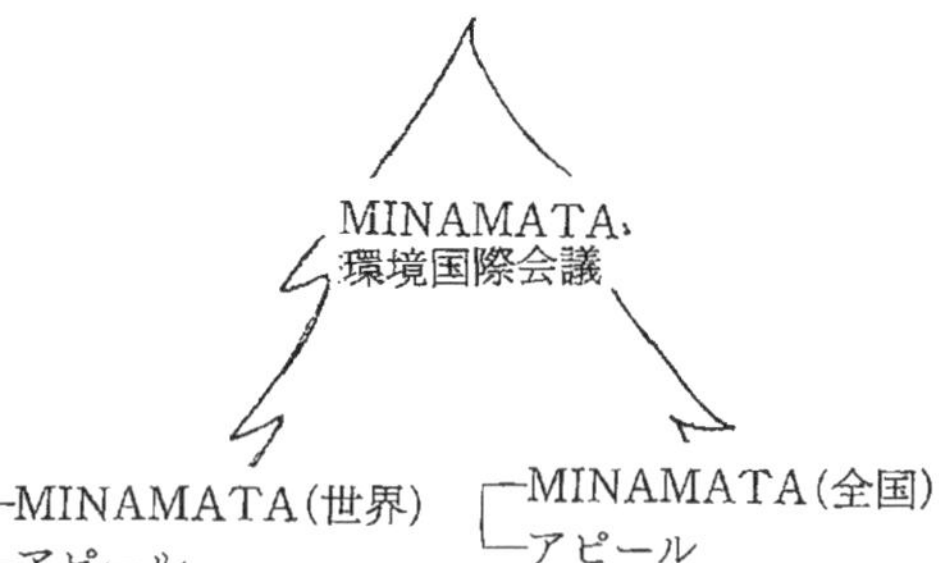

MINAMATA(全国)
アピール

世界竹会議
環境エイドコンサート
国際競り舟大会
宇宙船地球号ティーチ・イン

県民文化祭
地球環境シンポジウム
地球環境チャリティコンサート
市民10,000人コンサート
青少年環境ふれあい活動

水俣行動プログラム

・水の再生プログラム
・緑の再生プログラム
・水俣クリーンプログラム
・エコライフキャンペーン

環境と共生する産業の立地
・有機農業事業
・竹産業振興事業
・観光漁業推進事業等

水の再生プログラム
：蛍キャンペーン
：排水クリーンキャンペーン
：川べりの景観保全

水俣クリーンプログラム
：資源リサイクル行動
：竹林・竹花キャンペーン

緑の再生プログラム
：市民植栽運動
：再生紙キャンペーン
：グリーンパトロール

エコライフキャンペーン
：ノン・フロンキャンペーン
：低公害ゴミ袋使用

図４　環境創造 MINAMATA・アクションプログラム

埋立地で行われた最初の大きなイベントは「みなまた１０，０００人コンサート」（図５）であった。これは企画案によると「環境復元都市水俣へ向けて市民が動きだすスタートになるよう演出する」というもので、元ＮＨＫ人気アナウンサーの鈴木健二（熊本県立劇場館長）をプロデューサーに、西ドイツの青少年のアコーディオン・バンドと地元水俣の中、高校生らのコーラス・グループによるコンサートを開催した。キーワードは「地球にやさしい子供たち」。動員目標は1万人だったが、そうはゆかなかったらしい。まだ埋立地は荒地のままなのに、大きな看板だけが立っていた。

この１９９０年夏には「地球環境シンポジウム」も企画されていた。

１９９１年には「地球環境チャリティ・コンサート」と「同シンポジウム」、および国連大学との予備会議が行われた。同年5月16日、国連大学の学長が熊本や水俣に来たのはそのためである。

１９９2年、この「環境創造ＭＩＮＡＭＡＴＡ」の最大のイベント「水俣国際会議」はＮＨＫの鈴木健二の総合司会のもとに11月14日、水俣市文化会館で開催されることになった

図５　みなまた10,000人コンサートの看板

（図6）。それを迎えるために水俣市当局は従来のかたくなな態度を転換して、初めて水俣病患者と市民とが語りあう「子供たちにつなぐ水俣を語る市民の集い」を主催した（1992年4月11日）。さらに6月25日、水俣市議会は「環境・健康・福祉を大切にするまちづくり宣言」を決議した。そして7月10日、「環境創造みなまた」実行委員会の視察グループ団を水俣に迎えたのである。

「水俣国際会議」は国連大学学長と熊本県知事の開会挨拶のあと、午前中に基調講演と外国人学者らによる国際セッションがあり、午後に水俣病の問題もとりあげた水俣セッションと全員によるパネルディスカッションが行われた。テーマは産業による環境破壊と地域再生である。この会議の性格は「産業、環境及び健康に関する」ものであったが、その総括討論は15人のパネリストに2時間しか時間を配分しなかったため、問題提起に終始してしまった。ただ、興味があったのはその15人のパネリストの人選である。モデレーターは鈴木健二、招待外国人学者はジェームス・ミッチェルら4人、研究者は熊大の丸山定巳、原田正純と藤木素士、舟場正富の4人、患者代表は浜元二徳と川本輝夫と橋口三郎、石田勝の4人、それに市議会議長の吉井正澄と市の助役の小松、県の開発部長の松本の3人、計15人で、それぞれの系統の代表をとりまぜて微妙なバランスを保っている。しかし、この15人の中に丸山、原田、浜元、川本の4人（一貫して行政にきびしい態度をとってきた指導的な人びと）を入れたのは、市側の姿勢の転換を示すものと読みとれる。それだけにこの会議は水俣にとって画期的なものであったと思われる。

この1992（平成4）年11月14日付けで、水俣市長岡田稔久の名で発表した「環境モデル都市づくり宣言」はその中に、「1．水俣病の教訓を学び、後世に伝えていく。2．水俣病被害者の救済と、市民の融和を図っていく」以下5項をあげ、「『環境創造みなまた'92』が開催された本年を、水俣市の新たな出発の年にするため、ここに宣言いたします」と結んでいたのである。(6)

図６　水俣国際会議のパンフレット

１９９３年、平成5年は近年になく水俣はにぎやかな年であった。まず市立水俣病資料館が埋立地を見おろす明神崎に開館した。約6億の事業費、2年がかりの工事であった。建設総面積は１，０５１㎡であったが、資料の展示室は小さく、その三分の一、約３３５㎡、１００坪ほどしかなかった。だが、中身は充実している。そのそばにできた熊本県環境センターが建築面積ははるかに広いのに内容が貧弱であるため、水俣病資料館の価値をひき立てていた。いかにも官僚の設計らしい。環境センターの展示は、大人には空疎でも、子供には楽しいのかもしれない。何しろ電気仕掛けのカラフルな幼稚園ルックのデザインと実験学習をねらった保育室兼用の娯楽性をねらっているからである。水俣病資料館についての批評は後述する。それはともかく、この二つの常設資料館のオープンによって埋立地にも、ようやく人の流れができてきた、核が形成されたといえる。

１９９３年はさらに新しい情況をつくりだす。これまで対立の関係にあった（しばしば激しく疎外しあってきた）水俣病患者団体の代表を講師にして、市が主催する「水俣病を語る市民講座」をはじめるようになった。その先頭バッターは水俣病患者の会代表浜本二徳（つぎのり）の「わたしと水俣病」、7月31日が第1回であった。そのあと水俣病患者平和会の会長石田勝、チッソ水俣病患者連盟の川本輝夫（てるお）委員長、水俣病第３次訴訟原告団長の橋口三郎（第4回、94年3月4日）とつづいている。この4人とも「水俣国際会議'92」のパネルディスカッションに登場した顔ぶれである。この公開講座を市当局がどこまで展開してゆくかは注目にあたいした。

この年はまたチッソ株式会社が約１５００億円もの累積赤字と経営悪化のため、倒産の危機がさわがれた時でもある。水俣市はこの危機を打開するために、市長を先頭に全市民を動員する「チッソ存続強化を願う市民大会」を盛りあげて（１９９３年6月20日、主催者発表で署名者２６，０００人余、うち３，７００人参加、パレード）、政府を動かし融資を約束させている。この動員は市長から各地区の区長へ、区長から各部落ごとの班へと、上意下達するムラ式支配システムを使ったものであり、それに同調しない者には無言の圧力が加えられた。

水俣病考証館の館長で、財団法人相思社の世話人でもある吉永利夫（よしながとしお）はこのような水俣社会の印象を次のように語っている。「ひしひしとムラの論理、ミナマタ・ムラの浸透に気をとられる時がある。……得体（えたい）の知れないムラの重さに、身を締めつけられることさえある」（93・7・5）事実、それはきれいごとの蔭に濃厚にある。[7]

1993年11月に実施した「環境ふれあいインみなまた」は、前年の熊本県に代わって水俣市が中心となって舞台をととのえた。その内容は、ふるさと環境交流集会、環境水俣賞授与式、環境再生フォーラム、水俣こころフェスティバル、水俣地域環境展、みなまた総合物産展と多彩であり、市立文化会館から埋立地の会場まで、延べ48,000人の人が参集したという。市の人口が34,000人だから、主催者側の発表の通りだとしたら、このイベントは成功の方に入ろう。とくに総合物産展が人気を集めている。

環境水俣賞（第2回）はマレーシアやタイの団体、研究者個人らに贈られた。環境再生フォーラムは水俣の環境調査報告のあと、昨年にならって各患者団体代表、市民団体代表、行政代表、学識経験者ら16人のパネルディスカッション形式で行われた。ここでの発言で注目されたのは、「もう過去は十分語られた。これからは将来のヴィジョンをつくり、それに向かって進むべきだ」という意見と、「過去を見据えなければ未来はない。過去は十分語られたとはいえない」との対立があったこと、「これからの市民運動は地域振興にばかりでなく、患者救済にも動くべきだ」という意見と、「どういう人を〝患者〟というのか疑問がある。胎児性患者や劇症患者はかわいそうという気持がおきるが、裁判に参加している人たちは患者と思えない」

との反論が吐露されたことだ。こうした感情は抑えられた形で、かなりの市民の胸の中にわだかまりとしてあることを示している。「考え方に少しの変化はあろうが、根源的なところでの差別、偏見は抜けていない」との痛切な声が耳に残る。それでも「市民がようやく水俣病の問題に関心を示し始めた」という事実は認められるであろう(8)。

1994年5月1日、水俣病犠牲者慰霊式での新市長吉井正澄(よしいまさずみ)の式辞は、これまでの市長のそれとくらべると画期的なものであった。吉井市長は水俣病被害民に対し、「申し訳なかった」「反省の念を禁じえない」「悔やまれてならない」という言葉を使って、謝罪の姿勢を表明したからである。彼は水俣病事件によって生じた市民間の心の傷、差別と対立についてふれ、それを修復し、和解をもたらし、新しい水俣をつくってゆく決意を述べている。だが、チッソの罪業や責任については一言もふれない。国や県の水俣病拡大についての行政責任や救済上の不作為責任についても全くふれていない。後者は裁判で争われているところであり、市長としての立場上、緘黙(かんもく)したのかもしれない。そうした謝罪の不徹底さが残っていた式辞であった。

Ⅲ. 環境教育について

水俣市議会議長だった吉井正澄が新市長に当選したのは1994年1月30日である。岡田市長の時代の1992年ごろから水俣病問題に正面から向きあうように姿勢を変えていた水俣市は、新市長を迎えて、いっそうはっきりとその方向に踏みだしたように見えた。その市の理事者の気構えの変化は敏感に教育事情も反映する。

1976〜1985年、私たちが水俣調査でひんぱんに訪れていたころは、市当局も教育委員会も全く冷たい態度をとっていた。私たち総合学術調査団は学問的な立場で公正に水俣の諸問題に対していたにもかかわらず、行政は進んで調査や研究に協力してくれることはなかったし、また私たちが市の文化講座や市史の編さん事業への協力を申し入れても断られた。私たちが、当時「過激派」とか「告発」系とかとみなされていた水俣病センター相思社や患者連盟の川本輝夫委員長などと交際していたことが、彼らのボイコットの理由になっていたのであろう。私たちが水俣に通っていた約10年間に、水俣市立の中学校、高校などと公然と接触することもはばかられていた。それが1990年代に入ると様変わりになる。

1994年だけとっても顕著な事例をあげることができる。たとえば問題の人、川本輝夫委員長がこの1月21日に市主催の「水俣病を語る市民講座」に講師として招かれている。2月15日には同じ「告発の会」系の活動的な患者であり、謀圧裁判の被告でもあった緒方正人が水俣市立第1小学校で講演している。さらに相思社の世話人の吉永利夫が水俣高校の職員研修会に招かれて講演している（6月22日）。こんなことは10年前には想像することさえできなかった。

こうした空気を反映してか、相思社が経営していた水俣病歴史考証館に、最近公立高校や市立中学校などの教員や生徒たちが、ひんぱんに見学にくるようになったという。1月14日は水俣高校の教員20人が考証館を見学した。考証館の展示は市立水俣病資料館と違って、国や県や市などの行政責任をきびしく指摘していた。市の教育委員会がこれまで危険視してきた資料館なのである。

水俣だけではない。隣接の鹿児島県出水市の高校教員12名も2月19日に考証館に見学に訪れている。さらに2月25日には菊池市の南ヶ丘校の一行100人も考証館にきて、患者の話を聞いて帰っている。環境教育はわが国における公害の原点水俣からはじまるということを、相思社は多年アピールしてきた。それがいま

実を結んだのである。(9)

財団法人水俣病センター相思社は今から20年前の１９７４年（昭和49年）に私たち全国の支援者の協力によって開設された。さまざまな施設を持つ水俣病患者の支援と慰安の場であり、また研究、調査、公害教育、情報交流の拠点でもあった。ここを訪れた内外の訪問者は何万人か数を知らない。外国からの見学者だけでも数十ヶ国、数百人におよんでいる。ここには若いボランティアが起居を共にし、献身的な活動を日々つづけている。その高い理想を持った純粋な人びとを「過激派」などと非難し、疎外する行政やマスコミなどの行為は見当はずれもはなはだしいといわざるを得ない。

この相思社が毎年夏に行う水俣実践学校や、さまざまな学習の合宿は水俣以外の一般社会からは高い評価を受けている。それらの環境教育に果たした役割も大きい。水俣病歴史考証館もその重要な要素であり、その展示も最近更新されて充実し、来訪者も次第にふえている。相思社の運営は理事会によってなされ（理事長はつねに患者である）、その理事には患者のほか人望のある有識者（原田正純氏ら）が選出されている。財団法人として、その維持費の大半は全国の維持会員の拠出する浄財によってまかなわれている。

歴史考証館とか水俣病資料館とかは、水俣病の人間環境の問題を学ぶもっとも直接的な場所である。その観点からこれらの機関の果たす役割を考える時、両者の特徴を比較したり、批判したりすることは大切で、それによって展示内容を充実更新させ、その社会的機能を高めることができる。私も市立水俣病資料館の展示の思想には批判がある。市立という「行政」の限界に縛られて、言うべき点をはっきりと言っていない。重要な歴史的事実を隠している所がある。それらは別の機会にはっきりと指摘したい。

水俣病を通しての環境教育という点では、すでに大きな成果を挙げている関西の例を挙げなくてはならないだろう。水俣病関西訴訟の原告患者が、主として大阪府下の小学校生徒をあいてに実践してきた水俣病学習交流会は、今年ですでに11年目を迎えている。

最近では93年12月7日の滋賀県近江八幡市立八幡小学校から94年3月8日の大阪府松原市立松原中央小学校まで4ヶ月間で10校と交流している。そこには関西水俣病患者の会から延べ15人の患者が参加し、小学上級生にそれぞれの体験を直接話しかけている。

そもそもこの学習交流会は、1983年から大阪水俣病を告発する会が、「水俣病の事実を次の世代に伝えていくこと」「教育現場に働きかけて水俣病授業への取組を広げていくこと」を運動の一つの柱として始めたものだという[10]。

その中心に患者みずからが立った。ボランティアの地味な下働き、現場教師の努力によって、小学校5年生の社会科「工業」の授業時間に水俣病を取りあげてくれる学校がふえ、改めて水俣の記録映画の上映や患者の体験談を聞くことの要請が多くなってきた。そこで患者が学校に行って自分の体験を分かりやすく子供たちに話し、子供たちも素直に受けいれて、質問をかわすうちに心が通じあい、あるときは患者と生徒が抱き合って泣くという場面も生まれたという。

その子供たちの純な反響を示す感想文は感動的である。こうした学習交流はこの11年で100校にも達した。それによって子供たちが環境問題や差別の問題にめざめてゆく過程は、貴重な示唆に富む[10]。こうした学習交流会は水俣病センター相思社や歴史考証館を訪ねてきた生徒たちとのあいだでも行われているが、その教育活動に患者が直接あたっているというところに私は光を見る。光はそこから射すのである。

（本稿は1994年度、「財団法人　日本生命財団」の研究助成金による成果の一部である。）

注

（1）色川大吉『経済大国』参照、『昭和の歴史』シリーズ第11巻、集英社、1980

（2）色川大吉「不知火海民衆史」『水俣の啓示』下、所収、筑摩書房、1983

（3）熊本日日新聞、1994年7月12日

（4）「環境創造MINAMATA・アクションプログラム」、熊本県資料、1990

（5）原田正純『水俣病に学ぶ旅』日本評論新社、1985、同『水俣の視図——弱者のための環境社会学』立風書房、1992、参照。かつて原田正純氏は胎児性水俣病の子供を産んだ母親の「子宮もまた環境である」の名言を記した

（6）資料「環境創造みなまた'92」同実行委員会、熊本県資料、1992

（7）吉永利夫「水俣の〝今〟と相思社20年」『水俣』186号、1993年7月5日

（8）望月敏和「〝環境ふれあいインみなまた〟討論で水俣病認識に違い」『水俣』238号、水俣病を告発する会、1994年2月5日

（9）特集「水俣から環境を考える」『ごんずい』24号、水俣病センター相思社、1994年9月25日（この『ごんずい』の18号、1993年9月25日からの1年間分を参照）

（10）「チッソ水俣病関西訴訟を支える会ニュース」106号、1994年3月20日（他に同会ニュースの各号及び京都告発の会ニュースも参照した）

（「東京経大学会誌」第一九〇号〈研究ノート〉（一九九五年一月）所載）

新しい村へ

——足尾→秩父→三里塚→水俣——

自己紹介

私の生まれ故郷は、三里塚の斜め左線の方向の佐原という所ですので、三里塚へはよく行きました。また、御当地水俣とも、縁が深いのです。そのため水俣や津奈木はことのほか身近な所でした。大学の卒業論文に熊本の蘇峰、蘆花兄弟を選んだ関係で皆さんは小学校や中学校でつまらない日本史を教えられたと思いますが、私はその日本の歴史の、特に明治以降の近代史を専門にやっております。

昨日は「熊日」ホールで明治以降の熊本と日本の話をしてきました。明治の熊本は横井小楠とか徳富兄弟とか宮崎八郎兄弟とか開放的、進歩的、国際的で偉大な人間をたくさん生み出しました。ところが、その後、だんだんエネルギーがなくなり、昭和になってからはチッソという、熊本最大、いや日本最大の大企業を生み出したにもかかわらず、大きな過ちを犯し、それに対して県民がつめたかったわけです。こうした問題を熊本県民が解決できなくて、どうして郷土の誇りなどといえるでしょう。横井小楠や徳富兄弟が生きていたら失望するにちがいありません。横井小楠は、日本の道は新しい科学を尊重しなくてはならない、西洋の科学と、技術を大事にする、東洋の道徳も大切にする。両方大切にして調和と統一を図らなくては新しい日本を大切にしたことにはならないと主張しました。東洋の道徳と、西洋の科学技術を何のために大事にするのか、それは単に富国にとどまってはならない、単に強兵にとどまってはならない、大義（正義）を世界中に布かんのみという、そういう精神だったのです。チッソのような大企業が単に経済成長に走り、戦争に便乗して拡大し、反面、人間に対し大きな罪を犯したこと、それは明治の熊本人の精神に反する、今の熊本市民がこれに対してつめたいのは、何ごとか、というような趣旨の話をしてきました。熊本日日新聞は保守的な新聞と聞いていましたが、そうした私に対して二晩にわたって誠意のこもったもてなしをしてくれました。

私はそういった専門家として、患者の皆さんに対し、あるいはこういう点がお役に立つかもしれないということを申し上げてみたいと思います。

もう見られない水俣湾のイリコ漁（昭和46、秋）
イワシの稚魚をアミの中へ追い込んでいる

足尾―谷中(やなか)村―田中正造

滅びたのは国家の方だ！

ひとつは足尾の問題です。私は銅山の近くに、昭和二十三年に東京大学を卒業して、中学の先生として入りました。隣村で、山林労働者と夜間労働学校などを開いて、一緒に勉強したりしました。その時、田中正(しょう)造(ぞう)という人にぶつかりました。貧しい村で、畳の入っている家はまれであり、板の間にゴザを敷いて寝ているようなぐあい、そんな暮らしをしていました。

私は教師でしたから、子どもの家庭訪問にゆきます。そうすると「先生、申しわけないが、ザブトンがない」「いやいやそんなものいらない」と答えると、「田中正造さんは、この村にもちょくちょくおいでになったけど、あの方は、新聞紙の四ツに折ったのをいつも持っていた。その新聞紙をひろげては、ザブトン代わりにするために人に気をつかわせずに訪ねてこられた。国会議員までやった人だが、貧しい人に会うのにそんな思いやりを持ってくださった」。それが、私の最初にぶつかった田中正造の姿です。後で調べてみますと、田中正造はその山村の奥までは行っていないことが分かりました。つまりそこまで伝説として残ったのですね。

足尾のあの辺りの山が、木一本、草一本まで枯れてしまい、数十万町歩の田畑が毒水におおわれ、死んだ人二千人余りといわれています。その被害は二十何年かにおよびました。とくに日清戦争から日露戦争の間、鉱毒を流しつづけたのです。銅は戦争のために大事なものだからというのです。それはチッソが日本の中国侵略戦争（日支事変）の間に、子会社の、朝鮮チッソ株式会社を資本金九千万円（今なら九百億円相当）の大会社に発展させ、終戦後はまた、朝鮮戦争やベトナム戦争で生産をあげ、水銀を流しつづけて大もうけしたのと同じです。

田中正造は国会でただ一人がんばって足尾の救済を叫んでいた。明治二十二年より二十年間叫び続けた。それでも操業停止ということにはならず、谷中村に、大きな遊水地を造って、そこに水を貯めて調整すれば、解決がつくという国や県側の主張に押し切られてしまった。ちょうど、水俣の百間港に堤防を築き、海の一部を埋めれば解決がつくということと同じ論法です。

田中正造は、たいへんに怒って「だいたい人間様の生きている村を、水没させるとは、なにごとだ」と、六十歳をすぎた年まで呼びつづけ、結局谷中村に引っ越して、村民に加えてもらい、十一年後に、死んだのです。そういう、前にも今と似た状況がありました。

文化人とか、ジャーナリストとか、宗教家とかいう人たちがたくさん正造のもとに応援にやってきて――、一時水俣がたくさんの支援で、にぎわったのとよく似ています。しかしジャーナリズムとか、マスコミとか、文化人の応援というものは、そう長くつづくものではない、足尾の場合でも、ある程度の山があって、会社側が公害防止施設をやりだしますと（インチキだったのですが）、世論は、しだいにおさまってしまいました。

水俣が裁判に勝ったら、世論がそっぽを向いてしまったのと同じです。

文化人やマスコミの応援、援助というものは、田中正造のときと同じように、それだけにたよっていたら、必ず孤立するということを証明しています。ただ、田中という人は、壮年時代に一三三〇日間も獄中生活を送った人ですから、人の心が頼りにならないということを、よく知っていたのです。

谷中村も、ボツボツ脱退者が出て、とうとう十八軒になってしまった。はじめは、切り崩し、説得のやり方で、次には法律違反だとおどかされ、しまいには警察が暴力団のようになって、堤防をこわしてしまいました。

谷中の人は、堤防の上に家を造り直して頑張ったのですが、田中正造は、「十八軒の谷中村は、滅びたというが、滅びたのは国家の方だ。人民は亡びない。谷中村を復興できなくてはこれから日本も復活できない」と叫んだといいます。

今までは、「正造一人が生きているかぎりは、鉱害はくい止めてみせる」と決意していたのが、このころから、「谷中の人民様」という言い方に変わっている。

自分は、谷中の人民様のお付きの人である、と言い出す。その後、谷中人民と運命を共にして、七十二歳の時、水質調査の途中、ガンで斃れた。最後まで田中正造を助けた人は、ほんの十数人の農民でしかなかったといわれます。

晩年の田中正造翁
——私は人民様の付き人だ

この明治時代最大の公害問題の失敗は大きな教訓として、たくさんのことを私たちにあたえてくれます。

その教訓の一つは、田中正造が全く孤立していたと思っていたら、その葬式に、追悼のため何万人という農民が集まった。みんな嗚咽したり、慟哭したりして正造と最後まで一緒にたたかった人が、「お前らなんで正造先生が生きている前に助けんで」と叱った。集まっていた人は、ただ首をうなだれて立っているだけであった、という。

その人達の気持ちをいま察しますと、公害問題の勝負はもう決まってしまった!! 明治国家は、今とちがって軍国主義ですから、農民達は、田中正造と一緒にたたかいたかったのだろうが、たたかえば、自分も、ひどい目に遭うとわかっていた。そこで心の中では、すまないと思いながら、見過ごしてきたのを、正造が死んだということを聞いて、今まで耐えていた感情が爆発したのです。藤岡町に田中正造の霊堂というのがありますが、そのうしろに彫られている発起人の名簿は、個人の名前だけではなく、部落ごとで、何百という部落の名前が書いてある。つまり何千人という農民が哀悼の意を表しに来ていた。

これは、明治時代の公害運動指導者と、その中心になった谷中の農民達と、それを見殺しにした周囲の一般住民との関係を、よく示している図だと思います。

今は明治時代ではないし、同じ対応をしてはならないという教訓をここから引き出してはいますが。

明治三十一年には一万人の農民が東京におしかけたり、三十三年には必死の思いの二千人の農民が集団陳情に出発して、利根川の渡しで騎馬警官隊に斬りつけられたりしているのです。

それは水俣の患者さん達が、東京で坐り込みを一年半も続けたり、警官隊に逮捕されたりしたようなことよく似ていると思われます。

結局、足尾の公害問題は解決しなかった。田中正造があれほどがんばっても、問題は百年経っても解決しなかった。有毒物質をふくんだ鉱さいが、今でも河底にこびりついている。私は毎年、去年も今年も行って見ていて嘆きます。

昨年、足尾の闘いは百年ぶりに古河鉱業会社から賠償金をとって落着した形になりましたが、また洪水でもあれば下流に影響が出るのでしょう。

秩父―困民党―暴徒

お上に反抗して何が悪い！

その足尾からちょっと南に下がると秩父というところがあります。

九十年位前、その秩父で大きな暴動がありました。その直接の原因は政府の重税とはげしいデフレ政策（金融ひきしめ）のために、人民が借金を返せなくなってしまったところにあります。

そのころの金融会社は高利貸と同じでひどかったのです。

一ヶ月一割位の利子、その上借りる時手数料として二割取られる、月縛りといって三ヶ月で元金の書きかえ。かりに十円借りるとすると、最初に手数料として二割取られてしまうので八円、一ヶ月一割の利子だから、三ヶ月で元金合計十三円、三ヶ月目の書きかえには元金が十三円になり、そこに二割の二円六十銭をまた引かれてしまう。これを三回くり返すと、実際は八円しか借りていないのに返済金は二十四円位になってしまう。

八円やそこらなら返せますが、かりに、三万円借りた金が、一年経ったら、三十万円。それを放置しておいたら強制差押え、公売で、破産です。

もう書きかえはゆるさない、三ヶ月回転したところで書きかえをゆるさない。差押えには、明治時代のことですから警察官立合いでやる。村の人に公告して恥さらしをして、箸、茶碗からフトン、タタミまで差押えてゆく。それこそ下着一枚で追い出すというやり方でした。さすがに、こんなことはがまんできなくなって、福島で反対の暴動が起こり、秩父でも大暴動が勃発しました。

秩父郡を中心に上州、信州の一部の村びとも加わり、その数、数千人に達する。

その組織のしかたを見ると、中心は十数人、その十数人の人が各部落を歩き廻って、八十人位の世話役のような人をつくる。この人達が一軒一軒説得する、はじめ高利貸の所に歎願に行く、なにしろ警察が高利貸に買収されておりますからどうにもならない。しようがない、として役場に行って歎願する、と裁判所に行けという、裁判所にゆくと、借金などはお互いの貸し借りのものであるから問題にならない。我々が取り上げるのは身代限りなど問題が起こった時だけだと。

ここで村びとは、こうなっては高利貸を〝退治する〟しかないということで武装蜂起する。サシコのはんてん（チャンチャンコみたいなもの）に、何度も柿シブを塗って乾かし、固いサシコのよろいのような防弾チョッキを作る。あのころの鉄砲玉はたいしものではないからハジケてしまう。村ごとに小隊を編成して、徴兵時の軍隊体験を生かし、甲大隊、乙大隊というふうにまとめ、最初に三千人ほどが吉田村の神社に集まったわけですね。

はじめ警察は、二、三十人連れてゆけばドン百姓など逃げてしまうだろうとタカをくくっていたが逃げなかった。それどころか農民に逆に斬られたり、捕虜にされたりした。そこで、政府は憲兵隊を出動させたが、それでも逃げない。ついに当時東京の近衛師団（師団長をやっていたのは乃木希典）の軍隊をくり出す、十日間にわたって激戦をし、七人の首謀者の死刑、四百名の重罪、二千人以上の農民が軽罪、これは全員起訴され、有罪にされたに等しい。二千人余りは罰金で済んだが、四百名ほどは、網走とか樺太、空知（そらち）などの集団刑務所へ送られてしまう。

私もその現場へいって調べたことがあるが、余りの寒さに牢の中で多くの人が獄死したろうと思う。

足尾でも秩父でもそうだが、どの組織を見てもデコボコです。谷中（やなか）の組織は最後にはしっかり固まって最後の十八人が、田中正造と運命を共にする、その他の人、近くの藤岡の辺りの組織というものは、ばらばらに分散してしまう。最後に正造の死を聞いて、二万人程が追悼にかけつけたといっても、それは形をなさない同情者にすぎなかった。

秩父のようなあのように激しい抵抗をしたところでも、よく見ると死刑になったのは十人位の指導者、これはみんな各部落の地味な生活者であり、ハンネッコの寅市（とらいち）、鍛冶屋（かじや）の惣作（そうさく）とか、ソッパの惣作とかいわれた壮なるもの。かれらは事件の起こる半年位前から、ひそかに会合したり、自由党に参加したりして、準備を進めていたのです。

そういうような人が中心になっていたわけ。それとその周りに八十人位の村の肝煎り（きもい）みたいな人物がいて、これも中心になり、その人達が困民党を支えたわけです。村にあって村人を説得して、それに反対したボスや戸長（村長）なんかを部落から追い出してしまって、結局残った村びとが共同体の力で結集したわけです。

中心に指導部があってそのまわりに二千人位の附和随行者がついたわけです。どんな組織でも、このように、常にデコボコなんじゃないかと思います。みんながみんな高い水準だなんてことはない。

中心に十人位いて八十人位の働き手をまとめていれば、とにかく二千人位の参加者を動員し得、そのまわりに三千人位の附和随行者をさそいこむことができるということを示しています。

私たちは若いころこの犠牲者たちの遺族を訪ねあるきました。死刑になった人びと、戦いの場で死んだ人も、共に無名戦士となり、名前を確認もされずに埋葬されている。そういう戦死者とか、網走や樺太の監獄で獄死した人たちの遺族を訪ねた時、私は二つの反応にぶつかりました。ひとつは訪ねてゆくと、いきなり玄関で塩をまかれるという例。「そんな、縁起でもない、思い出したくもない、帰ってくれ」と叫んで塩をまかれる、それです。

もうひとつの場合は、「何しに来た」「秩父事件のことで来た」「暴徒のことか」といきなり向こうから暴徒というのです。「そうです、秩父暴動の話を聞きに来た」と、「あそこの家も暴徒だ」そういう村は挙村抵抗、全村参加の村です。そういう村は暴徒ということを誇りにしているのです。

これに対して塩をまくような村は、迷惑だから帰れという、そういう村は暴動参加者が少数者の場合が多い。

共同体の中で孤立していた犠牲者というものは、「あいつは、お上に反抗するような出すぎたことをやったから、子孫が没落するのはあたりまえだ」そんな形でいう部落も多い。もうひとつは、名主とか、地主とか、反対した連中を追い出した部落ごとに、かっちり固まっていた村は、今でも九十年経っても暴動に誇りをもっているんです。暴徒という言葉を使うとき、お上に反抗して何が悪いんだという意味をこめている。

徳川さんの世の中になっても、明治天皇さんの世になっても、今の世でも、私たちにはかかわりない、そういうところじゃお上の連中がころころころころ変わるが、それはおかみの事情で変わるんで、私たちは、この部落で、子々孫々までずっと生きてゆかねばならない。ここで生きてゆくということは、ここにも、ちゃんとオキテもあり正義もあるんで、ここのオキテとここの正義を守っている限り悪いと言われることはない。お上が自分の都合でああだこうだという資格はない、そんな性質(たち)のことばを、ズバリというんです。

これは秩父にしても、谷中にしても同じで、「谷中をつぶすような国家は滅びる」といい切れるような部落が今、伝統を受け継いでいます。

三里塚の古村、辺田部落

古くて新しい、闘う村！

私はそういった農民の動きをじっと考えながら、私の生家からなら自転車ですぐ行ける三里塚へ足を運んだのです。

もともと三里塚付近は天皇家の御料林や御用牧場で、戦後になって、開拓者が入って村を造った。その開拓村には村の古い伝統がないわけ、そのため古村にくらべて民主的です。多数決で何でも決めます。反対意見に固執する人は、俺はいやだといってやめてしまうんです。そういう人の中にはサッサと土地を公団に売って出ていってしまう者もいます。次の集会で、こんどは別の人が反対反対というとこれまた多数決で除かれてしまう。こうしてポロポロ落ちてゆく。それをくりかえしているうち、社会党、共産党が、非常に強くて民主的だといわれていた開拓村がアレアレというちに、なくなってしまったのです。そして逆にいちばん封建的で、青年はバクチだとか夜バイばかりやっているという古い村が最後に残ったのです。

この古村を調べてみますと、一千年前、平安時代末期位からのものがあるのです。どうして古村はなかなか崩れないで頑張るのだろうかと調べてみたら、江戸時代に百姓一揆をやった伝統があるのですね。

あそこは、漁村とすぐ近いんです。三里塚はいかにも山の中のような気がしますけど、九十九里浜の方にひらかれており、成田の町に出てゆくよりは、九十九里の片貝という町に出てゆく方が早かったんです。その片貝に明治維新のころ漁民たちの大きな暴動が起こった。真忠組事件といいます。最近、「九十九里反乱」

という小説にもなっていますが、どうもこれとかかわりがある。その上、古村にはさまざまな人間関係を調査し、まとめあげるための仕組みや智恵が凝集している。色々な意味で、歴史の残した教訓をかれらが受けついできた。これが新しい村が脱落していったのに古い村が残った原因だなあと考えました。

三里塚は十年間頑張っていますが、それへの権力の圧迫といったら水俣への圧迫とはくらべものになりません。水俣湾〝漁民暴動〟のときは石牟礼さんもおいでになって、ご覧になり、経験されたと思いますが、三里塚はその比ではなく、二千人三千人という機動隊員が、ありとあらゆる武器をもって襲いかかってきて、村民たちと泥の中で乱闘をやります。辺田部落などというところは、部落のまわりに堀を造って、さかもぎのように木をとんがらせて、それをこう、矢来のように組んで、要するに砦にたてこもるわけですね。部落の人たちはその砦の中に入って何を議論したかというと、向こうがくるんだから、ここで竹ヤリを使うか使わないかという大問題です。結局、使わないということになりましたが、あれを見ていて黒澤明の映画『七人の侍』を思いだした人も少なくなかったでしょう。侍ならぬ全学連の学生が援助したのですが、学生はまわりで闘ったのであって、農民たちは学生を部落の中に入れないのです。村は、村の者で守るというわけです。ここが戦国時代と違うところで、なぜああいう強い抵抗ができたのか、もっともっと掘り下げてゆかなきゃならない。見ると、新しい組織と古い組織が、背中合わせにくっついている。辺田部落などで聞いてみますと、それ以前はバクチやケンカがはやっていて、大酒の呑み会が多く、どうしようもなかった所だというのです。それが空港問題が起こってから様子が変わった。青年が生き生きしてきたというんです。

かりに飛行機が飛んでしまったとしても、十年闘ったことは、無駄ではない。なによりもこれから先、村をしょって立つ青年がこの十年で生きかえったのだから。東京などに出たものも腹をきめて帰ってきて、百姓をやってくれるようになった。

もちろん最後まで飛行機なぞ飛ばさんが、一機二機無理やり飛ばされても、わしらは、負けん、といっているわけです。御存知のように老人決死隊とか少年行動隊とか婦人行動隊とか色々つくった。村を捨てていった人たちの畠を利用した公団の土地ですけど、それからの収益を逃走資金として積み立てるわけです。それからね、刀をとりあげられた江戸時代から三百年の間に百姓は弱虫になった。ズルイ人間になった。穴ボコ人間に追いこまれてきた。だから共同体や部落で互いに守りあわなければならなかったというのです。

弱くてずるい農民の本質というものは、また新しいことをやるというのが大嫌い、先祖代々のやり方を守って、まあ何とか食っていければ良いというのが多かったというのです。

太閤検地いらい三百年間も抑えられてきた民衆というものは、秩父でも足尾でもそうですが、本質的には保守的で一人にしたらものすごく弱い、ずるい、利己主義者(エゴイスト)だと私は思います。ただこれを悪いことだとは思わない。歴史によって造られた本質ですから。そういう性質を一人一人が持っているからこそ、私は部落が必要だというのです。部落というのはずるい農民をずるくさせないように、皆んながバランスをとりあう。弱い人間をズッコケさせないようにたがいが糸をつけ合い、つっかい棒をしあい、ひっぱり上げる。血のつながりとか、縁故とか、義理人情とか、寄り合いとか、講(こう)とか、結(ゆい)とか、祭りとか、みんなでつなぎ合っている組織というのは、そういう欠陥人間たちを一人前の責任人間＝責任主体に盛(も)り立て、保持してゆく仕組みなのであって、その目的は

村を守ってたたかって、連行される三里塚の若い農民（昭和46年９月16日）

みんなが助け合って子々孫々まで生きのびてゆくぞ、という決意のようなものでしょう。それが私の考える本来の〝伝統的な共同体〟なのです。

老人決死隊が命を惜しまず、機動隊に立向かってゆくというのは、一年か二年に一度位のことで、ふだんは、念仏講なんかに集まって念仏をとなえているジーサンバーサンです。あれも楽しみなんですね。念仏踊りなどの陶酔状態に陥って合唱し、喜んでいますよ。

これは、小川紳介さんのプロダクション（小川プロ）で映画に撮ったものがありますけど、三里塚だけじゃなく関東や北陸でもずいぶんやられている。少年行動隊も地蔵講に集まる。子供の守り神、お地蔵さんにことよせて、一緒に飯を食ったり、ゲームをやったり楽しむ。同じ年頃のものが貧乏人、金持の差別なく集まる。それでも嫁に来た人はどうしても差別されますから、子安講というので気を晴らしあっていますね。子安大明神は安産の神さんとか、男根みたいなかっこうに大根をうまく切りまして、野菜や白米をそなえてお供えし、子安さまを拝んでいますが、その寄合いでは何をやっているかと聞くと、コンドーム、あれを一括購入してきて安く分けたりしているんだというのですね。これは小川紳介さんから聞いた話ですが、それが実は婦人行動隊などという晴れがましい舞台を支えている。

その他、お日待講、無尽講なども復活したそうです。これは戦前にはもともとあったものが最初さびれていた。それが空港問題が起こってから復活した。これを見渡すと、一人の人間に五本も六本もの糸が付いていることがわかる。どんな弱い人間でもこれだとなかなかズッコケられない。「一蓮托生」ということばがありますが、あれですね。それが組織の形をとったのが老人や少年や婦人や青年の行動隊であり、反対同盟でありました。その同盟の下に各グループがならび、いちばん下には組（班）という単位があって、日常活動を支えたのです。

こうした点は私たちが三里塚から学んだ経験だったといえるのではないでしょうか。

これで恐らく来年の夏前には決戦が行われるでしょう。公団側は、反対同盟が建てた岩山の鉄塔を大型のクレーン車をもってきてブチ壊すといっております。ブチ壊されないためにその大塔の真中にコンクリートの「共有者の家」を造りました。壊すんなら壊してみろと、俺たちはここにたてこもって最後まで抵抗するからと。恐らく機動隊もひるまないと思います。催涙弾や毒ガスを使い放水もして窒息させようとするだろうと思います。そして塔の上にいる者を半身不随にして一人一人ゴボウぬきみたいにひっこぬいて、大型クレーン車で鉄塔を引きたおすんだろうと思います。だが、権力がそこまでやって飛行機を飛ばしたところで三里塚の闘いが終わるものではない。闘う意志をもつ農民がまわりにいる限り、次は騒音公害だとか航空燃料輸送阻止闘争とか、ゲリラ的抵抗とか、ありとあらゆる形の公害反対運動をあみだして闘いぬくだろうと思います。

チッソ—水俣—朝鮮

国家を含め、問責は今から！

ここらで少し水俣との関連を考えてみたいと思います。

芦尾鉱山が毒水を流しつづけて、渡良瀬川沿岸二十余万の人民を泣かせたのは、日清戦争、日露戦争などに勝つ軍需資源を急いでとるためであった。それは結局、無理な工業化をやって人民をギセイにし、中国や朝鮮を侵略する目的に役立てたのにすぎなかった。

また、三里塚に国際的な大空港をつくるというのも、大企業中心の高度経済成長を維持するためであり、三里塚よりはるかに都心に近い東京都下の横田の大空港や厚木の空港をアメリカ空軍の基地として、いつまでも温存しようとするためでした。

水俣病の発生もこの足尾や三里塚の問題と無関係ではないと私は思います。なぜならチッソ会社の歴史は日本国家のアジア民族侵略の血まみれの歴史と重なりあっていて、その生き血を吸って成長してきたものだからです。

もともとチッソ（日本窒素肥料株式会社）は日露戦争の翌年、明治三十九年（一九〇六年）に資本金二十万円で創立した小さな肥料会社でした。それが第一次世界大戦で大もうけをして、昭和六年（一九三一年）には資本金九千万円という大会社に成長しました。しかし、その陰に忘れてはならない重大な事実がかくされているのです。それは朝鮮窒素株式会社のひどい収奪ぶりです。朝鮮チッソは日本チッソの子会社として朝鮮水電会社をひきつぎ、昭和二年に咸鏡南道の漁村に資本金三千万円で大企業として立てられました。これは四年後の昭和六年、満州事変の年には倍額増資して六千万円となり、朝鮮における最大の会社となりました。なぜ、突然こんなことができたかは、バックに三菱財閥があったからです。

朝鮮、中国で三井資本と争っていた三菱財閥は、野口遵社長の日本チッソに巨大な融資をして傍系会社とし、また、重役陣にも三菱系の人間を送りこみました。昭和十年ごろのチッソ本社重役八人のうち四人は三菱系事業会社の役員。事業資金も大半を三菱コンツェルン系の銀行から融資していたそうです。

こうして成立した朝鮮チッソは、赴戦江（ふせんこう）の水利権を独占し、朝鮮人民をタダ同然の低賃金でこき使い、日本国内では考えられないほど安い水力発電所を建設し、そこから一キロ当たり電力料二厘以下という世界でも最安値の電力（非常に安いといわれる日窒水俣工場でさえ二厘四毛だった）を獲得して、硫安生産の国際競争に勝ち、大発展をとげたのです。その陰にはどれだけの朝鮮労働者のギセイあったか。どれだけの漁場がうばわれ、漁村が潰されたかは、ほとんど闇から闇に葬り去られていてわからないのです。

日本の国家はこの朝鮮チッソに対して、鉄道運賃四割五分引きという信じられないほどの特典をあたえて保護しました。これは三菱の口利きもさることながら、いったん大戦争になったときに肥料会社はそのまま爆弾などの火薬製造に使えるからです。チッソの発展は満州事変以降の中国侵略戦争の拡大によって保障されました。

チッソは、その体質のグロテスクな表現である“鉄格子”によって、五体かなわぬ患者を阻んだ（昭和48年10月）

皆さんは水俣の近くに多くの朝鮮人集落があったことを想い出すでしょう。日本の人民をさえ有機水銀で平気で殺すことをつづけてきたチッソが、植民地朝鮮にあって、どんな横暴で残忍なふるまいをしたか想像にあまりあるではありませんか。チッソは敗戦後、立ち直るまえに、すでに血にまみれていたのです（このチッソ経営者らの戦争責任をも追及しなくてはなりません）。

昭和二十年の大空襲と敗戦、占領はたしかに国策会社チッソにも大きな打撃をあたえました。しかし沈んでいたのはたった三年きりです。昭和二十四年にはアメリカの日本占領政策が変わり（共産勢力を実力で追いかえすために、いったん禁止した日本の軍需生産力を復活させ、利用するという）、その一環としてチッソに一億七千万という破格な融資（今の金に換算すれば一千億円にも相当しよう。それは昭和四十九年度のチッソの使用総資本六百二十七億の倍近い巨額にあたる）をあたえたのです。

この大きなカンフル注射を受けて日本窒素肥料株式会社は立ち直りました。そして、昭和二十五年（一九五〇年）に資本金を四億とし、正式に社名を「チッソ」と改めたのです。

それからは、わずか十四年間で資本金は十九倍、水俣病の大量発生した昭和三十九年（一九六四年）には七十八億円に達したのです。この間、ふたたび朝鮮戦争を利用してふとり、ついで、エネルギー革命で大もうけをし、さいごにベトナム戦争に便乗した石油化学産業の大好況でわが世の春を謳歌したのです。チッソほど正直に血まみれの日本資本主義の体質をあらわしたものはありません。

アラブ諸国が数次の中東戦争で苦しみ、イギリス、アメリカの石油資本におさえこまれていたとき、一バーレルあたり一〜二ドル（一五九リッターがたったの三〜五〇〇円。今、市販されているガソリンは一リッターが一〇〇円）というタダ同様の値段で石油を買いこんできて、それを原料にチッソは硫安会社から塩化ビニールやポリプロを主産品とする総合石油化学会社に転身したのです。そして、アラブの資源を収奪しながら大もうけするために有機水銀を大量にたれ流して不知火海の魚貝と人びとを殺傷しつづけたのです。

昭和三十年ごろからすでに水俣病が発生していたのに、その後十年間も毒物を流しつづけて、高度成長のトップを走っていた企業に対して、またそれを保護・指導していた日本国家に対して、私たちは世界の人民の立場からも、あらゆる立場からも糾弾し、責任を問わなくてはなりません。

昭和四十八年、確かに四大公害裁判の勝利と強烈な石油ショックの襲来によって日本国民の夢も醒め、世論は変わりました。そして水俣病の一部の患者は補償金を獲得しました。しかし、その補償金はほんのわずかなお金だったと思います。今、交通事故に遭ったら五千万円、私などは交通事故で死んだら二億円要求させますが、まあ東京では普通五千万です。それにくらべればあれだけの精神的苦痛を受け、一家破滅し、命を奪われ、一生不治の体にされて、一千万円台の金で済まされてよいのかと私は思います。

自力再生――新しい村へ！

水俣の深刻な経験からの独創を。歴史は少数者によって変えられる

水俣病患者同盟に対しては、医療や認定問題だけでなく、もっと将来計画を考えてほしい。水俣は皆さん一代でなくなっていいわけではないし、子孫があり、さらにその子孫が生きつづけてもらわなくてはならないわけです。自分たちは病人だ、何をやる気力もなくなり、やる体力もないと皆さんが諦めの気持ちに陥ったら、そこでこの不知火沿岸の村や町は終わってしまうのじゃないかと私は思うのです。立ち直ってゆくための将来計画――五十年先、百年先のことを患者同盟が中心になって、計画をたててゆく。それぞれの人間がそれぞれのマイホームに引っ込んでしまうのではなく、諦めの沈んだ気持ちから脱出する将来計画を一年でも二年でもかけて、皆さん自身が立ててゆく。一人じゃできないでしょうけれど、五十人集まったら何かが、できるかもしれない。あるいは他のグループと相談したらできるかもしれない。考えてみてください。二百人、三百人集まってもみんな病人かもしれませんが、お互いが助ける互助会みたいなものを造って立て

直しをはかる、すっかり壊れてしまった共同体も立て直しをはかる。心と物とを両方出しあって共に生きる道を探し出そう。患者自身が自主更生しようにも病人ですから勿論限界はあります。限界のある部分は他の力で補うことを考えよう。

皆さんはもともと健康だったのに病人にされたのですから、その補償は当然要求してゆくことが正しい。憲法では、「日本国民はみんな健康で文化的生活を営む権利を有する」と定められています。その権利を皆さんは侵されたのですから。

チッソはいずれ結局は潰れると思います。潰れるのが当然です。長い間の罪業でもうけたその不動産は、たたき売って全額医療費や補償にまわさなくてはならない。しかし、患者さんたちの償いには、その資金は何百億かかるかわからない。健康で文化的な生活を営む国民の権利を侵し、一生をめちゃめちゃに破壊した責任は、国策企業をかばいつづけてきた政府や行政にも重い責任があるわけですから、最後には政府が永遠にめんどうを見なければならない。これは水俣だけの問題ではありません。六価クロムの患者に対してもそうです。イタイイタイ病の患者たちに対してもそうです。喘息で倒れ苦しんでいる人も、みんな最後は国家が責任を持たなくてはならないのです。もちろんその前にチッソという人民を餌食にして生きのびてきた企業がある限り、それが徹底的になくなるまでそこから補償を取ることが必要です。かりに、自主更生といっても長期の営業や事業を考えると、当然患者の健康状態とか部落の状態によってデコボコになると思います。

水俣病患者は患者同盟の下にある組織だからといって、みんな一律になるなんていうことは許せない。強いところ弱いところ、これしかできないところと、ここまではできるところと、色々あっていいじゃないか。それこそが自然である。そう考えると、当然今までの補償金などというのは病気のアフターケアー（病後の療養）みたいなもので、そんなものを生活資金としてあてにすることはできない。江戸時代の農民が要求したように五十年間無利子の営業資金を企業や国に求める。それも数十、数百億円のスケールで要求し、そのために、生産を上げられるような生業の方法はないか、いろいろ智恵をしぼって考える。

そういう救済方法を地域社会の中に発見し、計画してゆくことによって、胎児性の患者や子孫の代になっても生活に困らずに、乞食みたいに卑屈にもならずに生きてゆける道を考える。そのような態勢を患者同盟が中心になって編み出さなくては先祖に対しても子孫に対してもすまないのではないだろうか。そういう見通しを持たないと、逆に世間が、なんだ患者は甘えている、金をもらっていい気になっていると評するようになる。そういう世間のひがみや誤解に対抗するためにも、どうしても患者の自力更生の精神が必要である。

田中正造が今生きていたらどうだろう。足尾の問題は決して負けなかったろうか。実際は田中正造があれ程頑張って、文化人やマスコミも応援したにもかかわらず、最後におし切られたのは、民主主義というものがなかった時代の悲劇だろう。私たちには今の時代、幸いにも一応人民の権利を主張できる民主主義の法律がありますから。今の時代で、田中正造の二の舞をやったら全くだらしない話です。田中正造はあれ程ひどい軍国主義と天皇制の支配下でもあれだけ闘ったのですから。三里塚の人たちもひとつのいい先例を切り開いてくれたと思います。しかし、古いものと新しいものを統一し、部落や家の中を明るくしてゆく。そういうような形で十年間頑張りぬいたからできたいうことではないでしょうか。これは戦後の民主主義の一つの模範です。その三里塚も今とうとう最後の試練の時機にさしかかっています。このように、今水俣を取り囲んでいる空気は非常に悪いです。率直にいって東京では水俣の問題はほとんど新聞には出ません。この間カナダのインディアンの代表が来られた時、また患者同盟の象徴川本輝夫さんたち四人が不当に逮捕されたとき、東京の支援者達に衝撃をあたえた程度です。

東京では、熊本県警がチッソの前社長を起訴したなんていうことが新聞にデカデカと載る程度です。それは東京の読者にどういう印象を与えたかと、「警察は公平なことをやるではないか」という印象です。熊本の検事も民主主義的だと。なぜかというとチッソの社長を起訴したのは資本主義批判になり、英断だから。そこまではいわなくても、そのような感じさえあるんですね。そうすると水俣の患者にはまるで反対のイメージが造られる。

私たちは、そういう世論の流れというものを切り返してゆかなくてはならない。そのためには患者同盟が目先のことばかりでなく長期の構想を、ゆっくり想を練って、これぞという時に発表してくれることが大切です。歴史は初め、少数者によって流れをかえるわけですから。その流れにそって全体の二割なり三割の人が参加してきた時に本流になってゆくものですから。

私は歴史家としてなんどでも申し上げます。江戸時代や明治の世に頑張った農民や漁民の教訓を生かして私たちは闘わなければならない。私たちはまだまだ有利な条件を持っている。ひっこみじあんにおちいらないで頑張ってゆきたい。私はインテリですから、知識人(インテリ)は知識人らしく自分の特技を生かして、患者や労働者や農民といっしょに考え、いっしょに問題を解決してゆきたいと思います。私自身の郷里に帰れば三里塚の問題ばかりでなくいつも考えるのです。権力は巨大で私たちは無力な存在だ。しかし、私たちだけが孤立しているのではない。あるいは、水俣だけが孤立しているような、三里塚だけが孤立しているような錯覚に陥りやすいが、それは正しくない。全体としてはまだ少数でも、全国で三百なり五百なりの同志の人たちの運動が互いに連携を持とうという声を高めてきている。そのことが貴重だと思うのです。

この前、日高六郎さんがここに来られた。あの方は『市民』という雑誌を出して、日本中の住民運動を横につなげようと骨を折っておられる。宇井純くんなんかも早くからそのつもりで、日本中を飛び廻っている。同志は少数者ではない。
そういうことでみんなが問題の解決の道を探し求め、突破口を開こうとしている。とくに水俣の皆さんは実に深刻で大きな体験をしているのですから、水俣は水俣で独創的な道を見つけ出してゆくことを期待したい。私も同志の人びとと相談して、この問題を科学的に究明する総合的な研究グループを早く結成して、発足させたいと考えているのです。

（「季刊不知火――いま水俣は」〈4〉（一九七六年四月一日）所載。「不知火海総合学術調査団」発足前の親睦会にて）

満の涙をのんだ袋の磯の筆者
――元名人船大工荒木磯松老（P271写真の白タスキの老人）の廃れた舟造り場の下。背景は湯堂部落（昭和50年12月７日、塩田武史撮影）
このあと相思社で本稿の話がなされ、協議会の各部落世話人や患者同盟の委員さんら、みな身を乗り出して聞き入った

不知火海総合調査三年目の夏に

1. 水俣の現実から――

一九七八年の夏、私たちは六度目の総合調査のために水俣を訪れた。水俣を中心とした不知火海地域の汚染や変化を調査し、その全貌を記録するという仕事である。私はその「不知火海総合学術調査団」のまとめ役。ある晩、沖縄の与那国島（よなぐに）から帰ったばかりの石牟礼道子さんの話を聞こうと、石牟礼家の宴に集まった。

石牟礼家の手料理はその文学作品ほどにも味こまやかで豊かである。それに沖縄の泡盛酒や天草焼酎、十勝ワインなどもならんで、奔放な話がはずむ。対話のおもだちは、社会学者の鶴見和子、民俗学者の桜井徳太郎、生物学者の最首悟、教育者の西弘、映画監督の土本典昭、作家の石牟礼道子など。水俣から日本がどう見えるか。その水俣を対岸の天草からはどう見えるのか。その不知火海を与那国島から見たらどう違って見えるか、などをめぐって論じられる。

近代欧米の擬似モデルを追うことに熱中し資本主義の論理を全国土、全社会にわたって貫徹させて、民族の創造の源泉であった常民文化を死滅させてしまった百年の歴史への呪咀(じゅそ)が石牟礼さんの口から語られる。彼女にとってのはじめての沖縄・与那国ゆきは、すでに滅びたと信じていたこの常民文化の祖形が、その自然性において、祭祀社会として、生き残っていたことを知らせてくれたという衝撃的な事件であったらしい。日本人のおやさまの原点をそこに見出して、「ようやく私本来のテーマに出あいました」と目を輝かせて話された。

私にはそれが五〇年前の柳田国男や折口信夫の姿と二重写しになって見えるのである。『椿の海の記』というすぐれた鎮魂詩を書いた石牟礼道子が、不知火海においてすら姿を消したものを、八重山諸島に発見したことの喜びがどんなに大きいものであったかは私にも理解できる。しかし、私は、その歓喜に紅潮する顔を眺めながら憂鬱になってゆくのをどうすることもできなかった。文学者としては「日本の近代」を否定して「古代」に感覚の充足を求めることはよいことなのであろう。それで十分、創造的な仕事ができるだろ

ヘドロ砂漠の水俣湾底でやっと見つけたヒトデを撮る筆者
(アイリーン・スミス撮影　1978年夏)

う。だが、歴史家としての私にはどうか。この三年間、不知火沿岸の人びとに接し、多くの聞き書きをとっている間に溜めこまれた複雑な憂愁がいちどに噴きあがる。

ここで私たちが直面したアポリア（難問）は、知識人の次元での「土着と近代」の問題ではない。大衆の次元での「土着と近代」の問題なのである。長い長い歳月にわたる貧窮と苦難をへて、ようやく手に入れた今の生活レベルを大衆は決して放そうとはしていない。それが「近代化」によってもたらされたものであるならば、それを肯定し、資本主義によらなければ維持できないものならば、資本主義の道を進む。たしかに不知火海の漁民や農民、水俣病患者たちに接して思うことは、この人びとが二つに引裂かれた心を持ちつづけているということである。

一つは残酷なほどに生活を貫徹している近代の資本の論理にわが身をゆだねる心、便利さと利得とをもたしてくれる「近代への志向」、もう一つは漁民ならば自由な一本釣時代への郷愁、農民ならば〝牧歌的な〟共同体自然性への回帰の願望、この魂の二つの志向性は、かれらの語りの底音部に基調音のように鳴りつづけている。

『椿の海の記』はその一つの極を「近代」への逆説として美しく描き出した。だが、もう一つの心は水俣病によって生活も健康もこわされた民衆を、よりいっそう「近代」へと駆り立てた。

現実の話題に話を転じよう。

人びとは再生のために甘夏みかん栽培や養殖漁業の道を選び、大量の農薬を散布し、人工餌料を使用することによって、チッソによる犯罪とは別の意味で、急速に海や土壌の汚染をひろげている。かつて全国でも有数のタイなどの稚魚の生育地であった不知火海は、今では自給もかなわず、一尾百五十円、二百円の高値の稚魚を買入れなければならぬ状態におちいった。私はこの夏、潜水して水俣湾や女島沖の藻場や漁場がどんなに荒廃しているかを観察し、慄然とした体験をもっている。

甘夏ミカンや養殖漁業の資本主義的経営は、水俣病患者家族が生きのびるための当然の道であった。だが、そのために資本の論理にもとづく市場経営に追いまわされ、多額の投資と不断の心配と海の汚染とを招きつつある。それでも人びとは、今この道を捨てることはしまい。これに代るものを見つけることができないでいるからである。私たちにしてもそうで、どんな展望をかれらに示しえようか。このことは現実の問題だけではない。人類が四世紀かけてつくりあげてきた「近代」の「正」の理念を、「負」の現実のゆえに簡単に投げすてることはできないから。そう思えば、詩人たちのように「古代」に拠って「近代」を呪咀するということが、私たちには耐えがたいものになるのだ。

いま、文学と学問とが協力すればその壁を突破できるというたしかな見通しはない。私には歴史と文学、歴史学と民俗学の協力は重い課題である。総合学術調査団に参加した十種目十五人の専門家の仕事を、歴史家として統一的に把握し、全体像として描くことの至難さに、私はいまほとほと困惑している。

桜井さんは民俗学者として、道子さんの与那国島体験を普遍化しようとして沖縄研究の学殖を披瀝された。しかし、そこにも詩人と学者の間の受けとめ方の差がはっきりうかがえる。社会学者の鶴見さんは漂泊と定住のモチーフから南島体験を理解し、石牟礼さんは閉塞状況から脱出したのだと指摘された。そしてさらに、みずから部落社会の人間関係の前にさらされて、既成の社会学のカテゴリーの根本的な見直しを迫られているようだと告白されていた。

映画監督の土本典昭さんは語気するどく、「あなたは与那国に魂をあずけて、これから不知火海をどうするつもりか」とするどく道子さんに迫った。そのとき、ベトナムに旅行中の菊地昌典さんがこの場にいあわせたら、社会主義論を唱える者として黙ってはいられなかったであろう。真の論点は、この「近代」を越えた先にどのような構想をイメージするかということ、それゆえに、その構想に逆行するような「古代」への回帰は（それが「近代」への逆説としてであっても）危険だと主張されるのであろう。

私はそれらのやりとりを聞きながら石牟礼家の部屋の隅で喊黙（かんもく）する。世間は学際的共同研究に期待すると簡単にいうが、私たちの直面しているこの深い溝は目くるめくほどで、いったいどんな展望が開けるというのだろう。私にはいま前途に展望が開けない。黙々とさらに数年、この道を歩みつづけるしかほかにない。いかなる国にも模範はない。私には碧い与那国の海ならぬ蒼茫たる景色が、ただ砂山のように目の前にひろがっているのである。

2. 現実の水俣へ――

私たちは卑下していたのだが、石牟礼さんによると〝学者という仮の姿を借りて、神さまから水俣へ遣わされた使者〟というものであるらしい。

そのためか私たちが最初に水俣入りしたとき、現地の主だった人がほとんど道子さんの家につどい、私たちを上座にあげ、魂入れの儀式をしてくださった。そのころ私はこれを民俗の作法にしたがった最高級の歓迎、一種の余興でもあるかと思っていた。ところが日を経るにしたがい、これは容易ならぬ足入れ式であることが分ってきた。つまり私たちは調査団を組んで海を渡り、水俣入りした瞬間から、それぞれの名を五寸クギで御柱に打ちつけられた使徒になっていたのである。

そのことを迂闊（うかつ）にも私はこの二年間分らずにきた。神さまに〝「使者」を派遣して下さい〟と願をかけた人は、ひきかえに自分の命をさしだしていたということも、二年間気づかずにいた。そういえばこのごろ、私たちと会ってくれる患者さんや市民の方たちの態度の中に、私たちを「使者」として迎えるような敬けんな気分のあることに気づく。これは私の長い調査の歴史の中でもはじめての経験である。

しかし、いったい神さまは何をせよと私たちを遣わされたのだろう。神意を解いてくれるツカサの言葉を借りると、こうである。

〝生きのびるのであれば、不知火海沿岸一帯の歴史と現在の、とり出しうる限りの復原図を目に見える形にしておかねばならぬ。せめてここ百年間をさかのぼり、生きていた地域の姿をまるまるそっくり、海の底のひだの奥から山々の心音の一つ一つまで、前近代から近代まで、この沿岸一帯から抽出されうる、生物学、民俗学、海洋生態学、地誌学、歴史学、政治経済学、文化人類学、あらゆる学問の網目にかけておかねばならぬ（ということとは逆にまた現地の人びとの目の網に学術調査なるものがかかることになる）。出来上った立体的なサンプルは、わが列島のどの部分をも計れる目盛りであったらいいな。不知火海沿岸一帯そのものが、まだ焼きつけられざるわが近代の陰画総体であり、居ながらにしてこの国の精神文化のすべてを語りつづけているのではあるまいか〟と。

この石牟礼道子の御託宣は、私たち総合学術調査団の大きな目標、というより理想境に見合っている。ところがツカサはさらにこんなことまでいうのである。〝その中心軸に動いている風土の情念こそ、この国の文明の魂を養い育ててきたものだし、すべての宗教心、芸術などの感性のみなもとで、それを失えば私たちの文明も枯れ果てよう。それが私たちの時代に殺されてゆくのは見るにしのびない〟と。

思えば、このような情念や感性の原質を捉える方法は、わが近代以降の学術の中にはなかった。わずかに柳田国男や折口信夫の学統の中に開かれたにすぎなかった。私はそれまでせよといわれるのであれば、無理難題を感じ、はたと当惑したのである。そのとき、それは文学の仕事ではないか、文学による表現こそが最もふさわしい、と主張したのは菊地昌典氏である。不知火海の離島、御所浦島の船宿の春の一夜であった。

そのころ石牟礼さんの『椿の海の記』が刊行されて、団員はみな読んでいた。その中で道子さんがそれこそ不知火の風土の魂を、その地に遍在する目となり耳となり、嗅覚となって記録していたし、文化が生みだされてくる根の部分に、注水している複雑な地下水系のありかまでを、詳細に生態的に内側から描写し、その復元に成功していたのである。

私たちにはとうていそのようなことはできない。そういうと、作家は抗言した。「けれども、外在する目たちがいまひとつなければ、球体の向こう側が視（み）えてこない。内側からと、外側からと、これをとらえたい」と。なんという欲ばりであろう。柳田国男ですらこう言っていたのに――どんなにすぐれた学問をもってしても、旅人の目や滞在者の目で捉えうるものには限度がある。その土地の、その常民の、最深の心意現象は、その定住者にしか感得することはできない、と。水俣にとって私たちは、一介の風のような旅人、たかだか外来の一時滞在者にすぎず、それも大きなドラマが終演したあとの、落ち穂拾い屋的調査マンにすぎないのではないか、そういう自問が私を苦しめた。

だが、その後、柳田研究を深めてゆくうち、旅人であり知識人であっても、常民と心を通わせあう通路はあり、学問は役立つことを私は知った。その上で、私たちはやはり、外在者の目をもって、この世界の円周を見渡した。離れて眺めてはじめて分かる全体の鳥瞰図（ちょうかんず）を描いた。水俣や不知火が日本という島の、歴史の、どこに位置しているのか、どんな問題性を象徴しているのかを見定める。そのために私は右の目で、川崎や瀬戸内や沖縄を眺めながら、時間軸をとって渡良瀬沿岸の三十万被害民の半世紀余の苦しみを顧みる。そして左の目で、不知火沿岸十余万の被害民の足どりとその心をみつめようとする。

「先生方よ、不知火海に生きている人、死んだ人、その人たちの、まだ暖かみの残っている歴史の心音に掌(て)をあてて、時間をゆっくりかけて巻きもどして下さい。そうすれば、ほろり、ほろりと、あの人たちが出てまいります。ただ丁重に、丁重にあつかわねば、あの人たちが苦しがる」(石牟礼道子)

こうした忠告にしたがい、あれから三年、私たちはそろりそろりとこの岸辺の歴史の時間を巻きもどしてきた。ある者は歴史民俗学という方法を使って、ある者は政治経済学という計算尺を使って、ある者は舶来の社会学の物差しをつくり直して、またある者は魚や漁民やヘドロを海に追って。十五名の調査員はそれぞれの道をあゆんできた。

「不知火海総合学術調査団」、この奇縁でうまれた学際的グループ。政治学の内山秀夫、民俗学の桜井徳太郎、経済学の宇野重昭と小島麗逸、社会学の鶴見和子、宗像巌、日高六郎、歴史学の水野公寿と色川大吉、労働史の菊地昌典、生物学の最首悟、薬学の綿貫礼子、科学史の山田慶児、哲学の市井三郎、政治史の石田雄という多種多様な、土俗の神々にみいられた人びと。胎児性水俣病患者の家庭で、その干魚(ほしうお)のように変形した少女の無残な姿に息をのみ、その家人の重い一語一語に、黙って大粒の涙を落としていた人びと。

彼らは決して忘れはしない。現地調査六回目を終えて、不知火の人びとがますます優しく、私たちに敬けんにすらなってくれているということを。

〝学者という仮の姿を借りた使者たち〟がこの地の風土と住民の心にいっそう親和してゆくであろうことを私は信じている。

この夏私は汚染海域と指定されている水俣湾の海底にはじめて潜水してみた。そこは死の世界、貝の墓場であった。この底点から、不知火海全体の受難の歴史を見直してゆきたいと考えた。

——砂田　明さんへ

一九七六年の春から、まる三年、六度にわたる調査では、砂田さんはじめ皆さんに、どれほどの教示を賜わり、また、あっせん、紹介、ご案内の労をおかけしたか、省みて、ただただ、恐縮するほかありません。調査団が中途で挫けず、曲りなりにもここまで来られましたのは、まことにあなた方ご夫妻のおかげであります。まず、代表者として厚くお礼を申し上げます。

さて、季刊誌「不知火」がいよいよ終刊号を迎えたと聞き、五年間の言葉につくせぬ御苦労と多大の業績に心からの敬意を表したいと思います。この「不知火」の全巻は、今後とも貴重な記録、根本資料の一つとして、水俣病運動史に永く残りつづけてゆくことでしょう。

私たちも報告書をまとめる段階になりましたら、きっと、この「不知火」を活用させて頂くことになると思います。

史料というのはふしぎなもので、水俣病初発時から二十余年経過してしまったために直接性を失ってしまったものと、二十余年経ったからこそはじめてその姿をあらわしてくるものとがあります。毎号「不知火」を拝読して思いますのは、その感想であります。私たちの〝遅すぎた調査〟は、この関係がなかったら、望みすらもてないことになるはずだからです。

この三年間をふりかえってみますと、一年目はまさに〝無我夢中〟でした。どさ号など車三台をつらねて日向港に上陸したとき、驚いたことに第一糖業の組合の方たちの赤旗に迎えられ、どしゃぶりの雨の中を夜、水俣についたら、石牟礼家では二十人近い方々による大歓迎会——魂入れの宴が待っておりました。一日おいて快晴の三月三〇日、海上は女島(めしま)などの患者さんの舟で、陸上は支援センターなどの協力者の車で、要所要所を案内していただき、まことに「インディアン一行を迎えた時のような」（川本輝夫）手厚い接待をうけたのでした。このことの意味は、いまになって重く胸にこたえています。

最初の年の春、あまりの現実のきびしさに、衝撃をうけた団員たちが、毎晩遅くまで大和屋旅館で激論を交したのも、今となっては遠い記憶です。「現地がこんなにズタズタになっているとは信じられなかった。水俣の運動には展望がない。展望のない研究に自分の十年を賭けることはできない」という水俣撤退論なども出たほどでした。このころからのテープが百本近くありますが、いつかそれを聞いてほほえむ人も出てくることでしょう。日本の学界で、こんな組合せによる総合調査を、これほど本格的にやりだしたのはおそらくはじめてでしょうから、一つの実験記録になるかもしれません。

「水俣を〝調査〟だなんて、もってのほかだ。あんたらにそんな〝資格〟があるのか」（谷川健一さん）と面責された団員（色川）もおります。私たちの神経の〝葦〟は、そのころ衆人環視の中に揺れていたようです。

しかしそれも水俣訪問が四度、五度と、年中行事のようになり、常宿大和屋さん一家とも親密になり、各地の患者や支援の人たちや市民の方とも人間関係が生れてくると、もうマスコミも珍しがらず、しだいに私たちは影を薄くして、おがけで不知火の心のひだひだに、身構えることなく、ふれることができるようになってきました。これは調査団にとっては、たいへんしあわせなことであります。

巨視的には三年目にしてようやく問題の全情況がいくらか見えるようになり、それと同時に〝微視の目〟も、西先生のような胎児性患者生徒の訪問授業の姿に注ぐことができるようになりました。今年（一九七八年）の夏、西弘先生、石牟礼弘先生に同道して、訪問授業を見学したときの感動は非常なものでした。とくに三年前の春に、津奈木の諫山孝子さんの様子を私たちが見知っていただけに、その変りようの大きさに目をみはりました。西先生たちのお力で、こんなにも一人の少女が明るく幸福になれるものかと知ったとき、一同心底から頭を下げました。また、竹の子塾の人たちのような着実な積みあげ、患者農園のような新しい試み、未認定患者組織の横へのひろがりなどを見るにつけ、「水俣の再生」とは、大上段にかまえて政策論を展開するようなものではなく、足もとから水蒸気のように立ちのぼってくるものの中に予感されると知りました。そして、それらを社会化してゆく前提の一つとして、私たちの正確な事実の認識の意味があるのだと考えました。

もし、それが可能ならば、不知火住民の心をズタズタに引き裂いた歴史的・社会的なすべての事情を（支配の側からのそれも、被支配者の内部のそれも）公平に明らかにし、それを客観化し、いったん愛情の感情からひき離して、冷静に見直す。絶対的には不可能であると分っていても極力それに近づくように努める。そのことによって、積年の市民対市民、市民対患者、患者対患者、患者対チッソ労組員、労組員対労組員、支援者対支援者、市民・患者対行政、患者対医師、漁民対商工業者等々の内なる対立と相剋の心の傷を過去のものにしてゆく（相対化してゆく）。少くともそうした治療の前提をつくりだしてゆく。それがまた「再生」の（「再生」がもし可能だとしたら）前提ではないかとも思うようになりました。

チッソがこの五〇年、地域社会の支配をやすやすとやりとげてきた歴史的理由、この地域固有の歴史的事情、住民の生活状態やその体質、民主抵抗の伝統の質、チッソの支配の仕方の質、地域における新旧の支配層の交替の内幕、馴合（じゅんごう）関係、県・国との関係、金融資本や化学総資本との関係等々への正確な認識が、右の対立の原因を解く枠組として必要なことはいうまでもありません。

私たちはこれらの研究にあたって、先行の業績に多くを負っております。とくに、熊本の水俣病研究会の一九七〇年以来の厖大（ぼうだい）な調査研究と資料収集と著作の業績には恩恵をこうむること甚だ大きく、これを無視しては私たち調査団の存立それ自体を考えることもできません。

また、第一次訴訟時代の水俣病対策市民会議の方々の着実な調査・記録のかずかずと、川本輝夫さんらの患者運動が発掘し、究明した事実にもとづく厖大な資料（訴訟記録をふくむ）などは、私たちが調査報告書をまとめるさいの不可欠の基本資料となるでありましょう。私たちは右のような先人の苦労の土台の上に立っているものであることを、片時も忘れることのないようにしたいと思います。その上で、私たちが何を為すか、それがこの総合調査団の仕事であると考えます。

さいわい、最近、宮本憲一氏らの労作『公害都市の再生・水俣』（筑摩書房）や、岡本達明氏編の聞書（ききがき）『近代民衆の記録・漁民』（新人物往来社）という大作が刊行されて、私たちに大きな刺激と恩恵をもたらしてくれました。それに青林舎の『水俣病の医学』の巨篇や、砂田明さんらの『不知火』全巻が完結しましたら、水俣病運動研究史に新時代を画（かく）することになるのではないでしょうか。

これがまた、私たち調査団の肩の荷をいっそう重く感じさせるようにした最近の状況であります。私がこの手紙にそえて、前に二つの短文を掲げましたのも、水俣調査三年目の夏の私の憂鬱（メランコリー）の内容が、どんな種類のものであるかを砂田さんに分っていただきたいと思ったからであります。

農繁期を迎えて、過労になりませんよういっそうの御自愛をおねがい致します。


（「季刊不知火――いま水俣は」〈8・終刊〉（一九七九年三月一日）所載）

鶴見和子と水俣

鶴見さんと水俣については、十七年も前に私が書いた短い文章がある。その一節は今でも気に入っているので、ここにその一部を引かせていただく。これはあまり人目につかないところに書いたものだし、今では絶版になって見ることができないものだから……。

鶴見さんは和服がほんとうによく似合う。それも行動している時によく似合う。さすが花柳流の名取だけあって、動いていてもきりりとして、美しい。

水俣の調査で天草の深海の船宿に泊まった夜のこと。新鮮な不知火の魚族を花びらのように調理して食卓いっぱいに並べてくれたもてなしに感激して、女五人男二人、久しぶりにリラックスし、少々酩酊もした。桜井徳太郎さんの正調佐渡おけさの踊りも終わったころ、鶴見さんが舞ってくれた「娘道成寺」はあでやかでうっとりさせた。石牟礼さんなどは半狂乱の清姫が痛く気に入ったらしく、その場で入門を申しいれたほどであった。

私たちが不知火海総合学術調査団を結成して、最初に水俣入りしたのは一九七六年三月である。このグループは鶴見さんが長い間主宰してきた「近代化論再検討研究会」のあとを私がひきうけたもので、結成から今日にいたるまで、依然鶴見さんが最も大事な支えであった。どんなにみんなが沈んでいる時でも、この人があらわれると、会の空気がパッと明るくなる。まず第一に大きな声で歓声をあげるのもこの人、楽天的に方向を切り換えるのもこの人、自然児のようにふるまい、「原始女性は太陽であった」を実際に示す。

鶴見和子さんのもつ不思議な魅力と親和力が、私たちのグループを中心に在って成り立たせている。その意味でシャーマンなのかもしれない。石牟礼道子さんにもそういう所があるので、この海でとれた神女と、町でとれた巫女とが、はっしとやりあう光景は見ものである。互いにシャーマンらしくテレパシイで通じあうところがあるらしく、私たち男族には理解しがたい黙契の上をぴょんぴょんと会話が翔(と)び交(か)っていた。

鶴見和子という一人の人間を見ていると、よい環境、調和のとれた立派な両親のもとで育つということの文化的意義がどんなにすばらしいものであるかがよく分かる。逆境で人間はその資性をみがかれ、不遇の中でこそ才能は鍛えられるというが、その反対もまた真理である。もちろん、人間だからいろいろと欠点はある。鶴見さんは気が変わりやすいし、早のみこみが多いし、それにときどき脇が甘くなる。私などとは本質的に違う理論家だから、現実の豊穣(ほうじょう)さを飛びこして先に走ってしまうこともある。

そのように早のみこみ、早走り、早とちりな所があるから水俣の調査でもいろいろな珍談逸話を生みだした。約束した訪問先をまちがえて、向かいの家に飛びこんでしまい、裸で涼んでいた相手があわてているのを勘違いし、約束の時間に遅れたことを詫び、お土産(みやげ)物をさしだし、小笠原流で挨拶をし、あとは滔々(とうとう)と口上を述べ、面白そうな質問を次々とし、相手を興味の中にひきこんでしまう。観念した漁師の老人も、調子に乗ってきて夜遅くまで喋りだす。さいごには肝胆相照(かんたんあいて)らす仲になり、いつまでも居ろと引きとめられ、意気揚々と宿に帰ってきて、はじめて人違いだったと気づく。このような失敗が、不知火の漁師たちにかえって愛される。「元気のよか女子(おなご)じゃった、また来(こ)んかィのゥ」と。

水俣では鶴見さんのような人を「賑(にぎ)わい神(かみ)さん」という。気品のある都の客人(まろうど)なのに、すこぶる開放的で、楽しい人だからである。学者先生と聞いただけで尻込みする患者さんたちの心の中にも、鶴見さんはスッと入ってゆく不思議な力を持っておられた。

女だけじゃない。神の川の田上(たのうえ)農場の田上義春さんも川本輝夫さんも（みんな東京交渉団の患者代表）、鶴見さんを好いていた。日頃〝怖い〟川本さんが、鶴見さんを見ると眼を細めて笑う。わが調査団はこの人からどれだけ恩恵を受けたかしれない。

私の一九八三年の日記を見ると、調査団の研究報告書『水俣の啓示』上下巻の結びの座談会は、鶴見さんの用意した上智大学の国際関係研究所の会議室で六時間にわたって行われている。出席者は同書に執筆しなかった人、綿貫礼子、内山秀夫、桜井徳太郎、日高六郎各氏と土本典昭氏の五氏に、編集委員の三人（宗像巌、鶴見、色川）が加わったものであった。

四月九日のその日記には、「今日は鶴見さんは最初からプリプリしていて、あまり発言しなかった。なぜだか分からない」と書いている。しかし、後で座談会の記録（下巻に所収）を見ると、その理由はよく分かる。鶴見さんは最後の所で痛切な発言をしている。

『水俣の啓示』が「大変不思議な読み方をされている」「それはこの本の最後の論文（市井論文を激しく批判した最首悟さんの論文）だけ読んで、この本がどういう本であるかということを判断するということです。私にとっては非常に不幸だと考える読み方をされている……」と。

鶴見さんは市井三郎さんへの深い理解と友情を持っていた。その市井論文の水俣に関して述べた部分に大きな「不足」とあやまちがあることを直覚していながら、鶴見さんは最首さんのような批判や論難はできなかった。

「それは市井さん一人の問題ではないと、わたし（鶴見）は思っています……石牟礼さんや宗像さんのものには、最後にどんでん返しがあったり、理論的に出口がひらかれている。ところが、私のものにはそれがない……学者が書いたものの不足が市井さんの論文の中の不足として非常にはっきり出てきている。だから、わたしは同罪です」と言い切った。友情に篤く、誠実な人なのである。

市井さんの『社会生物学』紹介の中にあった「劣者排除の人間淘汰」説の水俣への適用や、その批判の不徹底さ、昏迷は、最首さんが指摘した通り、おのれの「無意識領域」にあった差別観の表出であったと鶴見さんは思っていた。そのことは、今になってはっきりと分かる。私自身の「不明」でもあったから。だが、鶴見さんは、当時、自分の問題でもあるとして引き受けておられた。

その座談会から三ヵ月後の一九八三年七月九日、第一期水俣調査団の打上げと慰労会が練馬の鶴見和子さんのお宅で行われた。水俣から石牟礼道子さんも泊りがけで来ていた。熊本在住の原田正純さんと角田豊子さんを除く調査団のほとんどのメンバーが集まり、鶴見さんの手料理で祝宴が催された。

その日は、まず鶴見さんから水俣でつねに御世話くださった石牟礼さんとその御家族への心からの謝辞が述べられ、さらに団長へのねぎらいの言葉、編集者の谷川孝一さんや水先案内役を果たしてくれた土本典昭監督へのお礼の言葉も述べられた。日記によると、私も鶴見さんに、こんな謝辞を返している。「これからも、いつまでも、若く、美しく、すこやかにいて下さい」と。

「報告書」（筑摩書房刊『水俣の啓示』）だけの印象だけでは、激しい言い合いばかりしていたグループのように思われるかもしれないが、論争はしても親愛感はある仲間たちで、その夜も和気あいあい、談笑のうちに散会した。

鶴見さんの深い憂慮は、この本が水俣で苦しんでこられた方々に読まれて、そこになんの期待も持たれないのではないかということであった。「出口のある学問の方法を、私たちは水俣調査の中から出してこられたろうか」というきびしい自省からであった。

私は鶴見邸での打上げ会の後、調査団を代表し、お礼のための献本をたくさん持って水俣を訪問した。そして「不知火海百年の会」との合同会に出席したが、その席上、石牟礼道子さんが話してくれたことは、鶴見さんの憂慮を和らげてくれるものになっていたと思う。

「単なる学者先生の報告書ではなくて、私たちの思っていること、感じていることを肉声化して書いていただいて、それは杉本御夫妻とか井川さんとか、(患者さん方の)お気持ち、つらいこと、うれしいことをくぐって、それを言葉になさろうとされていることが、ひしひしと解りまして、ありがたいことだと思っております。(中略)このような本を残していただくと、地元の人たちもそのうちに思い当たることがあると栄子さんがおっしゃって、私も本当にそう思います。将来にわたって足跡・手の跡を残していってくださって、大変、嬉しうございます。」(一九八三年七月二九日、茂道の杉本家での百年の会。第二期調査団合同会の席上での石牟礼道子さんの挨拶――不知火海百年の会『水俣通信』第10号所収)

鶴見さんはその後、水俣の経験から深く学んで、内発的発展の理論をいっそう展開され、独創的な業績を次々と発表されていった。そのことに関しては、私がここで述べるまでもない。

(第八次「思想の科学」三七号、通巻五三三号〈特集・鶴見和子研究〉(一九九六年二月)所載)

「支援」ということ

七〇年安保闘争や公害闘争で傷を受けた元学生をふくむ水俣相思社の活動家たちの集会に出たら、おまえたち学者文化人は口先だけの偽善者で、いざというとき支援もせぬ、信用できない、といわれた。一般的にはそういう例が多いのだから、その若者が私たちに毒づいた心情は理解できる。だが、根本的な人間認識の点では大きな違いがあるなと感じた。その傷ついた私たち団員の心を、石牟礼道子さんが一生懸命慰めてくれた。

人間だれしも真っ向からお前を信用しないと言われて気を悪くしない者はない。行為自体を責められるのなら改めようもあるが、存在をまるごと否定されるような言い方をされては立つ瀬がない。「支援」という考えについても問題がある。まったく自発的なものであるはずの支援という行為が、支援するのが当然だという考えに発していては押しつけがましくなる。少なくとも私などの人間認識とは根本から違う。私は人間は本来的に孤独で、人は人を本来的に助けぬものだと信じている。私がひどい苦難に陥ったとき、期待していた救援がまったくなく苦しんだが、やがてそれは自分の甘えであることがわかった。私のある親友は生死の境にいたその時の私の耳にこうささやいてくれたものだ。「お前が倒れてもな、運動は少しも変わらず進んで行くんだ。安心して静養しろ」。

私がいま死んでも、結局、客観的には何も支障はないのだという痛烈な認識は、それ以後私の気分を軽くし、人生を風通しのよいものにしてくれた。人は人を本来助けるものではない。それなのに、もし人が無償の動機で、他人である私に支援の手をさしのべてくれたとしたら、それはどんなに尊い、文字どおりこの世にはあり難いことであるかと感激する。人の優しさに心打たれ、実存としての人から品格としての人間への昇華に私は感動する。

（一九七六年四月二十日）

色川(いろかわ) 大吉(だいきち)　略歴

1925年（大正14年）千葉県生まれ。歴史家。東京大学文学部卒業。東京経済大学名誉教授。「民衆史」の開拓、「自分史」の提唱などで注目を集め、水俣病事件調査や市民運動にもかかわる。
主な著書に『明治精神史』『ある昭和史——自分史の試み』（中央公論社）、『困民党と自由党』（揺籃社）、『北村透谷』（東京大学出版）、『廃墟に立つ』『カチューシャの青春』（小学館）、『若者が主役だったころ——わが六〇年代』『昭和へのレクイエム——自分史最終篇』（岩波書店）、『色川大吉著作集』全５巻（筑摩書房）、『東北の再発見』（河出書房新社）、『戦後七〇年史』（講談社）、『あの人ともういちど——色川大吉対談集』『五日市憲法草案とその起草者たち』（日本経済評論社）、『イーハトーヴの森で考える——歴史家から見た宮沢賢治』（河出書房）ほか多数。

不知火海民衆史(しらぬいかいみんしゅうし)（上(じょう)）——論説篇(ろんせつへん)

2020年10月20日　初版発行
2021年２月20日　第３刷

著　者　色　川　大　吉
発　行　揺　籃　社
〒192-0056 東京都八王子市追分町10-4-101 ㈱清水工房内
TEL 042-620-2615　FAX 042-620-2616
https://www.simizukobo.com/
印刷・製本　株式会社清水工房

ISBN978-4-89708-433-6　C0036　　落丁・乱丁本はお取替えします。